JOSÉ OTERO ARIAS
JAVIER MAZA GRACIA

AF854465

EJERCICIOS DE TECNOLOGÍA INDUSTRIAL II

EDITORIAL DONOSTIARRA
Pokopandegi, nº 4 - Pabellón Igaralde - Barrio Igara
Apartado 671 - Teléfonos 943 215 737 - 213 011 - Fax 943 219 521
20018 - SAN SEBASTIÁN
info@libross.com - www.libross.com

Cualquier forma de reproducción, distribución, comunicación pública o transformación de esta obra sólo puede ser realizada con la autorización de sus titulares, salvo excepción prevista por la ley.

Diríjase a CEDRO (Centro Español de Derechos Reprográficos, www.cedro.org), si necesita fotocopiar o escanear algún fragmento de esta obra.

© EDITORIAL DONOSTIARRA, S.A.
José Otero Arias
Javier Maza Gracia
Maquetación: Alberto Arranz

Edita: **Editorial Donostiarra**
Pokopandegi, 4 - San Sebastián (España)

Imprime: GRÁFICAS CEMS, S.L.
Polígono industrial San Miguel
31132 VILLATUERTA (Navarra)

ISBN: 978-84-7063-406-2
Depósito Legal: NA-2230-2009
Impreso en España - Printed in Spain

ÍNDICE

PRESENTACIÓN

Vivimos en una sociedad con un muy elevado desarrollo tecnológico donde el nivel de vida de los ciudadanos depende en gran medida del desarrollo de su industria. El sector industrial de un país es tan amplio y diverso que abarca la fabricación de una gran variedad de productos, objetos y máquinas. La Tecnología es una herramienta que nos permite abordar y resolver los problemas prácticos que se presentan en la sociedad de hoy en día. En un mundo tan competitivo y una economía globalizada, el desarrollo técnico de un país es de vital importancia para el bienestar de sus ciudadanos. Es por ello, que los países más avanzados han incrementado la presencia de la Tecnología en sus planes de estudio.

Este libro contiene una colección de problemas resueltos de Tecnología Industrial II por lo que pretende ser una ayuda para los alumnos que cursan esta asignatura en 2º de Bachillerato y preparan preparan las pruebas de acceso a la universidad. A este respecto hemos decidido incluir ejercicios de diferentes pruebas de Selectividad, de modo que una buena parte de los problemas del libro corresponden a ejercicios de las pruebas de acceso a la universidad de diversas Comunidades Autónomas. Es de destacar el carácter preparatorio de la materia, no sólo para la Universidad, sino también para aquellos alumnos que vayan a cursar Ciclos Formativos de Grado Superior.

El libro consta de seis bloques temáticos. Estos bloques temáticos se corresponden con los bloques establecidos en el currículo de la materia, excepto por el hecho de que el bloque del currículo denominado "Principios de Máquinas", debido a su amplitud y diversidad de contenidos, lo hemos desglosado en dos: "Máquinas y motores térmicos" y "Máquinas de corriente continua y de corriente alterna".

Todos los bloques comienzan con una introducción teórica, que tan solo pretende ser un recordatorio de los conceptos y fórmulas más importantes que se van a aplicar en la resolución de los ejercicios, pero que no puede considerarse, en ningún caso, un sustituto del libro de texto. Esta introducción tiene una doble finalidad. En primer lugar, servir de recordatorio de la teoría estudiada, de modo que el alumno vuelva a repasar en su libro de texto aquellos aspectos que no tenga del todo claros. En segundo lugar, sirve para que el alumno pueda acceder de forma rápida a aquellas fórmulas que no recuerda a la hora de resolver un ejercicio.

Finalmente, los autores queremos agradecer de antemano todas aquellas sugerencias de los lectores que nos ayuden a corregir posibles erratas o a enriquecer esta obra.

BLOQUE I

MATERIALES Y ENSAYOS

ENSAYOS MECÁNICOS

Permiten conocer las propiedades mecánicas de los materiales (elasticidad, plasticidad, dureza, fragilidad, tenacidad, fatiga, etc.).

Ensayo de tracción

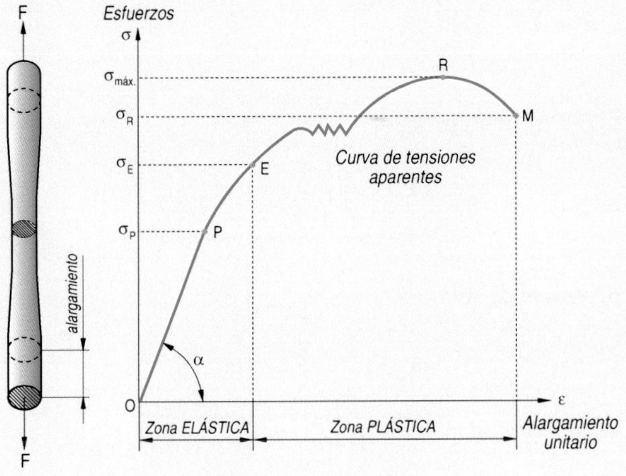

P = Límite de proporcionalidad

E = Límite elástico

σ_E = Límite de elasticidad

σ_R = Límite de rotura

$$\text{tg}\,\alpha = \frac{\sigma}{\varepsilon} = E \qquad \sigma = \frac{F}{S_0} \qquad \varepsilon = \frac{\Delta l}{l_0}$$

Magnitudes y unidades

E = Módulo de elasticidad o de Young (N/m^2)

F = Fuerza en Newton (N)

S_0 = Sección (m^2)

ε = Alargamiento unitario

l_0 = Longitud inicial (m)

Δl = Alargamiento real (m)

Ensayos de dureza

- **Dureza Brinell (HB)**

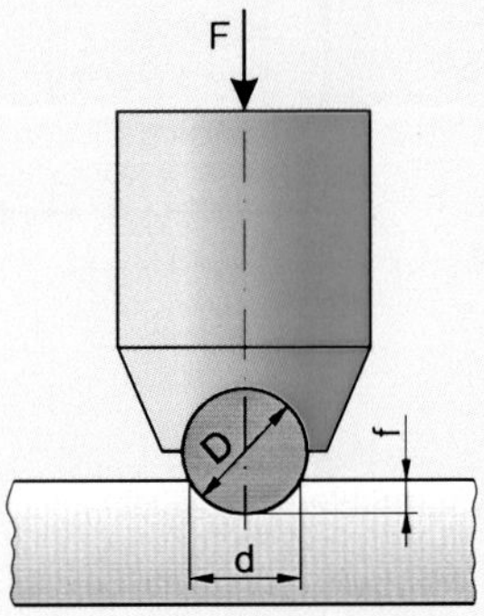

$$F = K \cdot D^2$$

$$HB = \frac{F}{S} = \frac{2F}{\pi \cdot D\,(D - \sqrt{D^2 - d^2})}$$

Magnitudes y unidades

HB = Dureza Brinell (N/m^2)

F = Fuerza en Newton (N)

K = Constante de proporcionalidad del material

S = Sección (m^2)

D = Diámetro de la bola (m)

d = Diámetro de la huella (m)

- **Dureza Vickers (HV)**

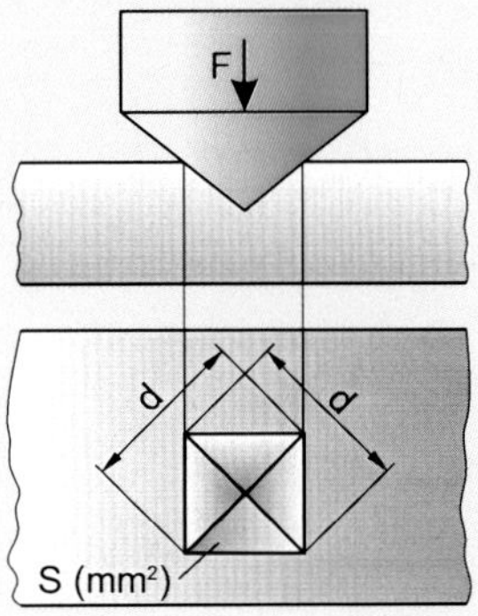

$$HV = \frac{F}{S} = \frac{1{,}854 \cdot F}{d^2}$$

Magnitudes y unidades

HV = Dureza Vickers (N/m^2)

F = Fuerza en Newton (N)

S =Sección (m^2)

d = Diagonal de la huella (m)

- **Dureza Rockwel de bola (HRb)**

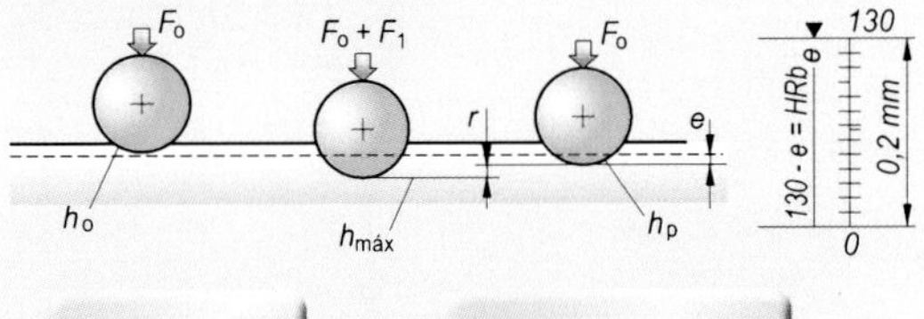

$$e = h_p - h_0 \qquad HRb = 130 - e$$

- **Dureza Rockwel de cono (HRc)**

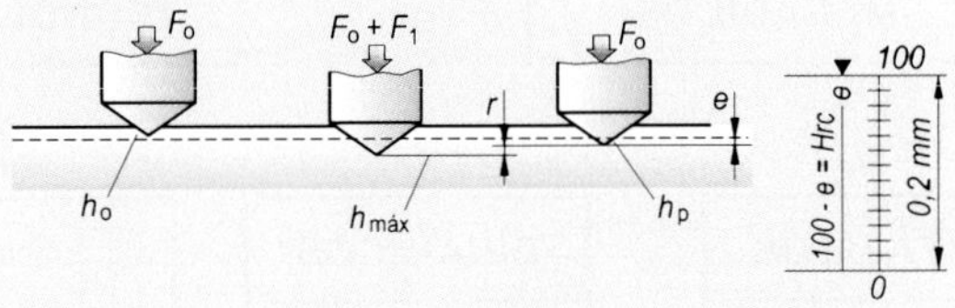

$$e = h_p - h_0 \qquad HRb = 100 - e$$

Magnitudes y unidades

HRb, HRc = Dureza Rockwell de bola y de cono, respectivamente.

h_0 = Huella inicial producida por la carga F_0 (mm)

$h_{máx}$ = Huella máxima producida por la carga F_0 y F_1(mm)

h_p = Huella permanente después de suprimir la carga adicional F_1(mm)

e = Penetración de la huella permanente

r = Retorno elástico

Ensayo de resiliencia con el péndulo de Charpy (ρ)

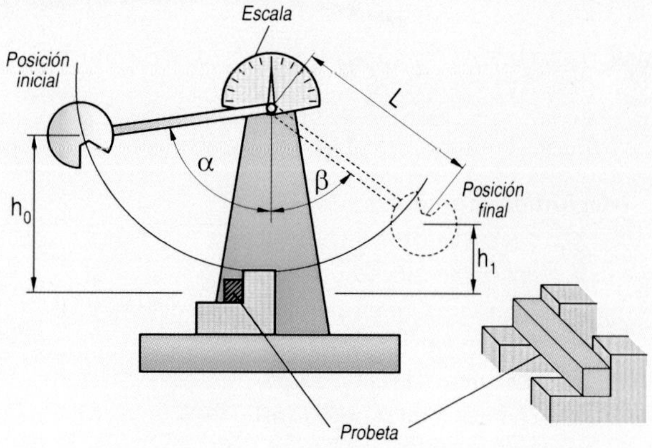

$$E = E_{Pi} - E_{Pf} = mg\,(h_0 - h_1)$$

$$\rho(KCV) = \frac{E}{S} = \frac{mgL(\cos\beta - \cos\alpha)}{S}$$

Magnitudes y unidades

- ρ = Resiliencia KCV (J/m^2)
- E = Energía absorbida en la rotura (J)
- h_0 = Altura inicial del martillo (m)
- h_1 = Altura final del martillo (m)
- L = Longitud del brazo del péndulo (m)
- m = Masa del martillo (kg)
- α = Ángulo inicial
- β = Ángulo final

DIAGRAMA DE FASES (Regla de la palanca)

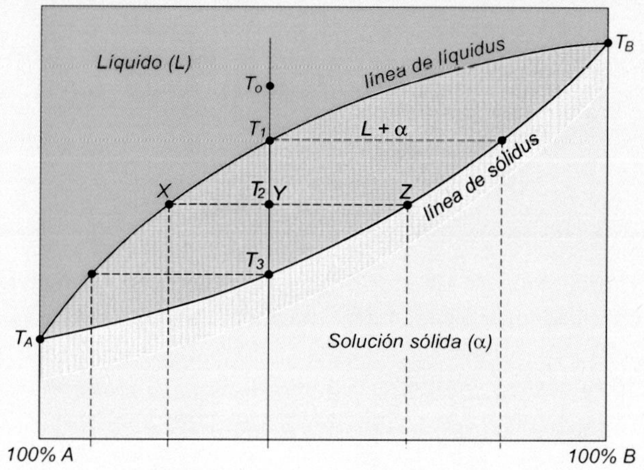

Porcentaje de líquido (L)

$$\omega_L = \frac{Z - Y}{Z - X} \cdot 100\ (\%)$$

Porcentaje de sólido (α)

$$\omega_\alpha = \frac{Y - X}{Z - X} \cdot 100\ (\%)$$

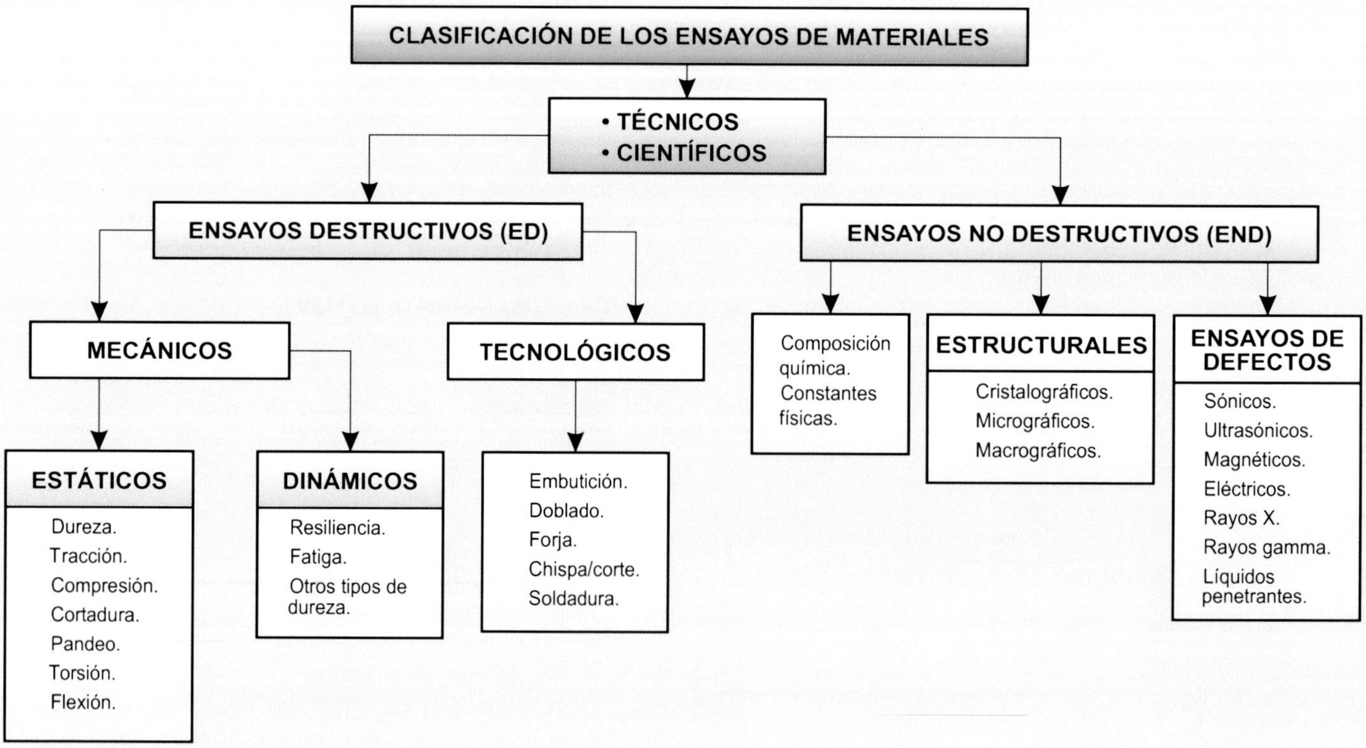

1. Un latón tiene un módulo de elasticidad de 120 GN/m^2 y un límite elástico de 250×10^6 N/m^2. Una varilla de este material de 10 mm^2 de sección y 100 cm de longitud está colgada verticalmente y lleva en su extremo una carga de 1.500N. Determina:

a) ¿Recuperará el alambre su longitud inicial si se le quita la carga?

b) ¿Cuál será su alargamiento unitario en estas condiciones?

c) ¿Cuál será la carga máxima que debe soportar para trabajar con una $\sigma_{admisible} = 0{,}2\ \sigma_E$?

d) ¿Qué diámetro mínimo habrá de tener la barra de este material para que, sometida a una carga de 8×10^4 N no experimente deformación permanente?

a) Calculamos en primer lugar la tensión de trabajo de la barra:

$$\sigma_t = \frac{F}{S_0} = \frac{1.500\ N}{10^{-5}\ m^2} = 150.000.000\ \frac{N}{m^2} = 150\ MPa$$

Por tanto, el alambre recuperará su longitud inicial al no sobrepasar el límite elástico.

b) Teniendo en cuenta el concepto de alargamiento unitario:

$$\varepsilon = \frac{\sigma}{E} = \frac{150 \cdot 10^6\ \frac{N}{m^2}}{120 \cdot 10^9\ \frac{N}{m^2}} = 0{,}00125$$

c) La tensión máxima admisible será:

$$\sigma_{adm} = 0{,}2 \cdot \sigma_E = 50 \cdot 10^6\ \frac{N}{m^2}$$

$$F_{máx} = \sigma_{adm} \cdot S_0 = 50 \cdot 10^6\ \frac{N}{m^2} \cdot 10^{-5}\ m^2 = 500\ N$$

d) Por último, el diámetro mínimo para que no se deforme permanentemente el alambre:

$$S = \frac{F}{\sigma_E} = \frac{8 \cdot 10^4\ N}{250.000.000\ \frac{N}{m^2}} = 0{,}00032\ m^2 = 320\ mm^2$$

$$D = \sqrt{\frac{4S}{\pi}} = \sqrt{\frac{4 \cdot 320}{\pi}} = 20{,}18\ mm$$

2. Un ensayo de tracción lo realizamos con una probeta de 15 mm de diámetro y longitud inicial de 150 mm. Los resultados obtenidos han sido:

Tensión (kp/cm²)	Longitud medida (mm)	Esfuerzo (kp/cm²)	Longitud medida (mm)
0	150	4.000	150,05
500	150,01	4.500	150,06
1.000	150,02	5.000	151,28
2.000	150,03	4.000	151,87
3.000	150,04	3.750 (rotura)	153,28

Sabiendo que el diámetro de la probeta en el momento de la ruptura es D_R = 14,3mm. Calcula:

a) El módulo de elasticidad "E".

b) La carga en el límite de fluencia.

c) El coeficiente de estricción "Z".

d) El alargamiento unitario de rotura.

a) Teniendo en cuenta la zona inicial de la curva donde los alargamientos son proporcionales a las deformaciones (Ley de Hooke):

$$\varepsilon_1 = \frac{\Delta l_1}{l_0} = \frac{0{,}01\ mm}{150\ mm} = 6{,}\widehat{66} \cdot 10^{-5}$$

$$tg\ \alpha = cte = E = \frac{\sigma_1}{\varepsilon_1} = \frac{500\ kp/cm^2}{6{,}\widehat{66} \cdot 10^{-5}} = 7{,}5 \cdot 10^6\ \frac{kp}{cm^2}$$

b) La carga en el límite de fluencia será:

$$F = \sigma_F \cdot S_0 = 4.500\ \frac{kp}{cm^2} \cdot \frac{\pi \cdot 1{,}5^2}{4}\ cm^2 = 7.952\ kp$$

c) Se define el coeficiente de estricción "Z" como:

$$Z = \frac{S_0 - S_R}{S_0} = \frac{\frac{\pi \cdot D^2}{4} - \frac{\pi \cdot D_R^2}{4}}{\frac{\pi \cdot D^2}{4}} = \frac{D^2 - D_R^2}{D^2} = \frac{15^2 - 14{,}3^2}{15^2}$$

$$Z = 0{,}091$$

d) El alargamiento unitario en el momento de la rotura será:

$$\Delta l = \frac{l_F - l_0}{l_0} = \frac{153{,}28 - 150}{150} = 0{,}0218 \Rightarrow 2{,}18\%$$

3. Dos barras de la misma longitud, una de aluminio ($E_1 = 7 \cdot 10^7$ Pa) y otra de acero (E = 210 GPa) están sometidas a una misma tensión de tracción. Determinar:

a) ¿Cuál de éllas se deformará más elásticamente?

b) ¿Qué relación deberán tener sus secciones para que ambas experimenten igual deformación elástica, si la fuerza de tracción fuera la misma?

c) Si la tensión se conociera, ¿qué otro dato de cada material debería saberse para poder comprobar si las barras llegan a deformarse plásticamente? ¿Y para saber si se romperían?

a) Teniendo en cuenta que las dos barras tienen la misma longitud y la misma tensión:

$$\left.\begin{array}{l} E_1 = \dfrac{\sigma}{\varepsilon_1} \\ E_2 = \dfrac{\sigma}{\varepsilon_2} \end{array}\right\} E_1 \cdot \varepsilon_1 = E_2 \cdot \varepsilon_2 \Rightarrow \varepsilon_1 = \frac{E_2 \cdot \varepsilon_2}{E_1} = 3 \cdot \varepsilon_2$$

Por tanto, el alargamiento de la barra de aluminio será tres veces mayor que el de la de acero.

b) Si ambas barras tienen la misma longitud y experimentan la misma deformación elástica, el alargamiento unitario será también el mismo:

$$\left.\begin{array}{l} \sigma_1 = E_1 \cdot \varepsilon \\ \sigma_2 = E_2 \cdot \varepsilon \end{array}\right\} \frac{\sigma_1}{E_1} = \frac{\sigma_2}{E_2} \Rightarrow \frac{\sigma_1}{\sigma_2} = \frac{E_1}{E_2} \Rightarrow \frac{\frac{F}{S_1}}{\frac{F}{S_2}} = \frac{E_1}{E_2} \Rightarrow \frac{S_2}{S_1} = \frac{E_1}{E_2} = \frac{1}{3}$$

c) Para comprobar si las barras llegan a deformarse necesitamos conocer la tensión en el límite elástico (σ_E) y si llegan a romperse, la tensión de rotura (σ_R).

4. Una barra de sección circular está fabricada con una aleación con módulo de elasticidad 125.000 MPa y un límite elástico de 250 MPa. Se pide:

a) Si la barra tiene 300 mm de longitud, ¿a qué tensión deberá ser sometida para que sufra un alargamiento de 0,3 mm?

b) ¿Qué diámetro ha de tener esta misma barra para que, sometida a un esfuerzo de tracción de 100 kN, no experimente deformaciones permanentes?

c) Suponiendo que la resistencia máxima de esta aleación es de 400 MPa, ¿qué esfuerzo debería admitir una barra de 30 mm de diámetro sin que se llegue a romper?

a) Calculamos inicialmente la tensión de la barra:

$$\varepsilon = \frac{\sigma}{E} \Rightarrow \sigma = \varepsilon \cdot E = \frac{\Delta l}{l_0} \cdot E = \frac{0{,}3 \text{ mm}}{300 \text{ mm}} \cdot 125.000 \text{ MPa}$$

$\sigma = 125$ MPa

b) Calculamos ahora la sección de la barra:

$$S_0 = \frac{F}{\sigma_E} = \frac{100.000 \text{ N}}{250.000.000 \frac{\text{N}}{\text{m}^2}} = 0{,}0004 \text{ m}^2 = 400 \text{ mm}^2$$

$$D = \sqrt{\frac{4S_0}{\pi}} = \sqrt{\frac{4 \cdot 400}{\pi}} = 22{,}56 \text{ mm}$$

c) La sección de la nueva barra será:

$$S_1 = \frac{\pi \cdot D_1^2}{4} = \frac{\pi \cdot 30^2}{4} = 706{,}85 \text{ mm}^2 = 0{,}000706 \text{ m}^2$$

$$F_1 = \sigma_R \cdot S_1 = 400.000.000 \frac{\text{N}}{\text{m}^2} \cdot 0{,}000706 \text{ m}^2 = 282.740 \text{ N}$$

5. Una pieza de acero de 4 mm de radio y 400 mm de longitud está sometida a una fuerza estática de tracción. Calcula:

a) La fuerza máxima que soporta la pieza sabiendo que la tensión en el límite elástico $\sigma_E = 6.600$ kgf/cm² y el módulo de elasticidad $E = 2{,}1 \cdot 10^6$ kgf/cm². Aplicar un coeficiente de seguridad n = 3.

b) La longitud de la pieza cuando actúa una fuerza de 3.000 kgf.

c) ¿En qué zona está trabajando el material en el caso anterior? Justifica la respuesta.

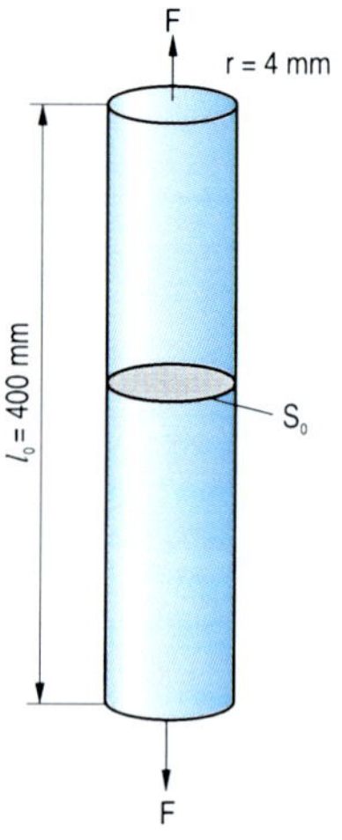

a) Teniendo en cuenta el coeficiente de seguridad calculamos en primer lugar la tensión de trabajo (σ_t):

$$\sigma_t = \frac{\sigma_E}{n} = \frac{6.600 \text{ kgf}}{3} = 2.200 \frac{\text{kgf}}{\text{cm}^2}$$

$$S_0 = \pi \cdot r^2 = \pi \cdot 0{,}4^2 \text{ cm}^2 = 0{,}5 \text{ cm}^2$$

La fuerza máxima (F) que soporta la pieza será igual a:

$$F = \sigma_t \cdot S_0 = 2.200 \frac{\text{kgf}}{\text{cm}^2} \cdot 0{,}5 \text{ cm}^2 = 1.105{,}8 \text{ kgf}$$

b) El alargamiento real de la pieza será igual a:

$$\Delta l = \frac{F \cdot l_0}{S_0 \cdot E} = \frac{3.000 \text{ kgf} \cdot 40 \text{ cm}}{0{,}5 \text{ cm}^2 \cdot 2{,}1 \cdot 10^6 \frac{\text{kgf}}{\text{cm}^2}} = 0{,}11 \text{ cm} = 1{,}1 \text{ mm}$$

La longitud total de la pieza será, por tanto:

$l = \Delta l + l_0 = 1{,}1 \text{ mm} + 400 \text{ mm} = 401{,}1 \text{ mm}$

c) Para saber en qué zona está trabajando el material calculamos la nueva tensión de trabajo:

$$\sigma_t = \frac{F}{S_0} = \frac{3.000 \text{ kgf}}{0{,}5 \text{ cm}^2} = 5.968{,}3 \frac{\text{kgf}}{\text{cm}^2} < \sigma_E$$

Por tanto, al no superar la tensión en el límite elástico (6.600 kgf/cm²) el material trabaja en la zona elástica.

6. Una pieza de acero de secciones circulares tiene un límite elástico $\sigma_E = 6.200$ kgf/cm² y un módulo de elasticidad $E = 2{,}1 \cdot 10^6$ kg/cm². Calcular el valor máximo de la fuerza a aplicar y el alargamiento total de la barra. Aplicar un coeficiente de seguridad n = 4.

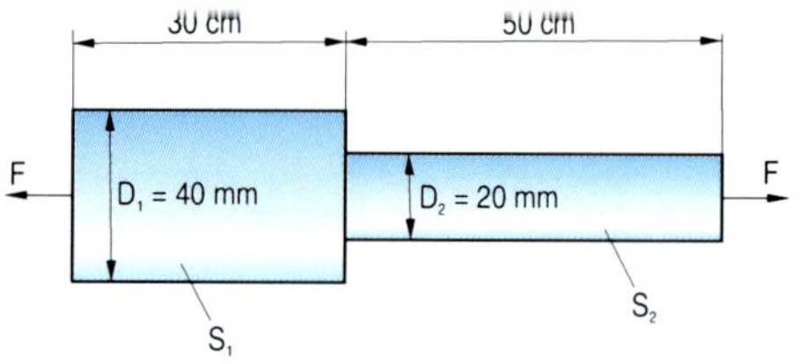

Calculamos, en primer lugar, las secciones iniciales (S_1 y S_2) y la tensión de trabajo (σ_t) de la barra:

$$S_1 = \frac{\pi \cdot D_1^2}{4} = \frac{\pi \cdot 16}{4} = 12{,}56 \text{ cm}^2$$

$$S_2 = \frac{\pi \cdot D_2^2}{4} = \frac{\pi \cdot 4}{4} = 3{,}14 \text{ cm}^2$$

$$\sigma_t = \frac{\sigma_E}{n} = \frac{6.200 \frac{\text{kgf}}{\text{cm}^2}}{4} = 1.550 \frac{\text{kgf}}{\text{cm}^2}$$

Para no sobrepasar el límite elástico, la fuerza máxima a aplicar la calcularemos para la mínima sección de la pieza (S_2):

$$F_{máx} = \sigma_t \cdot S_2 = 1.550 \frac{\text{kgf}}{\text{cm}^2} \cdot 3{,}14 \text{ cm}^2 = 4.867 \text{ kgf}$$

Finalmente el alargamiento total de la barra será la suma de los alargamientos parciales:

$$\Delta l = \frac{F}{E}\left(\frac{l_1}{S_1} + \frac{l_2}{S_2}\right) = \frac{4.867 \text{ kgf}}{2{,}1 \cdot 10^6 \frac{\text{kgf}}{\text{cm}^2}}\left(\frac{30}{12{,}56} + \frac{50}{3{,}14}\right)\frac{\text{cm}}{\text{cm}^2}$$

$\Delta l = 0{,}042 \text{ cm} = 0{,}42 \text{ mm}$

7. Una barra de acero con un límite elástico de 310 MPa y módulo de elasticidad $E = 20{,}7 \cdot 10^4$ MPa, está sometida a una carga de 10.000 N. Si la longitud inicial de la barra es de 400 mm, ¿cuál deberá ser su diámetro si no queremos que se alargue más de 0,2 mm?

Calculamos, en primer lugar, el alargamiento unitario de la barra:

$$\varepsilon = \frac{\Delta l}{l_0} = \frac{0{,}2 \text{ mm}}{400 \text{ mm}} = 0{,}0005$$

Por su parte, la tensión de trabajo y la sección de la barra serán igual a:

$$\sigma_t = E \cdot \varepsilon = 20{,}7 \cdot 10^4 \text{ MPa} \cdot 0{,}0005 = 103{,}5 \cdot 10^6 \frac{\text{N}}{\text{m}^2} < \sigma_E$$

$$S_0 = \frac{F}{\sigma_t} = \frac{10.000 \text{ N}}{103{,}5 \cdot 10^6 \frac{\text{N}}{\text{m}^2}} = 9{,}66 \cdot 10^{-5} \text{ m}^2$$

Finalmente, el diámetro de la barra será igual a:

$$D = \sqrt{\frac{4S_0}{\pi}} = \sqrt{\frac{4 \cdot 9{,}66 \cdot 10^{-5} \text{ m}^2}{\pi}} = 11 \text{ mm}$$

8. Una barra cuadrada de 1 cm de lado y 20 cm de longitud está sometida a una fuerza de tracción de 8.000 N, siendo el módulo de elasticidad $E = 2 \cdot 10^6$ N/cm² y su límite de elasticidad de 100 MPa. Calcula:

a) La tensión (MPa) y el alargamiento de la barra (mm).

b) Si la carga fuera de 12.000 N, ¿qué podrías decir del alargamiento?

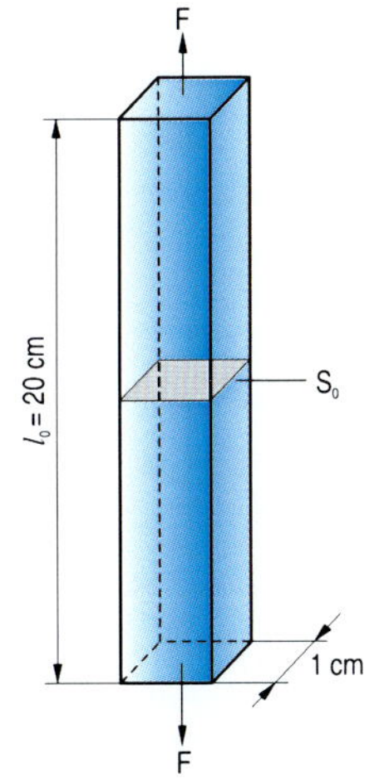

a) Calculamos en primer lugar la sección inicial (S_0) y la tensión de trabajo (σ_t) de la barra:

$$S_0 = a^2 = 1 \text{ cm}^2 = 10^{-4} \text{ m}^2$$

$$\sigma_t - \frac{F}{S_0} = \frac{8.000 \text{ N}}{10^{-4} \text{ m}^2} = 80.000.000 \frac{\text{N}}{\text{m}^2} = 80 \text{ MPa}$$

A continuación calculamos el alargamiento unitario:

$$E = \frac{\sigma_t}{\varepsilon} = \frac{F \cdot l_0}{S_0 \cdot \Delta l} \Rightarrow \Delta l = \frac{8.000 \text{ N} \cdot 20 \text{ cm}}{1 \text{ cm}^2 \cdot 2 \times 10^6 \frac{\text{N}}{\text{m}^2}} = 0{,}08 \text{ cm}$$

b) La tensión nueva tensión de la barra será:

$$\sigma'_t = \frac{F'}{S_0} = \frac{12.000 \text{ N}}{10^{-4} \text{ m}^2} = 120 \text{ Mpa}$$

Por tanto, hemos sobrepasado el límite elástico (100 Mpa) y la barra se quedará deformada permanentemente.

9. Explica en qué consiste el ensayo de dureza Brinell y cómo se obtiene la expresión final de la dureza.

Consiste en marcar sobre la superficie a examinar una huella permanente mediante un penetrador esférico de acero templado, al que se le aplica una carga (F) prefijada durante un determinado tiempo. Se utiliza principalmente para materiales blandos y no es recomendable para piezas de poco espesor, ni con forma cilíndrica o esférica. El valor de la carga (F) será igual a:

$$F = K \cdot D^2$$

donde "K" es una constante que dependerá del tipo de material a examinar.

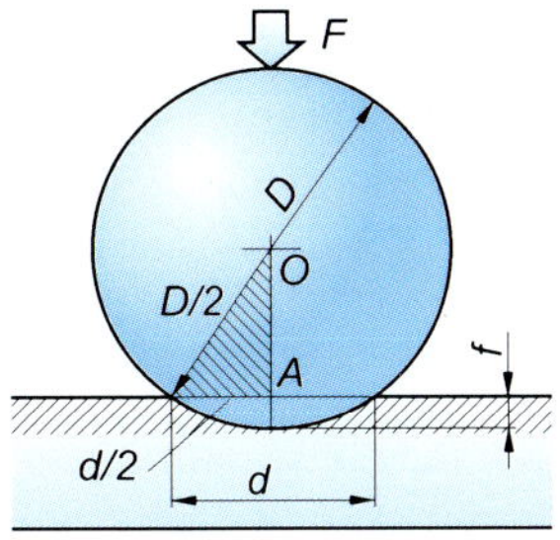

Se define la dureza Brinell (HB)como:

$$HB = \frac{F}{S}$$

$$S = \pi \cdot D \cdot f$$

$$f = \frac{D}{2} - OA \Rightarrow OA = \sqrt{\left(\frac{D}{2}\right)^2 - \left(\frac{d}{2}\right)^2} = \sqrt{\frac{D^2}{4} - \frac{d^2}{4}}$$

$$f = \frac{D}{2} - \sqrt{\frac{D^2}{4} - \frac{d^2}{4}} = \frac{1}{2}\left(D - \sqrt{D^2 - d^2}\right)$$

$$S = \pi \cdot D \cdot \frac{1}{2}\left(D - \sqrt{D^2 - d^2}\right)$$

$$HB = \frac{F}{S} = \frac{F}{\pi \cdot D \cdot \frac{1}{2}\left(D - \sqrt{D^2 - d^2}\right)}$$

$$HB = \frac{2F}{\pi \cdot D \cdot \left(D - \sqrt{D^2 - d^2}\right)} \left(\frac{\text{kgf}}{\text{mm}^2}\right)$$

10. En un ensayo de dureza Brinell para un acero al carbono, se utiliza una bola de diámetro D = 10 mm, obteniéndose una huella de diámetro d = 4 mm. Si la constante de proporcionalidad para los aceros es K = 30 kg/mm², determinar:

a) La carga utilizada durante un tiempo de 15 segundos.

b) La dureza obtenida y su expresión.

a) Teniendo en cuenta que la carga a aplicar debe ser proporcional al cuadrado del diámetro de la bola, para que las huellas obtenidas sean semejantes:

$$F = K \cdot D^2 = 30 \cdot 10^2 = 3.000 \text{ kgf}$$

b) Teniendo en cuenta ahora la expresión de la dureza Brinell:

$$HB = \frac{2F}{\pi \cdot D \cdot \left(D - \sqrt{D^2 - d^2}\right)} = \frac{2 \cdot 3.000 \text{ kgf}}{\pi \cdot 10\left(10 - \sqrt{10^2 - 4^2}\right) \text{ mm}^2}$$

$$HB = 228{,}76 \frac{\text{kgf}}{\text{mm}^2}$$

La expresión de la dureza será por tanto igual a:

229 – HB – 10 – 3.000 – 15

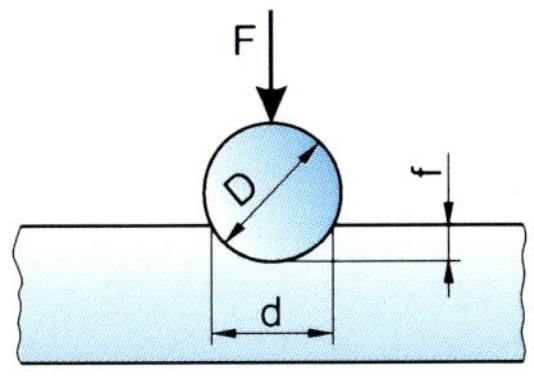

11. En un ensayo de dureza 95 HB (Brinell) se observa que la profundidad de la huella f =1,34 mm, cuando se aplica una carga de 4.000 kgf. Calcula el diámetro de la bola (D) y el diámetro de la huella (d).

Teniendo en cuenta el concepto de dureza en función de la carga aplicada y del área del casquete de la huella, tenemos:

$$HB = \frac{F}{S} = \frac{F}{\pi \cdot D \cdot f} \quad \Rightarrow \quad D = \frac{F}{\pi \cdot HB \cdot f}$$

$$D = \frac{4.000\ \text{kgf}}{\pi \cdot 95 \frac{\text{kgf}}{\text{mm}^2} \cdot 1{,}34\ \text{mm}} = 10\ \text{mm}$$

Sustituyendo ahora en la expresión de la dureza Brinell obtenemos el diámetro de la huella:

$$HB = \frac{2F}{\pi \cdot D(D - \sqrt{D^2 - d^2})}\ ; \ 95 = \frac{2 \cdot 4.000\ \text{kgf}}{\pi \cdot 10(10 - \sqrt{10^2 - d^2})\ \text{mm}^2}$$

$$(10 - \sqrt{100 - d^2}) = \frac{8.000}{\pi \cdot 10 \cdot 95} \quad \Rightarrow \quad 10 - 2{,}68 = \sqrt{100 - d^2})$$

$$d = 6{,}81\ \text{mm}$$

12. Explica en qué consiste el ensayo de dureza Vickers y cómo se obtiene la expresión final de la dureza.

Consiste en marcar sobre la superficie a examinar una huella permanente mediante un penetrador en forma de pirámide regular de base cuadrada, al que se le aplica una carga (F) durante un determinado tiempo, para medir finalmente la diagonal "d" de la huella. Se utiliza tanto para materiales blandos como duros de diferentes espesores.

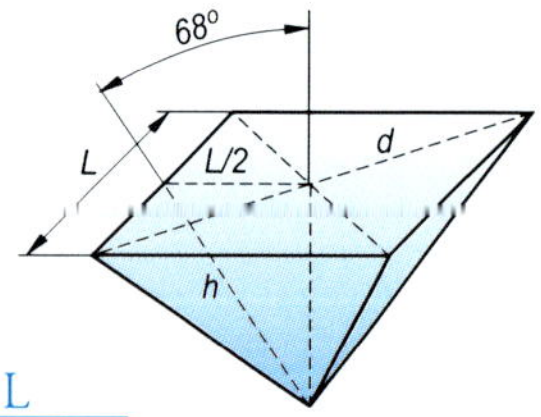

$$HV = \frac{F}{S}$$

$$S = 4\,\frac{L \cdot h}{2} = 2Lh$$

$$\text{sen } 68º = \frac{\frac{L}{2}}{h} = \frac{L}{2h} \Rightarrow h = \frac{L}{2 \cdot \text{sen } 68º}$$

$$S = 2Lh = 2L\,\frac{L}{2 \cdot \text{sen } 68º} = \frac{L^2}{\text{sen } 68º}$$

Por otra parte tenemos que:

$$d^2 = L^2 + L^2 = 2L^2 \quad \Rightarrow \quad L^2 = \frac{d^2}{2}$$

$$S = \frac{d^2}{2 \cdot \text{sen } 68º}$$

$$HV = \frac{F}{\frac{d^2}{2 \cdot \text{sen } 68º}} = \frac{F \cdot 2 \cdot \text{sen } 68º}{d^2} = \frac{1{,}854 \cdot F}{d^2} \left(\frac{\text{kgf}}{\text{mm}^2}\right)$$

13. Para conocer la dureza de un acero al carbono realizamos un ensayo Vickers, aplicando para ello una carga de 30 kgf durante 15 segundos, obteniendo una longitud de la diagonal d = 0,3 mm. Calcula el valor de la dureza del acero e indica cómo se expresa.

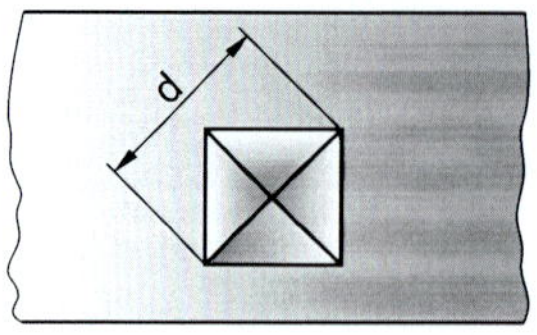

Teniendo en cuenta la expresión final de la dureza Vickers tenemos:

$$HV = 1{,}854\,\frac{F}{d^2} = 1{,}854\,\frac{30\ \text{kgf}}{0{,}3^2\ \text{mm}^2} = 618\,\frac{\text{kgf}}{\text{mm}^2}$$

La expresión de la dureza será por tanto igual a:

618–HV–30–15

14. En un ensayo Rockwel de cono (HR_C) al aplicar la carga inicial (F_0) de 10 kg, el penetrador avanza 5µm, mientras que al incrementar la carga en 140 kg avanza 90µm más y al retirar esta última carga retrocede 4µm. Resultado del ensayo: deformación, correlación de escala Rockwell y dureza.

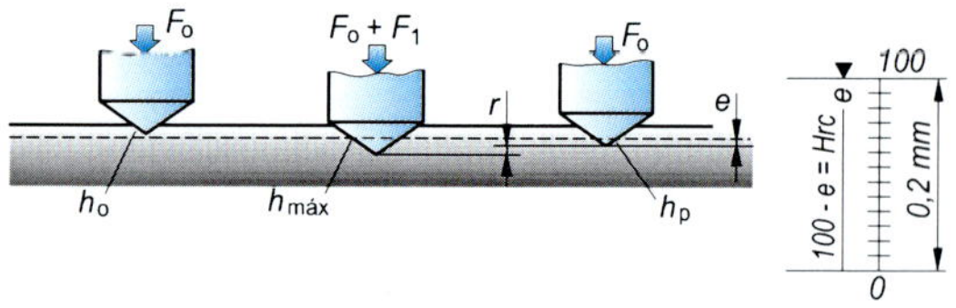

En este tipo de ensayo la penetración inicial h_0 = 5 µ se realiza para poner la escala a cero, y por tanto se desprecia. Por su parte, la penetración de la huella permanente "e" respecto a la inicial será:

$$h_p = h_{max} - r = 95\ \mu - 4\ \mu = 91\ \mu m$$

$$e = h_p - h_0 = 91 - 5 = 86\ \mu m$$

Teniendo en cuenta que cada división de la escala Rockwel equivale a 2 µm (0,002 mm):

$$e = 0{,}086\ \text{mm}\,\frac{1}{0{,}002\ \frac{\text{mm}}{\text{div}}} = 43\ \text{div}$$

Aplicando finalmente la expresión de la dureza Rockwel de cono:

$$HR_C = 100 - e = 100 - 43 = 57\ \text{unid. Rockwel}$$

15. Para el estudio de resiliencia de un material mediante el ensayo con péndulo de Charpy, se ha utilizado una probeta de 10 × 10 mm con una entalla en forma de U de profundidad 2 mm. Sabiendo que el valor de la resiliencia es de 28,5 J/cm², que la masa del martillo es de 30 kg y la altura de partida de la caída de 140 cm, explica en qué consiste dicho ensayo y calcula el valor de la altura a la que se elevará el martillo después del golpe y posterior rotura de la probeta.

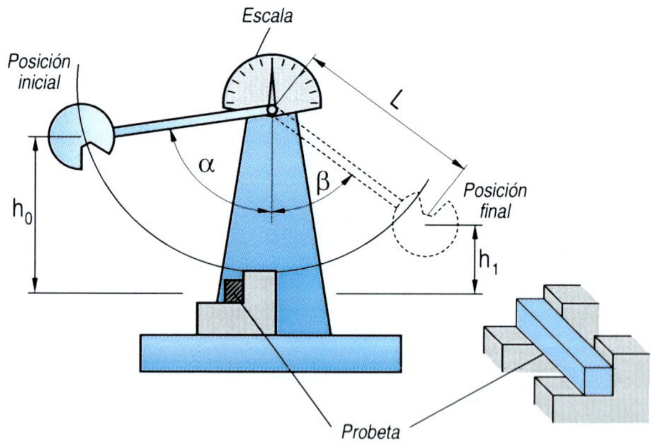

Dicho ensayo consiste en romper de un solo golpe una probeta entallada en su punto medio y apoyada en sus dos extremos, con el fin de determinar la energía absorbida en la rotura. Para realizar el ensayo se coloca el martillo a una altura "h_0" en su posición inicial y se deja caer libremente por gravedad, de manera que golpee la cara opuesta a la entallada, rompiéndola. Una vez rota, parte de la energía inicial del martillo se ha absorbido en la rotura y la otra en seguir la oscilación hasta "h_1". Permite determinar si un material es frágil o tenaz ya que los materiales tenaces absorben más energía en la rotura por lo que su resiliencia será mayor.

Teniendo en cuenta el concepto de resiliencia:

$$\rho(\text{kCV}) = \frac{E}{S} \Rightarrow E = \rho \cdot S = 28{,}5 \frac{J}{cm^2} 0{,}8\ cm^2 = 22{,}8\ J\ (N \cdot m)$$

La energía "E" absorbida en la rotura de la probeta será:

$$E = E_{Pi} - E_{Pf} = mgh_0 - mgh_1 = mg(h_0 - h_1) = P(h_0 - h_1)$$

$$h_1 = h_0 - \frac{E}{mg} = 1{,}4\ m - \frac{22{,}8\ N \cdot m}{30\ kg \cdot 9{,}8 \frac{m}{s^2}} = 1{,}323\ m$$

16. Para el estudio de la resiliencia de un material mediante ensayo Charpy, se ha utilizado una probeta de sección 10 ×10 mm con una entalla en forma de U. Sabiendo que el valor de la resiliencia obtenida es de 50 J/cm², que la masa del martillo es de 30 kg, la longitud del brazo del péndulo de 1m y el ángulo de partida del ensayo $\alpha = 60°$, calcula la altura "h_1" a la que se elevará el péndulo y el ángulo β que adquiere el mazo con respecto a la vertical después del golpe.

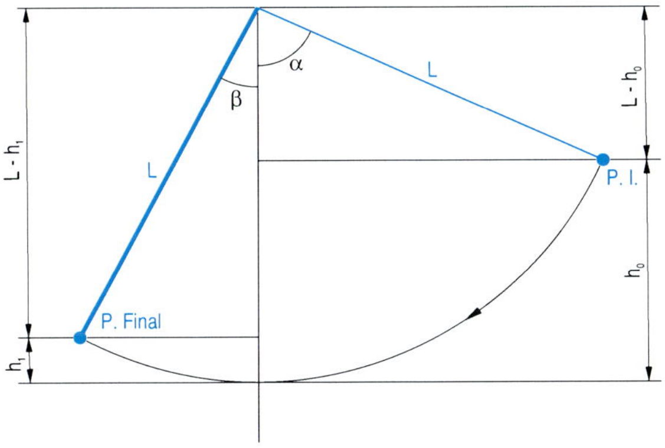

$$\left.\begin{aligned} \cos\beta &= \frac{L - h_1}{L} \\ \cos\alpha &= \frac{L - h_0}{L} \end{aligned}\right\} \text{Restando: } h_0 - h_1 = L(\cos\beta - \cos\alpha)$$

$$\rho = \frac{E}{S} = \frac{mg(h_0 - h_1)}{S} = \frac{mgL(\cos\beta - \cos\alpha)}{S}$$

$$50 \frac{J}{cm^2} = \frac{30\ kg \cdot 9{,}8 \frac{m}{s^2}\ 1\ m(\cos\beta - \cos 60°)}{1\ cm^2}$$

$$\frac{50}{294} = (\cos\beta - \cos 60°) \Rightarrow \cos\beta = 0{,}17 + \cos 60° \Rightarrow \beta = 47{,}93°$$

$$h_1 = L - L \cdot \cos\beta = 0{,}33\ m$$

17. Explica en qué consiste el ensayo de fatiga.

Cuando un material se somete a una tensión repetitiva, que siendo variable en sentido y magnitud, e inferior a la tensión de rotura o incluso por debajo del límite elástico, puede provocar su rotura (ejes, bielas, engranajes, rodamientos, etc.), está sometido a un esfuerzo de fatiga. En este caso, una probeta se hace girar por medio de un motor, mientras se le aplica una carga conocida, de manera que la probeta queda sometida a una flexión alternada, lo cual se traduce en que un punto cualquiera de la probeta queda sometido a un ciclo de cargas que van desde la tracción a la compresión. Esto produce fisuras que se van propagando lentamente, reduciendo el área hasta un punto tal que la probeta no puede resistir la carga aplicada y se rompe.

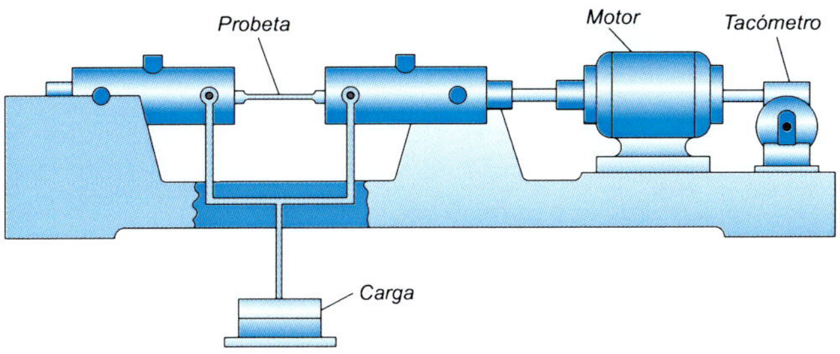

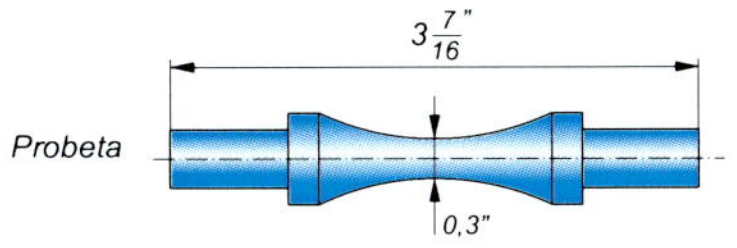

Variando la carga aplicada en el ensayo y anotando la cantidad de ciclos o vueltas (r.p.m.) que la probeta resistió antes de romperse (tacómetro), se puede obtener el gráfico de la figura siguiente. Se define **límite de fatiga** como el valor máximo de tensión al que podemos someter la pieza sin romperse, independientemente del número de ciclos (r.p.m.) que se repita la acción. Por debajo de este límite no ocurrirá la fractura por fatiga y por encima de él, mediante este diagrama se puede determinar el número de ciclos que soporta sin romperse.

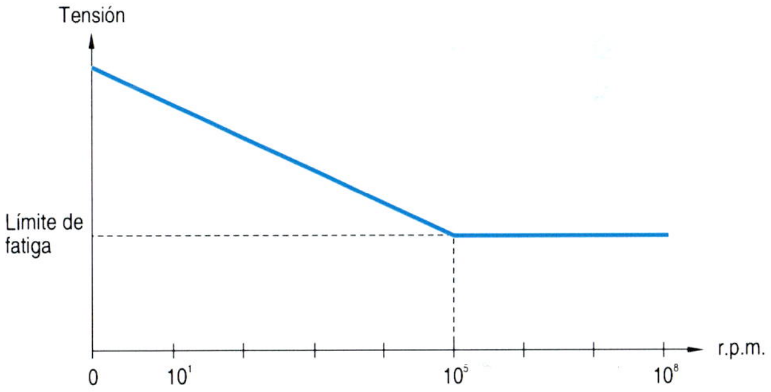

18. Observa el diagrama de fases de la aleación Cu-Ni de la siguiente figura y contesta a las siguientes cuestiones:

a) Indica de qué tipo de aleación se trata y calcula el número de fases, la composición de cada una y las cantidades relativas de cada fase, para una aleación de 55% de Ni a 1.300 °C.

b) ¿Cuál será la composición de los cristales que se forman cuando comienza a solidificar una aleación del 30% de Cu y a qué temperatura comienza a solidificar?

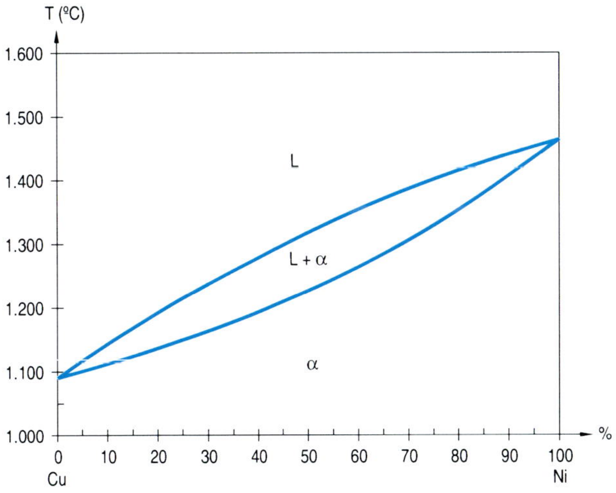

a) Se trata de un sistema totalmente soluble en estado líquido y sólido (isomorfo). Para una aleación con el 55% de Ni (45% Cu), tenemos dos fases una líquida (L) y otra sólida (α) con la siguiente composición de líquido (L) y sólido (S):

Porcentaje de líquido:

$$\omega_L = \frac{68-55}{68-45} \cdot 100 = 56{,}5\%$$

Porcentaje sólido:

$$\omega_S(\alpha) = \frac{55-45}{68-45} \cdot 100 = 43{,}5\%$$

Por tanto el 56,5% está en estado líquido y el 43,5% en estado sólido. Dentro del estado líquido, el 45% es de Ni y el 55% es de Cu. Dentro del estado sólido, el 68% es de Ni y el 32% de Cu.

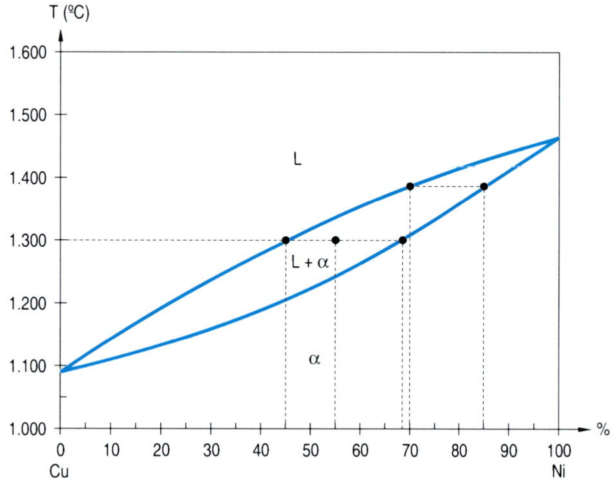

b) Comienza a solidificar a unos 1.380 ºC y la composición de los cristales será de 85% de Ni y 15% de Cu.

19. Para el diagrama de fases Cd-Bi de la figura, se pide:

a) ¿De qué tipo de sistema se trata y cuál es la composición del eutéctico?

b) Indica la composición y la cantidad relativa de fases que se tiene en el proceso de enfriamiento de una aleación con 70% Cd desde 350ºC hasta los 145 ºC (puntos 1, 2 y 3).

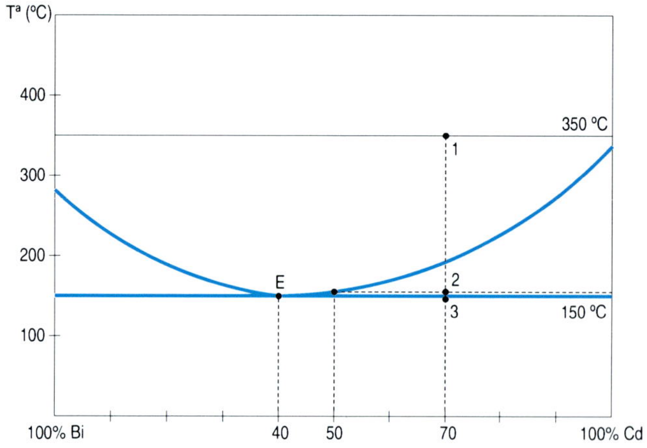

a) Se trata de un sistema con solubilidad total en estado líquido y completamente insoluble en estado sólido. La composición eutéctica (E) es del 40% de Cd y 60 % de Bi.

b) Analizando la línea de enfriamiento:

- **Punto 1:** una sola fase líquida (L) de composición 70% Cd y 30% Bi.
- **Punto 2:** dos fases, una líquida (L) y otra sólida (S) de composición:

$$\omega_S = \frac{70-50}{100-50} \cdot 100 = 40\% \quad (100\%\ Cd,\ 0\%\ Bi)$$

$$\omega_L = \frac{100-70}{100-50} \cdot 100 = 60\% \quad (50\%\ Cd,\ 50\%\ Bi)$$

Aleación: 70% de Cd, 30% de Bi

60% fase líquida(L)	40% fase sólida(S)
50% Cd, 50%Bi	100%Cd, 0%Bi

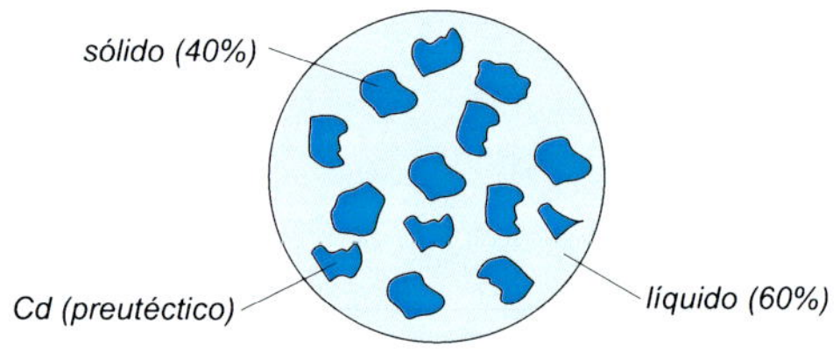

- **Punto 3:** dos fases sólidas, una de cristales de Cd (primarios o preutécticos) que se forman antes de que la aleación alcance la temperatura eutéctica y otra de mezcla eutéctica (ME) formada por cristales de Cd y de Bi que se forman después de la línea eutéctica:

Las cantidades relativas de cada fase serán en este caso:

$$\omega_{Cd\ (Primarios)} = \frac{70-40}{100-40} \cdot 100 = 50\% \quad (100\%\ Cd,\ 0\%\ Bi)$$

$$\omega_{ME} = \frac{100-70}{100-40} \cdot 100 = 50\%\ (M.E.) \quad (40\%\ Cd,\ 60\%\ Bi)$$

Aleación: 70% de Cd, 30% de Bi

50% ME	50% fase sólida(Cd)
40% Cd, 60%Bi	100%Cd, 0%Bi

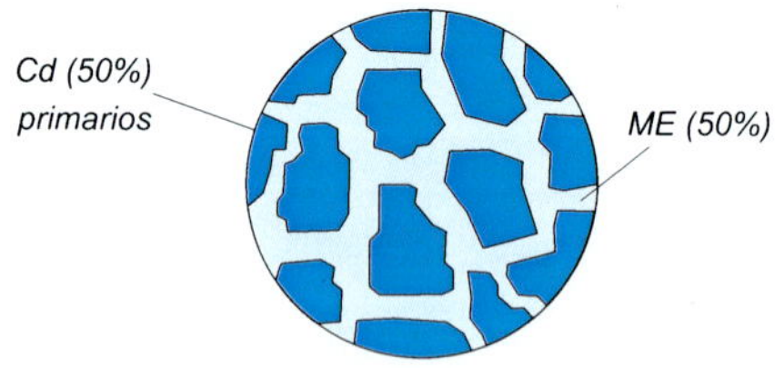

Comprobación: 50% Cd+40% x0,5 Cd=70% Cd

20. Utilizando el diagrama de equilibrio del sistema Ag-Cu, determina:

a) Las fases presentes en las distintas regiones.

b) Composición y relación de fases en la eutéctica.

c) Transformaciones que experimenta una aleación con un 20% de Cu, calculando el porcentaje de los constituyentes estructurales y fases a 780 ºC, 778 ºC y 500 ºC.

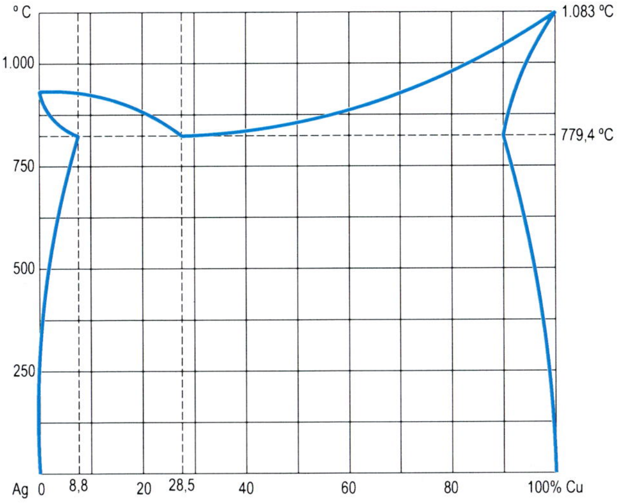

a) Señalamos sobre el diagrama las fases presentes en las distintas regiones, siendo:

α = cristales ricos en Ag y pobres en Cu.

β = cristales ricos en Cu y pobres en Ag.

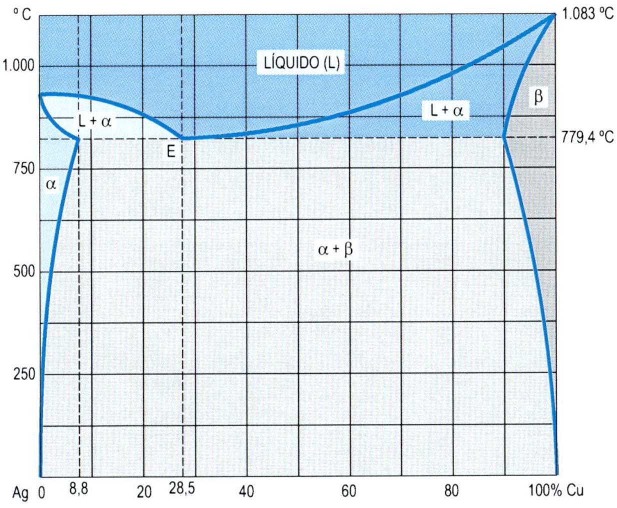

b) En el punto eutéctico (E) de composición 28,5% de Cu y 71,5% de Ag, la relación de fases es la siguiente:

$$\alpha_{(\text{eutéctico})} = \frac{90 - 28{,}5}{90 - 8{,}8} \cdot 100 = 75{,}7\%$$

$$\beta_{(\text{eutéctico})} = \frac{28{,}5 - 8{,}8}{90 - 8{,}8} \cdot 100 = 24{,}3\%$$

c) Transformaciones que experimenta una aleación con un 20 % de Cu:

- Para 780 °C tenemos dos fases, una líquida (L) y otra sólida (α) de composición:

$$\omega_L = \frac{20 - 8{,}8}{28{,}5 - 8{,}8} \cdot 100 = 56{,}85\% \Rightarrow \omega_{\alpha\ (\text{preutéctico})} = 43{,}15\%$$

La parte líquida está compuesta por un 28,5% de Cu y un 71,5% de Ag, mientras que la parte sólida "α (preutéctico)" está compuesta por un 8,8% de Cu y un 91,2% de Ag.

- Para 778 °C tenemos dos fases sólidas (α + β) de composición:

$$\omega_{\alpha(\text{total})} = \frac{90 - 20}{90 - 8{,}8} \cdot 100 = 86{,}2\% \Rightarrow \omega_{\beta(\text{eutéctico})} = 13{,}8\%$$

$$\omega_{\alpha(\text{eutéctico})} = \omega_{\alpha(\text{total})} - \omega_{\alpha(\text{preutéctico})} = 86{,}2\% - 43{,}15\% = 43{,}05\%$$

$$\text{Comprobación} = 0{,}4315 \cdot 8{,}8 + 0{,}4305 \cdot 28{,}5 + 0{,}138 \cdot 28{,}5 = $$
$$= 20\%\ \text{Cu}$$

La parte "α (proeutéctico)" está compuesta por un 8,8% de Cu y un 91,2% de Ag, la parte "α (eutéctico)" está compuesta por un 28,5 % de Cu y un 71,5% de Ag, mientras que la parte "β (eutéctico)" está compuesta por un 28,5 % de Cu y un 71,5% de Ag.

- Para 500 °C tenemos también dos fases sólidas (α + β) de composición:

$$\omega_\alpha = \frac{96 - 20}{96 - 5} \cdot 100 = 83{,}5\% \Rightarrow \omega_\beta = 16{,}5\%$$

$$\omega_{\alpha(\text{eutéctico})} = \omega_\alpha - \omega_{\alpha(\text{preutéctico})} = 83{,}5\% - 43{,}15\% = 40{,}35\%$$

La parte "α" (eutéctica) y "β" (eutéctica) está compuesta a su vez por un 28,5% de Cu y un 71,5% de Ag respectivamente, mientras que la parte "α" (preutéctica) está compuesta por un 8,8% de Cu y un 91,2% de Ag.

21. A partir del diagrama Hierro-Carbono que se indica a continuación, contesta a las siguientes preguntas:

a) Enumera los puntos más significativos del diagrama Fe-C e indícalos sobre el diagrama.

b) Enumera los constituyentes más importantes de las aleaciones Fe-C y sus principales características (indícalos en el diagrama). Calcula también los porcentajes de Ferrita y Cementita que contiene la Perlita, así como los porcentajes de Austenita y Cementita que contiene la Ledeburita.

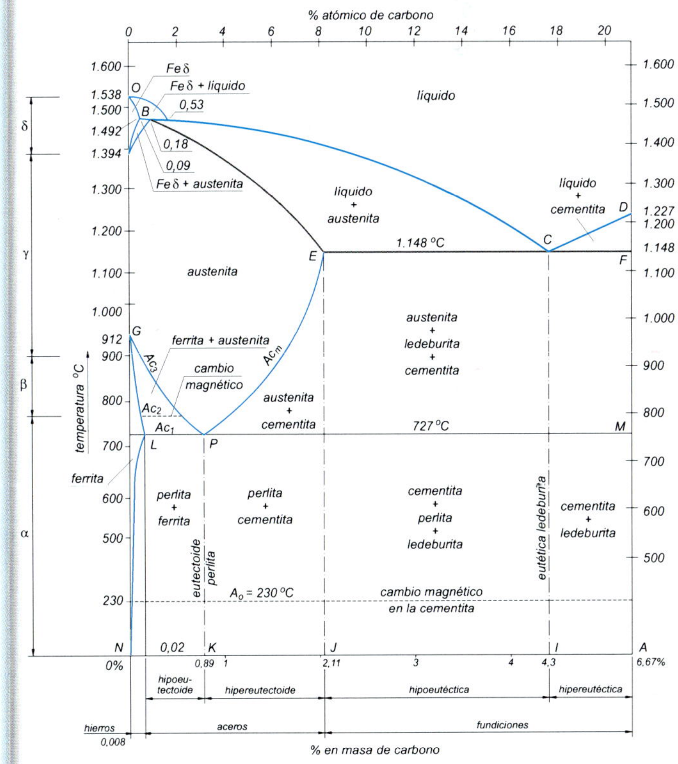

a) Puntos más significativos:

- **Punto eutéctico "C" (4,3% C):** marca la formación de la ledeburita y es la aleación de punto de fusión más bajo (1.148 ºC). Al ser un eutéctico, toda la masa de la aleación funde o solidifica a una misma temperatura, en lugar de hacerlo a dos temperaturas como sucede con otras aleaciones Fe-C con distinto contenido de carbono.
- **Punto eutectoide "P" (0,89% C):** este punto es análogo al punto anterior "C", pero aquí la transformación no se produce de sólido a líquido o viceversa, sino que hay un cambio de fases, pero siempre en estado sólido. Toda la masa de austenita de un acero de composición eutectoide se transforma íntegramente en perlita al pasar por este punto.
- **Punto "E" (2,11% C):** divide las aleaciones Fe-C en aceros y fundiciones.

b) Los constituyentes más importantes de las aleaciones Fe-C son:

- **Ferrita** (α): solución sólida de carbono en hierro alfa, con una solubilidad máxima de 0,02% C a 727 ºC, por lo que prácticamente se le considera hierro puro. Es el constituyente más blando y maleable de los aceros y presenta buenas propiedades magnéticas. Cristaliza según una red BCC.
- **Cementita (Fe_3C):** contiene un 6,67% C (93,33% Fe) y, por tanto, es el constituyente más duro y frágil de los aceros y de las fundiciones, por lo que prácticamente carece de alargamiento y resiliencia. A bajas temperaturas es magnética y pierde esta propiedad a unos 230 ºC.
- **Perlita:** está formada por una mezcla eutectoide de dos fases: ferrita y cementita. Para calcular su composición aplicamos la "regla de la palanca" al segmento L-P-M:

$$\omega_\alpha = \frac{6{,}67 - 0{,}89}{6{,}67 - 0{,}02} \cdot 100 = 87\% \text{ (0,02 C, 99,98 Fe)}$$

$$\omega_{Fe_3C} = 13\% \text{ (6,67 C, 93,33 Fe)}$$

- **Austenita** (γ): solución sólida de carbono en hierro γ, con una solubilidad máxima de 2,11% C a 1.148 ºC, lo cual le convierte en el constituyente más denso de los aceros. En las aleaciones Fe-C la austenita sólo es estable a temperaturas superiores a 727 ºC, aunque a veces, en ciertos aceros aleados, (por ejemplo, 18% Cr y 8% Ni) puede estabilizarse a temperatura ambiente y formar aceros austeníticos.

- **Ledeburita:** es un constituyente de las fundiciones y es una aleación eutéctica formada por austenita y cementita. Para calcular su composición aplicamos igualmente la "regla de la palanca" al segmento E-C-F:

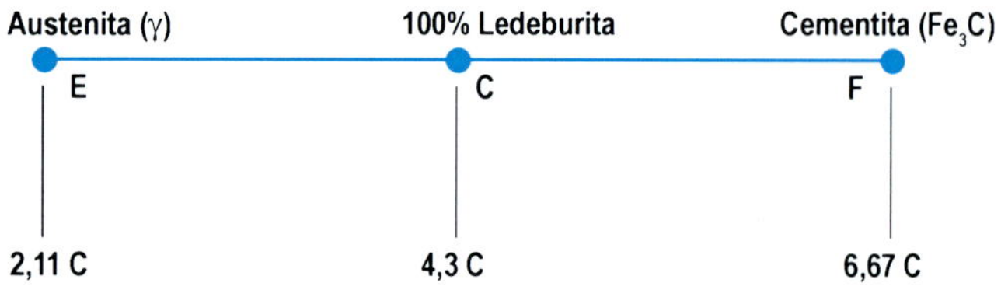

$$\%\gamma = \frac{6{,}67 - 4{,}3}{6{,}67 - 2{,}11} \cdot 100 = 52\% \text{ (2,11 C, 98,89 Fe)}$$

$$\omega_{Fe_3C} = 48\% \text{ (6,67 C, 93,37 Fe)}$$

- **Martensita:** se obtiene por enfriamiento muy rápido de un acero austenizado, con una proporción máxima de 0,89% C; es decir, es necesario calentar el acero por encima de 912 ºC y enfriarlo rápidamente (temple). Es el constituyente más duro de los aceros y presenta forma de agujas visibles al microscopio.

- **Bainita:** al igual que la martensita se obtiene a partir de la austenita mediante transformación isotérmica. En este caso, el acero austenizado se enfría rápidamente (en baños de sales, por ejemplo) hasta una temperatura comprendida entre 250-550 ºC, manteniéndolo el tiempo suficiente para conseguir la transformación de la austenita en bainita.

22. Un acero hipoeutectoide (0,4% C) se enfría lentamente desde 970 ºC hasta la temperatura ambiente. Calcula a partir del diagrama Hierro-Carbono:

a) La cantidad de Austenita (γ) para 970 ºC y su composición.

b) Las fracciones de Austenita (γ) y Ferrita (α) proeutectoide que contendrá dicho acero cuando se halle a una temperatura justo por encima de la eutectoiude (727 + ΔT).

c) Las fracciones de Ferrita (α) y Cementita (Fe_3C) que contendrá el acero cuando se halle a una temperatura justo por debajo de la eutectoide (727 – ΔT).

d) Las cantidad de ferrita eutectoide (secundaria) que contendrá la perlita a una temperatura justo por debajo de la eutectoiude (727 – ΔT).

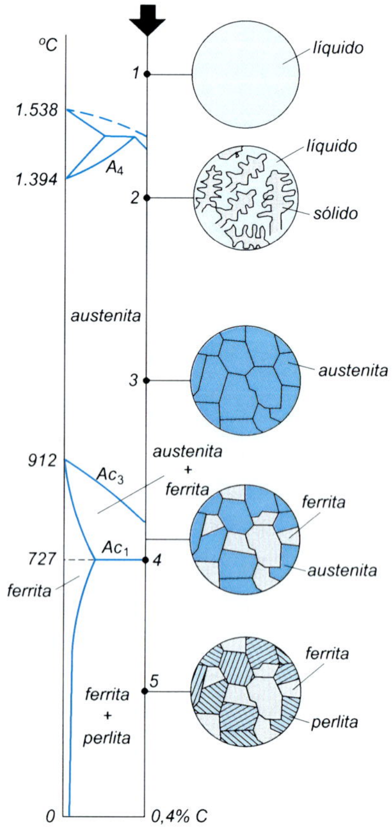

a) Para 970 °C tendremos un 100% de Austenita (γ) de composición 0,4C y 99,6 de Fe.

b) Para 727 + ΔT:

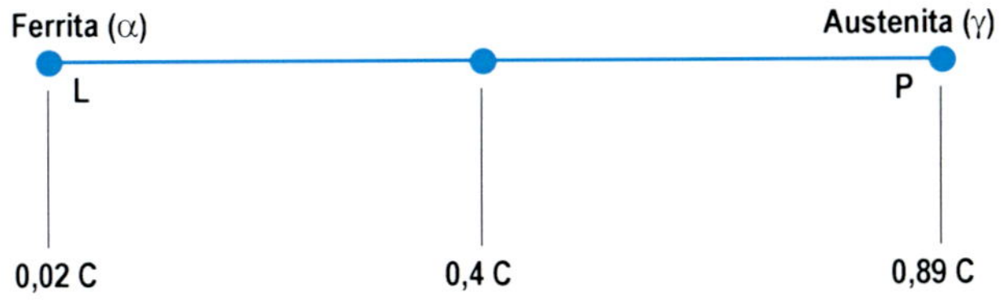

$$\text{Ferrita } (\alpha) = \frac{0{,}89 - 0{,}4}{0{,}89 - 0{,}02} \cdot 100 = 56{,}3\% \text{ (Proeutectoide)}$$

con 0,02 % C y 99,98% Fe.

Austenita (γ) = 43,7% con 0,89% C y 99,1% Fe.

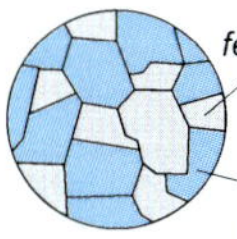

c) Para 727 – ΔT:

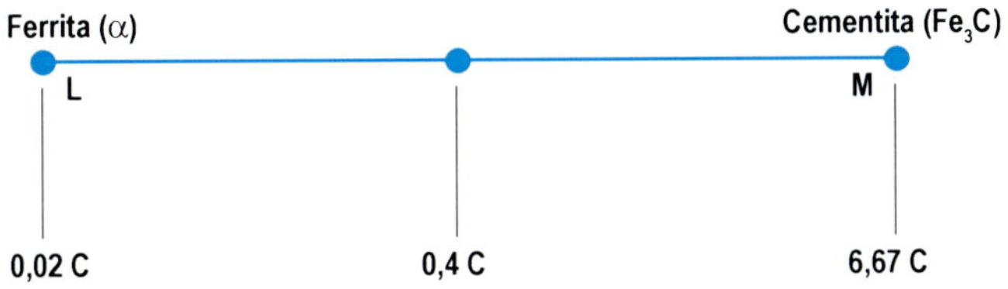

$$\text{Ferrita total} = \frac{6{,}67 - 0{,}4}{6{,}67 - 0{,}02} \cdot 100 = 94{,}2\%$$

con 0,02 % C y 99,98% Fe.

Cementita = 5,8% con 6,67% C y 93,33% Fe.

d) Teniendo en cuenta que la "austenita" se transforma en "perlita" y que la cantidad total de ferrita es del 94,2%, la cantidad de ferrita eutectoide que contiene la perlita la obtenemos restando el 94,2% total menos el 56,3% de ferrita proeutectoide (primaria): 37,9%.

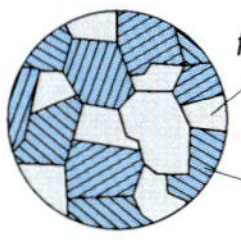

23. Un acero hipereutectoide (1,2% C) se enfría lentamente desde 970 °C hasta la temperatura ambiente. Calcula:

a) Las fracciones de **Austenita** (γ) y **Cementita** (**Fe_3C**) proeutectoide o secundaria que contendrá dicho acero cuando se halle a una temperatura justo por encima de la eutectoide (727 + ΔT).

b) Las fracciones de **Ferrita** (α) y **Cementita** (**Fe_3C**) que contendrá el acero cuando se halle a una temperatura justo por debajo de la eutectoide (727 – ΔT).

c) La cantidad de **cementita eutectoide** que contendrá la perlita a una temperatura justo por debajo de la eutectoide (727 – ΔT).

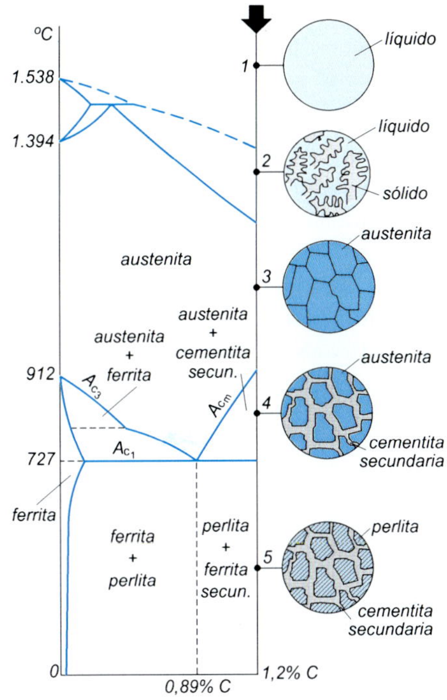

a)

$$\text{Cementita secundaria} = \frac{1{,}2 - 0{,}89}{6{,}67 - 0{,}89} \cdot 100 = 5{,}36\%$$

Austenita (γ) = 94,64%

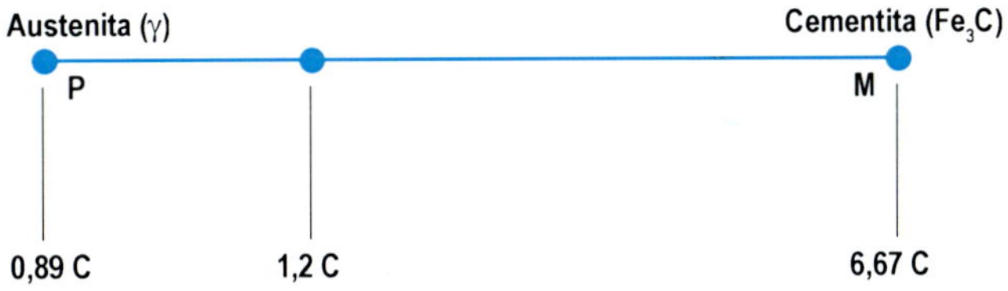

Téngase en cuenta que la austenita (γ), por debajo de la línea eutéctica se transforma en Perlita (ferrita + cementita).

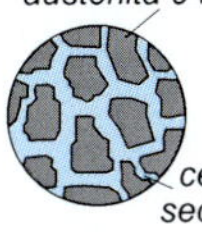

b) Para 727 – ΔT:

$$\text{Ferrita } (\alpha) = \frac{6{,}67 - 1{,}2}{6{,}67 - 0{,}02} \cdot 100 = 82{,}25\% \text{ (total)}$$

Cementita = 17,75% (total)

c) Teniendo en cuenta que la cantidad total de cementita es del 17,75% y que la cantidad de cementita proeutectoide (secundaria) es del 5,36%, la cantidad de cementita eutectoide que contiene la perlita será, por tanto, del 12,39%; es decir:

Fe_3C(eutectoide) = Fe_3C(total) – Fe_3C(proeutectoide) = 17,75% – 5,36% = 12,39%

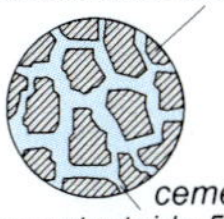

24. Explica en qué consiste el tratamiento térmico del temple, cuáles son los factores que influyen en él y qué tipos de temple existen fundamentalmente.

Consiste en calentar el acero hasta una temperatura superior a la de austenización (50 ºC por encima de la temperatura Ac1 y Ac3) al objeto de transformar toda la masa en austenita (γ-FCC), seguido de un enfriamiento rápido (con velocidad superior a la crítica) lo que permite que toda la austenita se transforme en martensita e impidiendo de este modo la formación de perlita y/o ferrita que son más blandos. Esta temperatura es mayor para los aceros hipoeutectoides que para los hipereutectoides y con este tratamiento se consigue mejorar la dureza, resistencia mecánica, elasticidad (disminuye), magnetismo, resistencia eléctrica, etc. Ejemplos: herramientas de corte, brocas, sierras, cuhillos, etc.

La **velocidad crítica de temple** se define como la velocidad de enfriamiento mínima para que toda la masa de austenita se transforme en martensita (oscila entre 200-600 ºC/seg). La velocidad de enfriamiento también influye en el tamaño medio del grano, siendo éste tanto menor cuanto mayor haya sido la velocidad.

Los factores que influyen en el temple son los siguientes:

- **Composición del acero:** a mayor contenido de carbono o de otros elementos si se trata de aceros aleados (Mo, Al, Si, W y V), menor velocidad de enfriamiento se necesita y mayor dureza y profundidad de temple se consigue.
- **Temperatura de temple:** los aceros hipoeutectoides será necesario calentarlos por encima de Ac3+50 ºC ya que el producto preutectoide es más blando (ferrita), mientras que los aceros hipereutectoides bastará con hacerlo por encima de Ac1+50 ºC ya que la cementita en este caso es más dura.
- **Tiempo de calentamiento:** depende del tamaño de la muestra ya que si el tiempo es corto no se produce la austenización completa de la pieza, y si es excesivo, se puede producir un grano grueso que empobrece el temple.
- **Velocidad de enfriamiento:** debe ser superior a la crítica para impedir que se produzcan otras transformaciones indeseables de la austenita y conseguir así la máxima dureza. Por su parte, la velocidad de enfriamiento depende a su vez de la temperatura de temple, del medio refrigerante y de las dimensiones de la pieza. Así, mientras el calentamiento se hace en hornos especiales, el enfriamiento se puede hacer empleando: agua, aceites minerales, baños de sales, aire, etc.

Existen varios tipos de temple, entre los que podemos destacar (ver figura siguiente):

- **Temple continuo de austenización completa:** se aplica en aceros hipoeutectoides, calentando el material (ferrita+perlita) hasta Ac3+50 ºC, seguido de un enfriamiento rápido hasta conseguir un único constituyente: la martensita.
- **Temple continuo de austenización incompleta:** se aplica en aceros hipereutectoides, calentando el material (perlita+cementita) hasta Ac1+50 ºC, por lo que la ferrita de la perlita se transforma en austenita, quedando intacta la cementita. Enfriando a la velocidad adecuada obtenemos martensita+cementita.
- **Temple escalonado martensítico:** consiste en calentar la pieza de acero hasta la austenización completa y enfriarla rápidamente en un baño de sales hasta una temperatura próxima a 200-300 ºC, donde se mantiene un tiempo para evitar así que la austenita sufra otro tipo de transformación. Una vez que la pieza ha adquirido esa temperatura, se saca del baño y se enfría rápidamente hasta la temperatura ambiente.
- **Temple superficial:** consiste en aplicar un temple en la superficie (entre 1 y 3 mm) de la pieza en cuestión, enfriándola de forma rápida. El calentamiento se puede hacer por medio de un soplete o por inducción eléctrica.

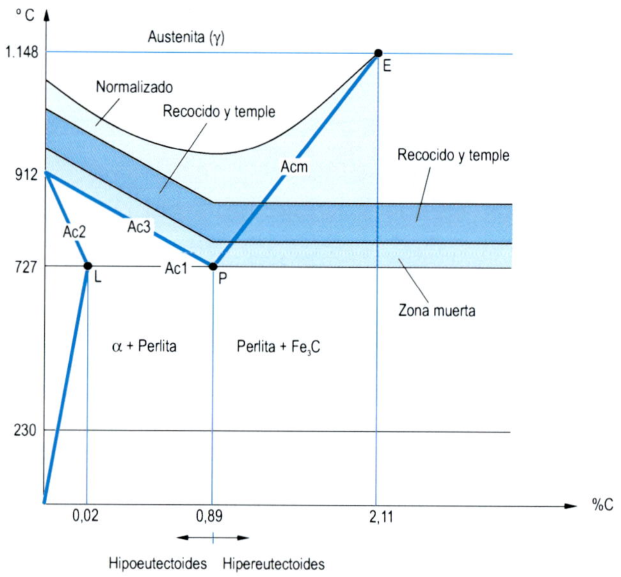

25. Explica en qué consisten los tratamientos térmicos del recocido, normalizado y revenido y sus principales características.

- **Recocido:** significa "ablandamiento por calor" y consiste en calentar el acero entre 15 y 45 ºC por encima de Ac3 para los aceros hipoeutectoides y de Ac1 para los hipereutectoides, seguido de un enfriamiento muy lento (por lo general se apaga el horno y se deja que el material enfríe en su interior). De esta forma la velocidad de enfriamiento no es muy elevada como para formar martensita, y lo que se obtiene es perlita+ ferrita de grano grueso en el caso de los aceros hipoeutectoides o perlita+cementita de grano grueso en el caso de los hipereutectoides. El recocido se aplica al acero para ablandarlo y proporcionarle la ductilidad y maleabilidad suficientes para conformarlo plásticamente, facilitando el mecanizado de las piezas (aumenta la elasticidad y disminuye la dureza). Los factores de los que depende el recocido son básicamente tres: temperatura de calentamiento, tiempo de calentamiento y velocidad de enfriamiento. Se aplica para eliminar los defectos del conformado en frío; es decir, para ablandar y ductilizar un material agrio, como por ejemplo en la fabricación de alambres o en el estampado del latón.
- **Normalizado:** consiste en calentar el acero entre 55 y 85 ºC por encima de la temperatura crítica superior (Ac3 para los aceros hipoeutectoides y de Ac1 para los hipereutectoides), seguido de un enfriamiento al aire. De esta forma la velocidad de enfriamiento no es muy elevada como para formar martensita, y lo que se obtiene es perlita+ ferrita de grano fino

en el caso de los aceros hipoeutectoides o perlita+cementita de grano fino en el caso de los hipereutectoides.

El objetivo que se pretende con este tratamiento es volver al acero a su estado normal, y se suele aplicar a los aceros que se han deformado plásticamente por laminación o forja (tienen una microestructura perlítica de grano fino) con el fin de afinar el tamaño del grano y eliminar tensiones internas.

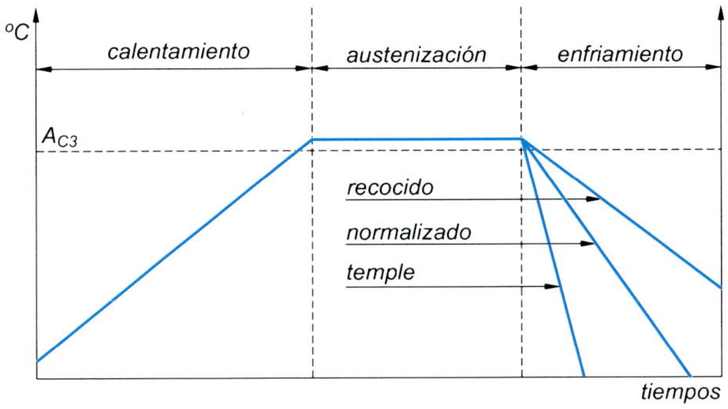

- **Revenido:** es un tratamiento que se suele aplicar a los aceros después de ser templados para reducir la fragilidad y las tensiones internas e incrementar la ductilidad. Consiste en calentar las piezas después de templadas hasta una temperatura inferior a la crítica (Ac1), seguido de un enfriamiento más bien lento con el fin de que la martensita del temple se transforme en una estructura más estable (martensita revenida BCC).

  Su efecto depende de la temperatura de calentamiento, del tiempo de permanencia en élla y de la estructura de la pieza (generalmente *martensita*). Con este tratamiento conseguimos disminuir la dureza (ya que se destruye parte del temple) y la resistencia mecánica y, por el contrario, aumentar la tenacidad y la plasticidad de la pieza.

26. Explica en qué consisten los tratamientos termoquímicos y enumera los principales tipos.

Son operaciones de calentamiento y enfriamiento de los aceros, durante los cuales se modifica la composición química del material, adicionando al mismo tiempo otros elementos para mejorar sus propiedades superficiales tales como la dureza, la resistencia a la corrosión, al desgaste y a los esfuerzos de fatiga. Los principales son:

- **Cementación con carbono:** Se aplica en piezas de acero con un bajo contenido en carbono (<0,3%), aleadas o no, sometidas a desgaste y a golpes, es decir, que poseen dureza superficial y resiliencia. Consiste en aumentar la cantidad de carbono de la capa superficial, calentándola hasta la temperatura de austenización en presencia de un medio cementante (atmósfera donde existe carbono y oxígeno en estado atómico).

  De esta forma, el carbono se difunde por la superficie y en función del tiempo de exposición y de la temperatura varía el espesor (entre 0,5 y 1,5 mm) a conseguir.

- **Nitruración:** es igualmente un tratamiento de endurecimiento superficial aplicado a ciertos aceros y fundiciones, que se efectúa en hornos especiales exponiendo las piezas a una corriente de amoniaco ($2NH_3$) a una temperatura de 500 a 525 °C. Los aceros nitrurados son más duros y resistentes a la corrosión y se utilizan para endurecer camisas de cilindros, herramientas de corte, brocas, árboles de levas, etc.

- **Cianuración:** se trata una mezcla de los dos anteriores ya que consiste en endurecer la superficie de las piezas de acero a través de una capa superficial rica en carbono (cementación) y en nitrógeno (nitruración). Las piezas a tratar se introducen en un baño líquido (mezcla de cloruro de cianuro y carbonato sódico) a una temperatura entre 800-900 °C y en presencia de oxígeno del aire. Una vez que se consigue la capa adecuada en función del tiempo de exposición, es conveniente darle un temple superficial para aumentar su dureza.

- **Sulfinización:** permite incorporar una capa superficial de carbono, nitrógeno y en especial azufre, a los aceros, a las aleaciones férricas y al cobre. Se consigue introduciendo las piezas en un baño de sales a 565 °C, aumentando así la resistencia al desgaste y disminuyendo el coeficiente de rozamiento, favoreciendo al mimo tiempo la lubricación. Se utiliza en herramientas de corte para mecanizado de torno y fresa, por ejemplo.

27. Explica en qué consisten los tratamientos mecánicos de los materiales y enumera los principales tipos.

Son operaciones de deformación del material, que permiten mediante esfuerzos mecánicos, mejorar su estructura interna al eliminar fisuras (cavidades) y tensiones internas. Estos tratamientos pueden ser:

- **En frío:** permiten deformar el material a temperatura ambiente por golpes o laminación (estampación, embutición, punzonado, trefilado y laminación).

- **En caliente:** una vez calentado, permite deformar el material, generalmente por golpes (laminación, inyección, extrusión y forja).

28. Explica en qué consisten los tratamientos superficiales de los materiales e indica cuáles son los más comunes.

Permiten mejorar la superficie del material sin alterar su composición química. Cualquier tratamiento de este tipo requiere que la superficie a tratar se someta previamente a un proceso de decapado, pulido y desengrasado. Los más comunes son:

- **Cromado:** se deposita cromo sobre la superficie del material a proteger con el fin de aumentar además de su dureza superficial, su resistencia al desgaste, al rayado y a la corrosión. Se suele hacer por electrolisis en un medio ácido.

- **Metalización:** se proyecta con una pistola sobre la superficie en cuestión, metal fundido pulverizado (oxígeno + acetileno + polvo metálico).

- **Recubrimientos por inmersión:** la pieza se somete a un baño de metal fundido durante un tiempo, hablando entonces de galvanizado (cinc) y estañado (estaño). Los recubrimientos también se pueden hacer con productos orgánicos (pinturas y lacas) o con inorgánicos como el vidrio fundido.

- **Electrolisis:** controlando el tiempo de inmersión y la intensidad de corriente (I), se puede controlar la cantidad de metal depositado. En este caso, el metal protector (Zn) se utiliza como ánodo y el metal a proteger como cátodo, empleando como electrolito una solución del metal que se ha de depositar en forma de sulfatos (en este caso, sulfato de cinc). Por este procedimiento se realiza el cobreado, niquelado, cincado, etc. La figura siguiente ilustra este proceso.

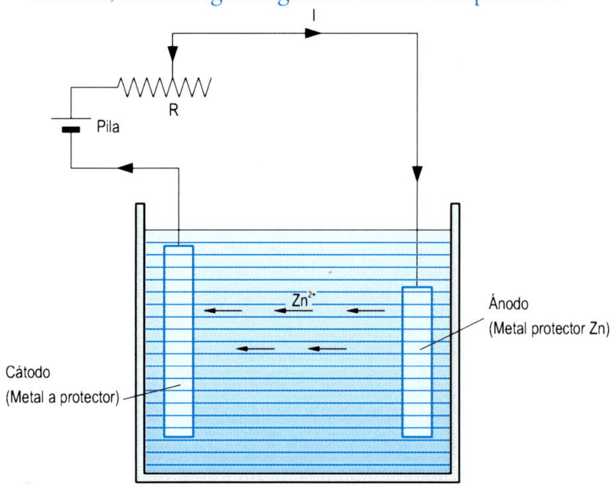

29. Explica en qué consiste el fenómeno de la corrosión y cuáles son los principales tipos.

Se puede definir la corrosión como la reacción de oxidación de un metal en presencia de oxígeno, agua y una sal en disolución que actúa como electrolito. Se trata de una reacción electroquímica y no de una oxidación directa.

La corrosión conlleva el ataque del metal y la formación de su óxido. Si el óxido formado es poroso y poco adherente propiciará que la corrosión siga avanzando produciendo un grave deterioro en la pieza. Desde el punto de vista económico el fenómeno es grave, pues afecta a muchos metales y aleaciones, incluyendo los aceros y fundiciones.

Desde el punto de vista químico la corrosión es una reacción electroquímica o reacción redox, denominada así porque en ellas tiene lugar una semirreacción de oxidación y otra semirreacción de reducción. Por lo tanto, en toda reacción electroquímica para que una sustancia se oxide (en la corrosión, el metal), otra sustancia se debe reducir (en la corrosión suele ser el oxígeno atmosférico).

Así un metal "M" puede pasar de su estado elemental a formar iones positivos por la pérdida de "n" electrones, es lo que se conoce como *reacción de oxidación* o *reacción anódica*:

$$M \rightarrow M^{n+} + ne^-$$

Para el caso del hierro (Fe) y el aluminio (Al) tenemos:

$$Fe \rightarrow Fe^{2+} + 2e^-$$

$$Al \rightarrow Al^{3+} + 3e^-$$

La reacción inversa a la oxidación es la *reacción de reducción* o *reacción catódica* y es la que toma los electrones de la oxidación. Para el caso de la corrosión, las reacciones catódicas más importantes son:

- En medio ácido: $O_{2(g)} + 4H^+_{(aq)} + 4^{e-} \rightarrow 2H_2O$
- En medio neutro o básico: $O_{2(g)} + 2H_2O + 4^{e-} \rightarrow 4OH^-_{(aq)}$

Podemos decir, por tanto, que la corrosión electroquímica se origina debido a la formación de pilas electroquímicas, en las que un metal determinado actúa como ánodo y por tanto se disuelve. Este tipo de corrosión exige la presencia de ambientes acuosos (húmedos) y en general con medios de conductividad electrolítica.

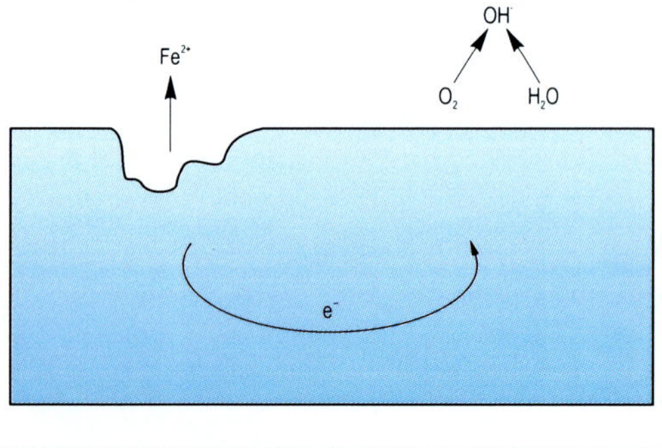

Los principales tipos de corrosión son:

- **Corrosión uniforme:** actúa sobre toda la superficie del material expuesta a la corrosión, disminuyendo su sección de forma gradual. Toda el área superficial se corroe a la misma velocidad y podemos predecir la pérdida de material en un cierto período de tiempo. Se puede controlar por medio de recubrimientos.

- **Corrosión galvánica:** tiene lugar cuando dos metales con potenciales distintos, que están en contacto con un electrolito (agua, aire húmedo, etc.) se ponen a su vez en contacto entre sí En este caso, los materiales que tienen potenciales más electronegativos, tendrán mayor facilidad a la corrosión, por lo que no se deben juntar metales que estén muy separados en la serie galvánica como por ejemplo: litio y plata, procurando al mismo tiempo que la superficie anódica sea muy grande con respecto a la catódica. Para evitar este problema, se recomienda recubrir estos metales previamente con pintura o plástico antes de juntarlos.

- **Corrosión por grietas:** se suele dar en grietas y rendijas en las que penetra la suciedad y la humedad, con lo que las zonas exteriores estarán más aireadas y las interiores quedarán más empobrecidas de oxígeno al gastarse en la oxidación y no poder ser renovado. Es frecuente en uniones remachadas y atornilladas, así como en juntas, por lo que la soldadura puede ser una buena solución.

- **Corrosión intergranular:** afecta a la unión de los granos de los constituyentes de los metales, debilitando la resistencia del conjunto. Se da cuando en los límites del grano tenemos dos fases (por ejemplo: ferrita + cementita), con lo cual se crea una celda galvánica en la cual la ferrita es anódica con respecto a la cementita. Se produce, por tanto, una circulación de electrones, quedando libres los iones Fe^{2+} de la ferrita, que se combinan con los grupos de hidróxido (OH^-) del aire. Finalmente, lo que se forma es una capa de óxido de hierro $Fe(OH)_2$ pegada a la cementita.

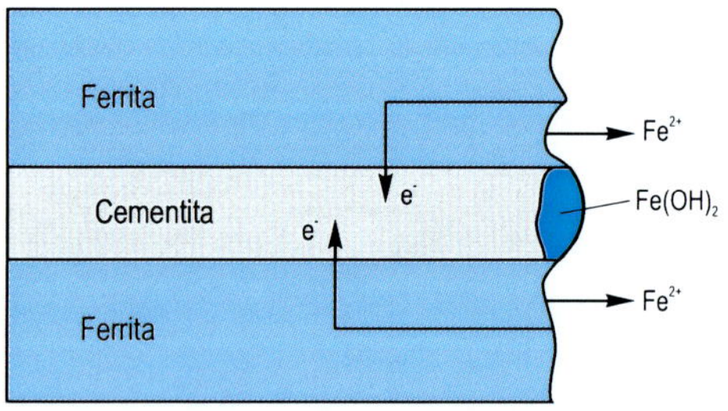

- **Corrosión selectiva:** el caso más común es el de la corrosión del cinc en el latón (Cu-Zn), de tal forma que en la zona descincada sólo queda cobre poroso de color rojizo, pues el Zn es anódico con respecto al Cu.

- **Corrosión por erosión:** se produce en las superficies que se encuentran en contacto con un líquido que circula a gran velocidad (tubos, válvulas, bombas, etc.), que debido a la acción mecánica (desgaste) del fluido, va eliminando la capa protectora de óxido que se forma en los metales. Para corregirlo, es necesario evitar turbulencias y burbujas así como elementos en suspensión.

30. Explica en qué consiste el fenómeno de la oxidación.

Cuando un metal se combina con el oxígeno del aire, transformándose en óxidos más o menos complejos, se dice que experimenta una reacción de oxidación.

En el caso de que la reacción tenga lugar en un ambiente húmedo, se tratará de una reacción electroquímica y la denominaremos corrosión. Se trata de una reacción que puede ser relativamente rápida incluso a temperatura ambiente.

En el caso de que la reacción tenga lugar en ausencia de agua se tratará de una reacción redox denominada oxidación directa o seca del metal (mal llamada en ocasiones corrosión seca). Para la mayoría de los metales esta reacción suele ser lenta a temperatura ambiente y tiene poca relevancia frente a la corrosión. Sin embargo, si se puede llegar a hacerse rápida a elevadas temperaturas. Cuando esta oxidación seca de un metal es producida a propósito en un reactor químico y se extiende a la práctica totalidad de la masa del material se denomina tostación.

La reacción de oxidación directa se puede expresar de modo general de la siguiente forma:

Material + Oxígeno → Óxido de material ± Energía liberada en el proceso

El signo "+ o –" indica que en la reacción se desprende o se absorbe energía respectivamente:

$$M + \frac{1}{2} O_2 \rightarrow MO \pm E;$$

En este caso, se pueden producir dos tipos de reacciones:

- **Reacción endotérmica:** el metal necesita absorber energía para oxidarse por lo que será de difícil oxidación. Ejemplo el oro.

$$M + \frac{1}{2} O_2 + E \rightarrow MO$$

- **Reacción exotérmica:** se desprende calor al producirse la reacción lo que favorece la oxidación. Ejemplo el hierro.

$$M + \frac{1}{2} O_2 \rightarrow MO + E;$$

Recuerda que cuando un metal se encuentra en una atmósfera oxidante, su superficie se oxida más o menos rápidamente en función de la energía liberada en el proceso de oxidación, y el óxido que se forma en la parte exterior recubre el metal. Una vez que se ha formado la primera capa de óxido, para que el proceso continúe es necesario que el anión O^{2-} atraviese por difusión la capa de óxido, la cual se opone al movimiento de éstos y actúa a su vez de capa protectora.

31. Explica en qué consiste el ensayo de templacidad de "*Jominy*".

Este ensayo permite conocer de forma rápida algunas propiedades de los aceros como las durezas máximas y mínimas que se pueden obtener. Se utiliza una probeta de 25 mm de diámetro y 100 mm de longitud. Su forma presenta una acanaladura en su parte superior (apoyo) para que pueda ser colgada en el enfriamiento.

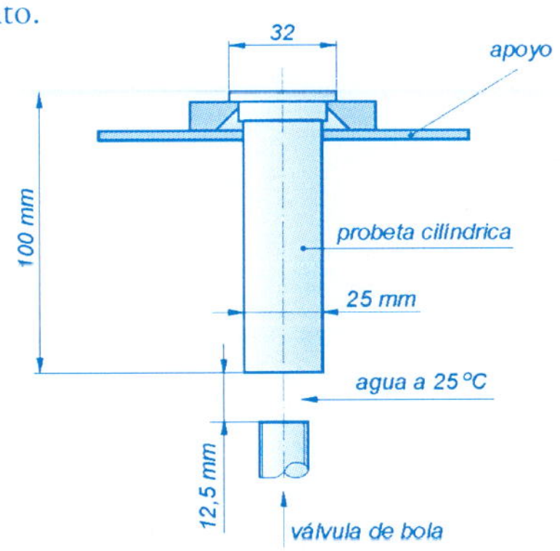

Para templar esta probeta debe ser calentada a la temperatura de austenización durante 30 minutos con un margen de más menos 5 minutos. Una vez terminado el calentamiento, se enfría la parte inferior de la probeta con un chorro de agua que incide sobre élla (20-25ºC). El orificio de salida debe tener un diámetro de 12,5 mm (válvula de bola), mientras que el tiempo máximo que debe tardar la probeta desde el horno al enfriamiento debe ser de 5 segundos y la probeta debe ser enfriada durante 10 minutos como mínimo.

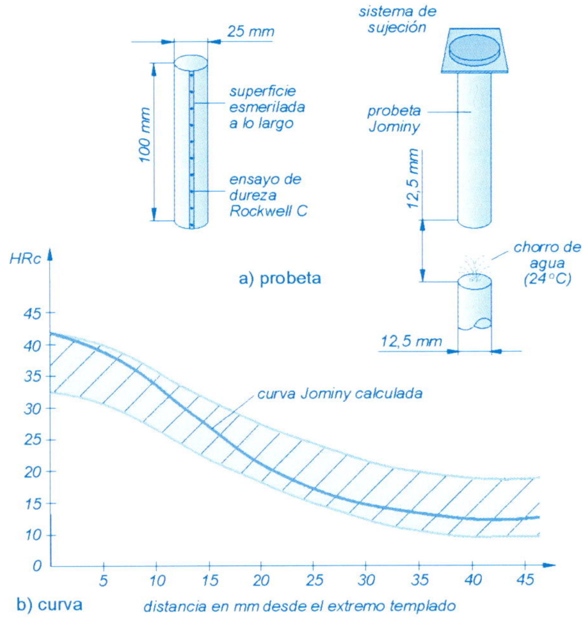

Una vez terminado el enfriamiento se rectifican dos generatrices opuestas de la probeta una profundidad mínima de 0,4 mm a lo largo de toda su longitud, determinándose después su dureza Rockwell de cono (HRc) en cada una de éstas secciones. Las medidas de dureza se realizan cada 1,6 mm, durante la primera pulgada y, posteriormente, se determina la dureza cada 5 mm. Los resultados obtenidos se registran en un gráfico, donde se relacionan la dureza obtenida con la distancia al extremo templado (penetración del temple). En este caso, la máxima dureza corresponde obviamente al extremo de la pieza templada, de manera que la templacidad del acero va disminuyendo a medida que nos alejamos del extremo templado.

32. ¿Durante cuánto tiempo será efectiva la protección mediante un ánodo de sacrificio de magnesio de 4 kg de masa, si la corriente media que suministra es de 3 A? El peso equivalente del magnesio es 12,15 g/equivalente.

Para resolver el problema aplicaremos la ecuación de Faraday.

$$m = \frac{I \cdot t \cdot P_{eq}}{F}$$

m = masa de material depositada en el electrodo (g)

I = intensidad de corriente (A)

t = tiempo durante el que circula la corriente I (s)

P_{eq} = peso equivalente de la sustancia depositada (g/equivalente)

F = constante de Faraday (96.500 C/equivalente)

En nuestro caso:

$$4.000 \text{ g} = \frac{3 \text{ A} \cdot t \cdot 12{,}15 \frac{g}{eq}}{96.500 \frac{C}{eq}} \Rightarrow t = \frac{4.000 \text{ g} \cdot 96.500 \frac{C}{eq}}{3 \text{ A} \cdot 12{,}15 \frac{g}{eq}}$$

$$t = 10{,}59 \cdot 10^6 \text{ s} = \frac{10{,}59 \cdot 10^6 \text{ s}}{3.600 \frac{s}{h} \cdot 24 \frac{h}{día}} = 122{,}6 \text{ días}$$

33. ¿Una pila electroquímica está formada por un electrodo de Zn sumergida en una disolución 1 M de sulfato de cinc ($ZnSO_4$) y por otro electrodo de Ni sumergido en otra disolución 1M de sulfato de níquel ($NiSO_4$). Calcula:

a) La fuerza electromotriz (f.e.m.) de la pila (E) al conectar los dos electrodos.

b) Si las concentraciones son ahora de 0,05 M ($ZnSO_4$) y de 0,1M ($NiSO_4$), cual será la nueva f.e.m.

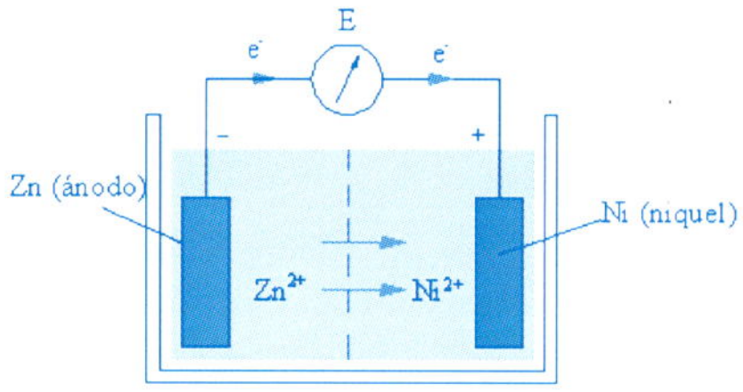

a) Si la concentración es la misma en los dos electrodos (1M) las reacciones que se producen serán

R. anódica: $Zn \rightarrow Zn^{2+} + 2e^- - 0,76$

R. catódica: $Ni^{2+} + 2e^- - 0,25 \rightarrow Ni$

R. global: $Zn + Ni^{2+} + 2e^- - 0,25 \rightarrow Zn^{2+} + 2e^- + Ni - 0,76$

$Zn + Ni^{2+} \rightarrow Zn^{2+} + Ni - 0,76 + 0,25$

$E = -0,51\ V$

b) Suponiendo que el sentido de la reacción sigue siendo el mismo, aplicando la "Ley de Nernst" tenemos:

$$E(\text{ánodo}) = -0,76 + \frac{0,0592}{2} \log 0,05 = -0,8015\ V$$

$$E(\text{cátodo}) = -0,25 + \frac{0,0592}{2} \log 0,1 = -0,2796\ V$$

Por tanto, las nuevas reacciones serán:

R. anódica: $Zn \rightarrow Zn^{2+} + 2e^- - 0,8015$

R. catódica: $Ni^{2+} + 2e^- - 0,2796 \rightarrow Ni$

R. global: $Zn + Ni^{2+} + 2e^- - 0,2796 \rightarrow Zn^{2+} + 2e^- + Ni - 0,8015$

$Zn + Ni^{2+} \rightarrow Zn^{2+} + Ni - 0,8015 + 0,2796$

$E = -0,5219\ V$

34. Un fabricante de maquinaria dispone de dos aleaciones férreas con un contenido del 0,8% y del 3,5% en peso en carbono y el resto de hierro. Se pide:

a) Indica de qué tipo de aleación se trata en cada caso.

b) Si tuviera que elegir una de las dos para fabricar un eje de una máquina, ¿Cuál de ellas escogería? Justifica la respuesta.

c) Si la aleación del 3,5% se funde y se deja enfriar muy lentamente en un molde hasta temperatura ambiente, decir cómo se encuentra el carbono en la aleación y qué fases aparecen en la estructura a la temperatura ambiente.

a) Según las concentraciones en carbono, las aleaciones se denominan:

- Acero eutectoide (Perlita): 0,8% C
- Fundición hipoeutéctica: 3,5% C

b) Para el eje de la máquina elegimos la fundición hipoeutéctica por tener mayor dureza, resistencia al desgaste y, en general, mejores propiedades mecánicas.

c) Después del enfriamiento, hasta la temperatura ambiente, aparecen dos fases: Perlita + Cementita. El carbono, en este caso, se encuentra en forma de grafito con estructura perlítica.

35. Una fundición férrica con 3% de C se encuentra en equilibrio a la temperatura ambiente. Se sabe que la solubilidad de C en Feα a la temperatura ambiente es de 0,008%. Determina:

a) Fases presentes en su composición.

b) Cantidades relativas de cada fase.

a) Para una concentración del 3% de carbono y a la temperatura ambiente nos encontramos con las fases: Ferrita (α) y Cementita (Fe_3C).

b) Denominando $\omega_{(\alpha)}$ y $\omega_{(Fe_3C)}$ a las cantidades relativas de Ferrita y Cementita respectivamente y, aplicando la regla de la palanca, obtenemos las concentraciones:

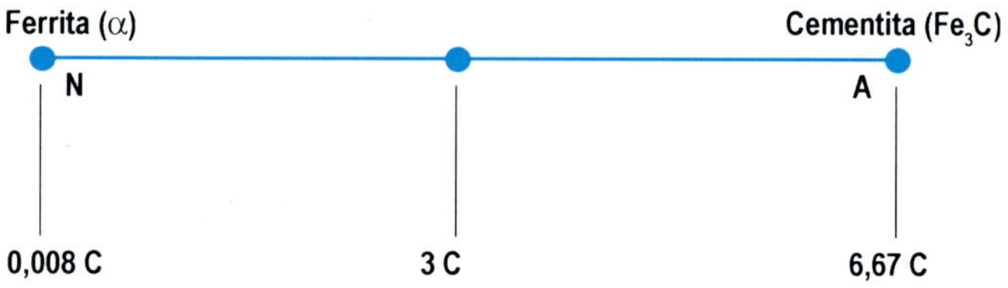

$$\omega_{(\alpha)} = \frac{6,67 - 3}{6,67 - 0,008} \cdot 100 = 5\%$$

$$\omega_{(Fe_3C)} = 100 - 55 = 45\%$$

MÁQUINAS Y MOTORES TÉRMICOS

PRINCIPIOS DE MÁQUINAS

Momento (M)

Representa el producto vectorial de la fuerza por la distancia:

$$M = F \times d$$

Magnitudes y unidades

M = Momento en Newton por metro (N · m)
F = Fuerza en Newton (N)
d = Distancia del punto de aplicación de la fuerza al eje de giro en metros (m)

Trabajo (W)

Es el producto escalar del vector fuerza por el vector desplazamiento.

$$W = F \cdot l \cdot \cos \alpha$$

Magnitudes y unidades

- Según el Sistema Internacional (S.I.) la unidad de trabajo a utilizar es el Julio (J).
- Según el Sistema Técnico (U.T.M.) se utiliza el Kilogramo-fuerza por metro (kgf · m) o kilopondio por metro (kp · m).

W = Trabajo en Julios (J)
F = Fuerza en Newton (N)
l = Espacio recorrido en metros (m)

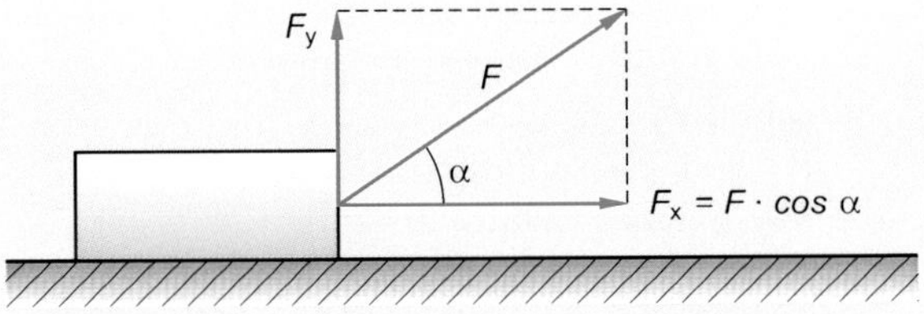

Recuerda que el momento no se puede confundir con el trabajo, ya que el momento es un producto vectorial y el trabajo es un producto escalar.

Trabajo de rotación

En este caso, la fuerza es perpendicular al brazo motor, provocando un giro o desplazamiento angular:

$$W = M \cdot \theta$$

Magnitudes y unidades

W= Trabajo en Julios (J)
M = Momento en Newton por metro (N · m)
θ = Ángulo girado en radianes (rad)
Recuerda: 1 vuelta=2π (rad)

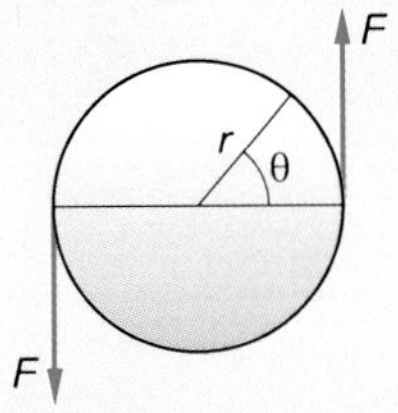

momento = fuerza · radio = F · r
arco = radio · ángulo = r · θ
W = F · d = F · r · θ = M · θ

Trabajo de expansión-compresión

Consideremos un cilindro con un gas, dotado de un émbolo que puede comprimir o expandir el gas; el vector fuerza tendrá como dirección y sentido el mismo que el del desplazamiento del émbolo, cumpliéndose en todo momento:

$$p = \frac{F}{S}$$

En este caso, el trabajo realizado por el émbolo será:

$$W = F \cdot \Delta l = p \cdot S \cdot \Delta l = p \cdot \Delta V$$

Magnitudes y unidades

W = Trabajo en Julios (J)
p = Presión en Pascales (Pa): 1Pa = 1N/m^2
S = Sección del émbolo (m^2)
F = Fuerza en Newton (N)
Δl = Desplazamiento del émbolo (m)
ΔV = Incremento de volumen del cilindro en metros cúbicos (m^3)

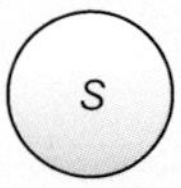

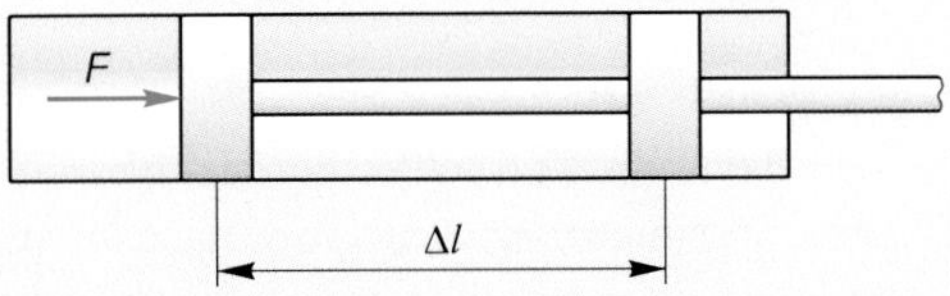

Potencia (P)

Representa la variación del trabajo realizado con el tiempo:

$$p = \frac{\Delta W}{\Delta t} = \frac{F \cdot \Delta l}{\Delta t} = F \cdot v$$

Magnitudes y unidades

- Según el Sistema Internacional (S.I.) la unidad de potencia es el vatio (W).
- Según el Sistema Técnico (U.T.M.) se utiliza el kilogramo-fuerza por metro partido por segundo (kgf · m/s)

P = Potencia en vatios (W)
W = Trabajo en julios (J)
F = Fuerza en Newton (N)
Δl = Desplazamiento del émbolo (m)
Δt = Tiempo transcurrido en segundos (s)
v = Velocidad lineal en metros segundo (m/s)
Recuerda: 1 C.V. = 735, 49875 W = 75 kgf · m/s

Potencia de rotación

$$P = \frac{\Delta W}{\Delta t} = \frac{M \cdot \Delta\theta}{\Delta t} = M \cdot \omega$$

Magnitudes y unidades

- P = Potencia en vatios (w)
- ΔW = Trabajo en julios (J)
- M= Momento de giro en Newton metro (N · m)
- Δθ = Ángulo girado en radianes (rad)
- Δt = Tiempo transcurrido en segundos (s)
- ω = Velocidad angular en radianes por segundo (rad/s)

Normalmente la velocidad de giro (n) se expresa en revoluciones por minuto (r.p.m.):

$$\omega = \frac{2\pi \cdot n}{60} \text{ (rad/s)}$$

Energía (E)

Se define como la capacidad que tiene un sistema para producir trabajo:

Primer principio de la termodinámica: la energía ni se crea ni se destruye, simplemente se transforma.

$$Q = W + \Delta u$$

Segundo principio de la termodinámica: es imposible construir una máquina que, funcionando cíclicamente, transforme integramente el calor en trabajo.

Magnitudes y unidades

- Q = Calor en Julios (J)
- W = Trabajo en Julios (J)
- Δu = Variación de energía interna en Julios (J)
- Recuerda: 1 Caloría = 4,18 Julios

a) Energía cinética (E_c)

Es la energía que posee un cuerpo que se traslada. Si aplicamos una fuerza constante sobre un cuerpo de masa (m) de tal manera que le produce una aceleración (a) también constante:

$$a = \frac{v - v_0}{t} \qquad F = m \cdot a$$

Para un movimiento rectilíneo, la ecuación de la **energía cinética** de un cuerpo es:

$$E_c = \frac{1}{2} m \cdot v^2$$

En rotación:

$$E_c = \frac{1}{2} I \cdot \omega^2 \qquad I = \frac{1}{2} m \cdot r^2 \text{ (torno)}$$

Magnitudes y unidades

- a = Aceleración (m/s²)
- t = Tiempo transcurrido en segundos (s)
- v_0, v = Velocidad inicial y final (m/s)
- I = Momento de inercia (kg · m²)
- m = Masa del cuerpo desplazado en kilogramos (kg)
- F = Fuerza en Newton (N)
- E_C = Energía cinética en Julios (J)

a) Energía potencial gravitatoria (E_p)

Es la energía debida a la posición que tiene un cuerpo respecto a un plano de referencia y a la acción de la gravedad:

$$E_p = m \cdot g \cdot h$$

Magnitudes y unidades

- h = Altura del cuerpo al plano de referencia en metros (m)
- g = Gravedad (9,8 m/s²)
- m =Masa del cuerpo en kilogramos (kg)
- E_p =Energía potencial en Julios (J)

Rendimiento mecánico (η)

Según el **principio de degradación de la energía**, no toda la energía que se aplica a un sistema se transforma en trabajo útil. Hay pérdidas fundamentalmente por rozamiento que transforman la energía en calor que se cederá al ambiente o al fluido lubricante.

$$\eta = \frac{E_{útil}}{E_{absorbida}} \cdot 100 = \frac{P_{útil}}{P_{absorbida}} \cdot 100$$

PROCESOS TERMODINÁMICOS

Ecuación general de los gases ideales

$$P \cdot V = n \cdot R \cdot T \qquad R = C_p - C_v$$

Ecuación de Poisson procesos adiabáticos (Q = cte)

$$P \cdot V^{\gamma} = cte \qquad \gamma = \frac{C_p}{C_v}$$

Ecuación de Boyle-Mariotte para procesos isotérmicos (T = cte)

$$P \cdot V = cte$$

Magnitudes y unidades

- P = Presión en atmósferas (Atm)
- V = Volumen en litros (l)
- n = número de moles del gas
- T = temperatura en grados Kelvin (°K)
- R = Constante de proporcionalidad de los gases ideales: 0,082 atm · l/mol · °K = 8,314 J/mol · °K
- C_p = calor específico a presión constante
- C_V = calor específico a volumen constante

	Isobárica	Isocórica	Isotérmica	Adiabática
Se caracteriza por	$p = cte$ $\frac{V_1}{V_2} = \frac{T_1}{T_2}$	$V = cte$ $\frac{p_1}{p_2} = \frac{T_1}{T_2}$	$T = cte$	$Q = 0$ $pV^{\gamma} = cte$
Q	$Q = nc_p\Delta T$	$Q = nc_v\Delta T$	$T = cte$ $P_1V_1 = P_2V_2$	$Q = 0$
W	$W = p\Delta V = nR\Delta T$	$W = 0$	$W = nRT \ln\frac{V_2}{V_1}$	$W = \frac{p_1V_1 - p_2V_2}{\gamma - 1}$
ΔU	$\Delta U = nc_v\Delta T$	$\Delta U = Q$	$\Delta U = 0$	$\Delta U = nc_v\Delta T$

Transformaciones de los sistemas gaseosos.

1. Un motor diesel que trabaja a plena carga consume 9,5 kg de combustible por hora. Teniendo en cuenta que la capacidad calorífica del combustible es de 11.000 kcal/kg, y que el rendimiento del motor es del 35%, calcula:

a) Pérdidas de energía por hora de funcionamiento

b) Potencia útil del motor

a) La energía suministrada al motor por hora de funcionamiento:

$$E_{sum} = m \cdot P_C = 9{,}5 \frac{kg}{h} \cdot 11.000 \frac{kcal}{kg} \cdot 4{,}18 \frac{kJ}{kcal}$$

$$E_{sum} = 436.810 \frac{kJ}{h}$$

Teniendo en cuenta ahora el rendimiento del motor:

$$\eta = \frac{E_u}{E_{sum}} \Rightarrow E_u = \eta \cdot E_{sum} = 0{,}35 \cdot 436.810 \frac{kJ}{h}$$

$$E_u = 152.883{,}5 \frac{kJ}{h}$$

$$E_{perd} = E_{sum} - E_u = 436.810 - 152.883{,}5 = 283.926{,}5 \frac{kJ}{h}$$

b) Finalmente, la potencia útil del motor será:

$$P_u = \frac{E_u}{t} = \frac{152.883{,}5 \frac{kJ}{h}}{3.600 \frac{s}{h}} = 42{,}467 \frac{kJ}{s} \text{ (kW)}$$

2. Un motor de un coche que consume 6 litros de gasolina cada hora cuyo poder calorífico es de 9.000 kcal/kg y su densidad de 0,75 kg/dm³, suministra un par motor de 45 N · m girando a 3.000 r.p.m. Calcula el rendimiento global del coche.

Calculamos en primer lugar la potencia suministrada debido al combustible:

$$P_{sum} = c \cdot \rho \cdot P_c = 6 \frac{l}{h} \cdot 0{,}75 \frac{kg}{l} \cdot 9.000 \frac{kcal}{kg} \cdot 4{,}18 \frac{kJ}{kcal}$$

$$P_{sum} = 169.200 \frac{kJ}{h} \cdot \frac{1}{3.600 \frac{s}{h}} = 47{,}025 \frac{kJ}{s} \text{ (kW)}$$

Por su parte, la velocidad angular y la potencia útil del motor será:

$$\omega = \frac{2\pi \cdot n}{60} = 314{,}16 \frac{rad}{s}$$

$$P_u = M \cdot \omega = 45 \text{ N} \cdot \text{m} \cdot 314{,}16 \frac{rad}{s} = 14.137 \frac{N \cdot m}{s} \text{ (W)}$$

Finalmente, el rendimiento será:

$$\eta = \frac{P_u}{P_{sum}} \cdot 100 = \frac{14.137 \text{ W}}{47.025 \text{ W}} \cdot 100 = 30\%$$

3. Un motor de automóvil proporciona en su catálogo las siguientes características:

- Potencia máxima: 90 CV a 5.500 r.p.m.
- Par máximo: 13,8 kg · m a 3.500 r.p.m.

Calcula el par motor (N · m) y la potencia mecánica (kw) para cada uno de los casos anteriores.

a) En el caso de máxima potencia:

$$P_{máx} = 90 \text{ CV} \cdot 735 \frac{W}{CV} = 66.150 \text{ W}$$

$$\omega = \frac{2\pi \cdot n}{60} = \frac{2\pi \cdot 5.500 \text{ r.p.m.}}{60} = 576 \frac{rad}{s}$$

$$M = \frac{P_{máx}}{\omega} = \frac{66.150 \text{ W}}{576 \frac{rad}{s}} = 114{,}84 \text{ W} \cdot \text{s (N} \cdot \text{m)} = 11{,}71 \text{ kg} \cdot \text{m}$$

b) En el caso de máximo par:

$$M_{máx} = 13{,}8 \text{ kg} \cdot \text{m} \cdot 9{,}8 \frac{N}{kg} = 135{,}24 \text{ N} \cdot \text{m}$$

$$\omega = \frac{2\pi \cdot n}{60} = \frac{2\pi \cdot 3.500 \text{ r.p.m.}}{60} = 366{,}52 \frac{rad}{s}$$

$$P = M_{máx} \cdot \omega = 135{,}24 \text{ N} \cdot \text{m} \cdot 366{,}52 \frac{rad}{s} = 49.568 \text{ W}$$

4. Un automóvil de 1.100 kg arranca y acelera hasta alcanzar la velocidad de 120 km/h en 13 segundos. Si el rendimiento del motor es de un 21% y el calor de combustión de la gasolina es de 41.800 kJ/kg, determina:

a) El trabajo útil realizado durante el recorrido.

b) La potencia útil del motor.

c) La energía suministrada al motor.

d) El consumo de gasolina en ese espacio de tiempo.

a) Suponiendo el movimiento uniformemente acelerado, calculamos en primer lugar la aceleración y el desplazamiento:

$$a = \frac{v - v_0}{t} = \frac{33{,}3 \text{ m/s} - 0}{13 \text{ s}} = 2{,}56 \frac{m}{s^2}$$

$$x = \frac{1}{2} a \cdot t^2 = \frac{1}{2} 2{,}56 \frac{m}{s^2} \cdot 13^2 \cdot s^2 = 216{,}6 \text{ m}$$

$$W_u = F \cdot x = m \cdot a \cdot x = 1.100 \text{ kg} \cdot 2{,}56 \frac{m}{s^2} \cdot 216{,}6 \text{ m}$$

$$W_u = 609.945{,}6 \text{ N} \cdot \text{m (J)}$$

b) Teniendo en cuenta el concepto de potencia:

$$P_u = \frac{W_u}{t} = \frac{609.945{,}6 \text{ J}}{13 \text{ s}} = 46.918{,}8 \text{ W}$$

c) Teniendo en cuenta el rendimiento del motor:

$$\eta = \frac{W_u}{E_{sum}} \Rightarrow E_{sum} = \frac{W_u}{\eta} = \frac{609.945{,}6 \text{ J}}{0{,}21} = 2.904.503 \text{ J}$$

d) El consumo de gasolina será:

$$m = \frac{E_{sum}}{P_C} = \frac{2.904{,}503 \text{ kJ}}{41.800 \frac{kJ}{kg}} = 0{,}069 \text{ kg}$$

5. Un automóvil de 1.000 kg sube por una pendiente del 10%, teniendo un rendimiento del 25%. Calcula:

a) El trabajo realizado por el coche para subir la rampa. Considerar el coeficiente de rozamiento $\mu = 0,2$.

b) El consumo al subir dicha rampa, sabiendo que el calor de combustión de la gasolina es de 41.800 kJ/kg.

a) Calculamos, en primer lugar, el ángulo "α" correspondiente a la pendiente del 10% y, posteriormente, el valor de la fuerza "F" de empuje, teniendo en cuenta que la fuerza de rozamiento:

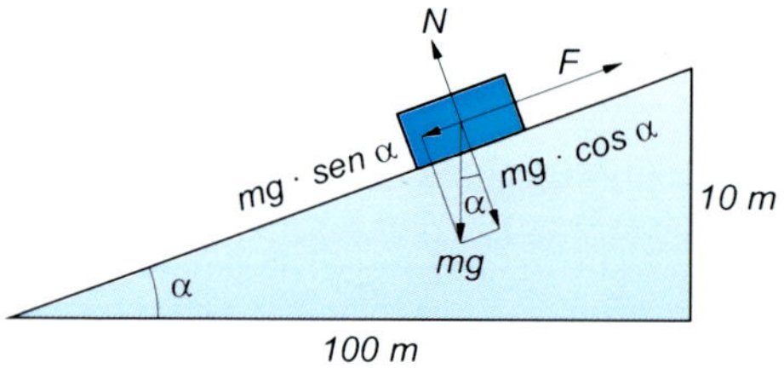

$\text{tg}\,\alpha = 10/100 = 0,1 \Rightarrow \alpha = \text{arctg}\,0,1 = 5,71°$

$\text{sen}\,\alpha = 0,099;\ \cos\alpha = 0,995$

$F = m \cdot g \cdot \text{sen}\,\alpha + F_r = m \cdot g \cdot \text{sen}\,\alpha + \mu \cdot m \cdot g \cdot \cos\alpha$

$F = 1.000\ \text{kg} \cdot 9,8\frac{\text{m}}{\text{s}^2} \cdot 0,099 + 0,2 \cdot 1.000\ \text{kg} \cdot 9,8\frac{\text{m}}{\text{s}^2} \cdot 0,995$

$F = 2.920,4\ \text{N}$

El trabajo realizado por el motor será:

$W = F \cdot l = 2.920,4\ \text{N} \cdot 100\ \text{m} = 292.049,95\ \text{J}$

Calculamos la energía suministrada (E_{sum}) al motor:

$$\eta = \frac{W}{E_{sum}} \Rightarrow E_{sum} = \frac{292\ \text{kJ}}{0,25} = 1.168\ \text{kJ}$$

Calculamos finalmente el consumo del motor:

$$E_S = m \cdot P_C \Rightarrow m = \frac{E_{sum}}{P_C} = \frac{1.168\ \text{kJ}}{41.800\ \text{kJ/kg}} = 28\ \text{g}$$

6. Un motor de automóvil de 1.500 kg de masa suministra una potencia de 100 CV transmitiéndose esta potencia a las ruedas de 0,3 metros de radio con un rendimiento del 90%. En un determinado momento el coche sube por una pendiente del 12%, con una fuerza de rozamiento de las ruedas sobre el suelo constante de 420 N. Calcula:

a) La fuerza que debe ejercer el motor del coche.

b) La velocidad máxima de subida.

c) El par motor de cada rueda.

a) La fuerza que tiene que ejercer el motor del coche será:

$\text{tg}\,\alpha = 0,12 \Rightarrow \alpha = \text{arctg}\,0,12 = 6,84° \Rightarrow \text{sen}\,\alpha = 0,119$

$F = F_t + F_r = m \cdot g \cdot \text{sen}\,\alpha + F_r$

$F = 1.500\ \text{kg} \cdot 9,8\frac{\text{m}}{\text{s}^2} \cdot 0,119 + 420\ \text{N} = 2.169,3\ \text{N}$

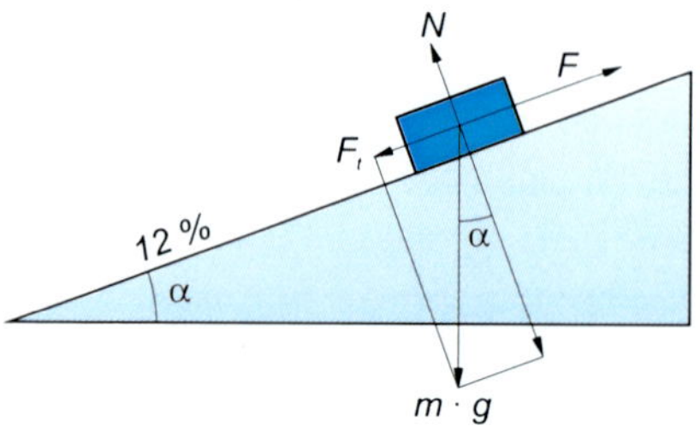

b) La potencia empleada en el giro de las ruedas será:

$$P = 0,9 \cdot 100\ \text{CV} \cdot 735\frac{\text{W}}{\text{CV}} = 66.150\ \text{W}$$

$$P = F \cdot v \Rightarrow v = \frac{P}{F} = \frac{66,150\ \text{W}}{2.184\ \text{N}} = 30,28\frac{\text{W}}{\text{N}} = 30,28\frac{\text{m}}{\text{s}}$$

$$v = 30,28\frac{\text{m}}{\text{s}} \cdot \frac{3.600\frac{\text{s}}{\text{h}}}{1.000\frac{\text{m}}{\text{km}}} = 109\frac{\text{km}}{\text{h}}$$

c) El par motor de cada rueda será:

$M = F' \cdot r = 1.085,35\ \text{N} \cdot 0,3\ \text{m} = 325,6\ \text{N} \cdot \text{m}$

7. Un equipo de elevación debe subir una carga de 1.000 kg hasta una altura de 40 m. La velocidad de ascensión es de 0,2 m/s y se alcanza al cabo de 2 segundos de la puesta en marcha. Calcula:

a) El trabajo realizado teniendo en cuenta que la masa del torno es de 100 kg y su diámetro D de 50 cm.

b) La potencia mínima que debe realizar el motor.

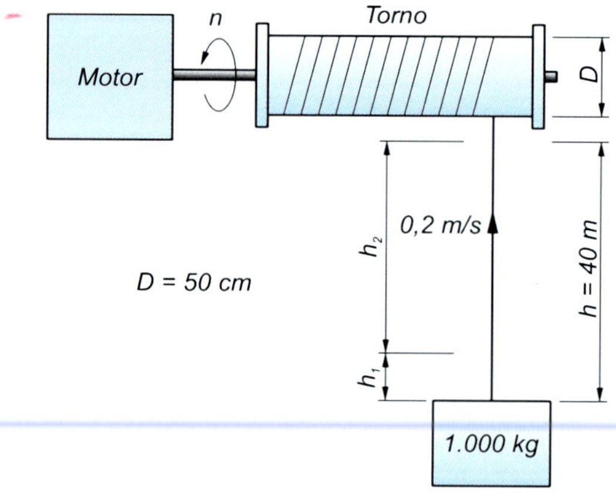

a) Calculamos en primer lugar el momento de inercia del torno con respecto al eje de rotación y la velocidad angular:

$$I = \frac{1}{2}m' \cdot r^2 = \frac{1}{2}100\ \text{kg} \cdot 0,25^2\ \text{m}^2 = 3,125\ \text{kg} \cdot \text{m}^2$$

$$\omega = \frac{v}{r} = \frac{0,2\frac{\text{m}}{\text{s}}}{0,25\ \text{m}} = 0,8\frac{\text{rad}}{\text{s}}$$

El trabajo necesario para que la carga adquiera la energía cinética correspondiente a 0,2 m/s, será:

$$E_{C\,(\text{translación})} = \frac{1}{2}m \cdot v^2 = \frac{1}{2}1.000\ \text{kg} \cdot 0,2^2\frac{\text{m}}{\text{s}^2} = 20\ \text{J}$$

$$E_{C\,(\text{rotación})} = \frac{1}{2}I \cdot \omega^2 = \frac{1}{2}3,125\ \text{kg} \cdot \text{m}^2 \cdot 0,8^2\frac{\text{rad}}{\text{s}^2} = 1\ \text{J}$$

$E_{C\,(\text{total})} = 21\ \text{J}$

Por su parte, la energía potencial y el trabajo total serán:

$E_P = m \cdot g \cdot h = 1.000\ \text{kg} \cdot 9,8\frac{\text{m}}{\text{s}^2} \cdot 40\ \text{m} = 392.000\ \text{J}$

$W_T = E_{C\,(\text{total})} + E_P = 392.021\ \text{J}$

b) La aceleración experimentada por la carga en los dos primeros segundos y la altura a la que asciende serán:

$$a = \frac{v - v_0}{t} = \frac{0,2\frac{\text{m}}{\text{s}} - 0}{2\text{s}} = 0,1\frac{\text{m}}{\text{s}^2}$$

$$h_1 = \frac{1}{2}a \cdot t_1^2 = \frac{1}{2}0,1\frac{\text{m}}{\text{s}^2}2^2\ \text{s}^2 = 0,2\ \text{m}$$

El tiempo que tarda en ascender "h_2" será:

$$h_2 = 40\ m - 0{,}2\ m = 39{,}8\ m$$

$$t_2 = \frac{h_2}{v} = \frac{39{,}8\ m}{0{,}2\frac{m}{s}} = 199\ s$$

La potencia empleada en incrementar la energía cinética (translación de la carga) y la energía potencial serán:

$$P_1 = \frac{E_{C\,(total)}}{t_1} = \frac{21\ J}{2\ s} = 10{,}5\ W$$

$$P_2 = \frac{E_{P\,(total)}}{t_{total}} = \frac{392.000\ J}{201\ s} = 1.950{,}2\ W$$

$$P_{(total)} = P_1 + P_2 = 1.960{,}7\ W$$

8. Un cilindro provisto de un émbolo móvil que contiene 500 g de gas nitrógeno, se calienta a presión constante elevando su temperatura de 25 a 100 ºC. Calcula:

a) Cantidad de calor transferido al sistema.

b) Trabajo realizado por el gas.

c) Variación experimentada por su energía interna.

DATOS: C_p =1,04 J/g ºC; Peso molecular del N_2 = 28 g; R = 8,31 J/K mol

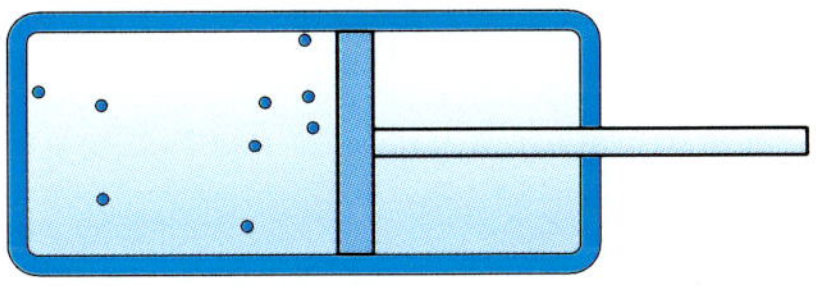

a) La cantidad de calor (Q) transferido al sistema será:

$$Q = m \cdot C_p \cdot \Delta T = m \cdot C_p \cdot (T_2 - T_1)$$

$$Q = 500\ g \cdot 1{,}04\ \frac{J}{g\ ºC}\ (100 - 25)\ ºC = 39.000\ J$$

b) El trabajo (W) realizado por el gas será:

$$W = P \cdot \Delta V = nR\Delta T = \frac{m}{P_{mol}}\ R(T_2 - T_1)$$

$$W = \frac{500\ g}{28\ \frac{g}{mol}}\ 8{,}31\ \frac{J}{ºK\ mol}(373 - 298)\ ºK = 11.129{,}5\ J$$

c) La variación de energía interna:

$$\Delta U = Q - W = 39.000\ J - 11.129{,}5\ J = 27.870\ J$$

9. A continuación se muestra un proceso de expansión isotérmico de un gas ideal de A a B. Calcula:

a) La temperatura (T) a la cual tiene lugar dicha expansión.

b) El volumen V_B.

c) El trabajo desarrollado en esta etapa.

d) El calor y la variación de energía interna de la etapa.

DATOS: R = 0,082 atm · l/mol · ºK = 8,2 J/mol · ºK; C_v = 12,54 J/ mol · ºK; n = 0,244 mol

a) Aplicando la ecuación general de los gases perfectos:

$$P_A \cdot V_A = n \cdot R \cdot T_A \Rightarrow T_A = \frac{P_A \cdot V_A}{n \cdot R}$$

$$T_A = \frac{10\ atm \cdot 1\ l}{0{,}244\ mol \cdot 0{,}082\ \frac{atm \cdot l}{mol \cdot ºK}} = 500\ ºK$$

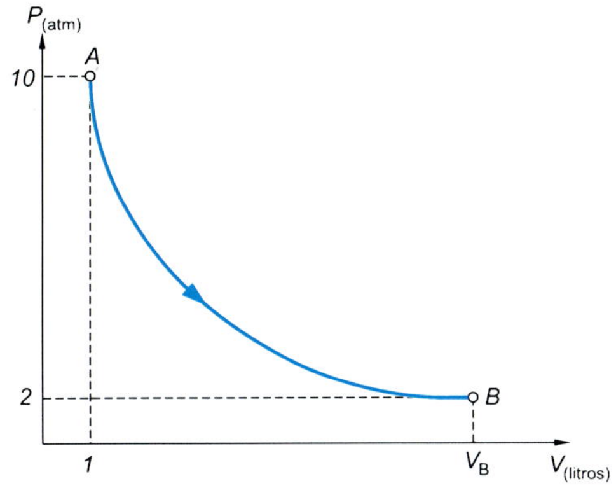

b) Teniendo en cuenta que se trata de un proceso isotérmico se cumplirá la ecuación de Boyle-Mariotte:

$$P_A \cdot V_A = P_B \cdot V_B \Rightarrow V_B = \frac{P_A \cdot V_A}{P_B} = \frac{10\ atm \cdot l}{2\ atm} = 5\ l$$

c) El trabajo será igual a:

$$W = n \cdot R \cdot T \cdot Ln\frac{V_B}{V_A}$$

$$W = 0{,}244\ mol \cdot 8{,}2\ \frac{J}{mol \cdot ºK} \cdot 500\ ºK \cdot Ln\frac{5}{1} = 1.610\ J$$

d) Al ser la temperatura constante en este proceso, la variación de energía interna será nula ($\Delta U = 0$), y por tanto según el primer principio de termodinámica:

$$Q = W + \Delta U \Rightarrow Q = W = 1.610\ J$$

10. Cuando un sistema pasa del estado A al B a lo largo de la transformación ACB recibe una cantidad de calor de 20.000 Cal y realiza 7.500 Cal de trabajo.

a) ¿Cuánto calor recibe el sistema a lo largo de la transformación ADB, si el trabajo es de 2.500 Cal?

b) Cuando el sistema vuelve de B hacia A, a lo largo de la transformación en forma de curva, el trabajo es de 5.000 Cal. ¿Cuánto calor absorbe o libera el sistema?

c) Si $U_A = 0$ y U_D = 10.000 Cal, hállese el calor absorbido en los procesos AD y DB.

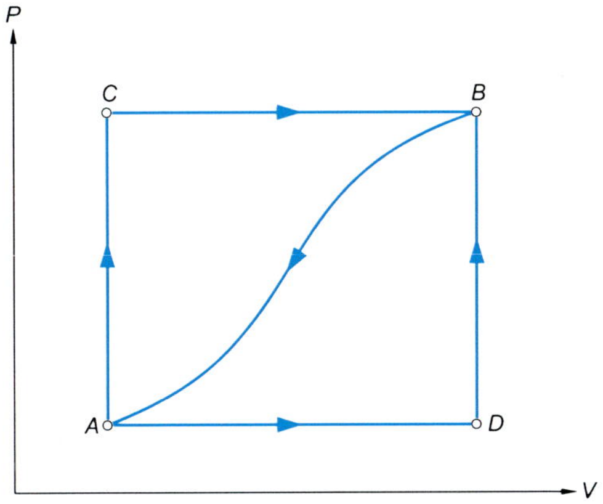

a) Calculamos en primer lugar la variación de energía interna de A → B:

$$\Delta U_{AB} = Q_{ACB} - W_{ACB} = 20.000\ Cal - 7.500\ Cal = 12.500\ Cal$$

$$\Delta U_{BA} = -12.500\ Cal$$

$$\Delta U_{AB} = Q_{ADB} - W_{ADB} \Rightarrow Q_{ADB} = \Delta U_{AB} + W_{ADB} = 12.500\ Cal + 2.500\ Cal = 15.000\ Cal$$

b) El calor que el sistema absorbe de B $\rightarrow$ A será:

$$Q_{BA} = \Delta U_{BA} + W_{BA} = -12.500 \text{ Cal} + (-5.000 \text{ Cal}) = -17.500 \text{ Cal}$$

c) Finalmente el calor absorbido en los procesos restantes será:

$$\Delta U_{AD} = U_D - U_A = 10.000 \text{ Cal} - 0 \text{ Cal} = 10.000 \text{ Cal}$$

$$W_{AD} = W_{ADB} = 2.500 \text{ Cal}$$

$$Q_{AD} = \Delta U_{AD} + W_{AD} = 10.000 \text{ Cal} + 2.500 \text{ Cal} = 12.500 \text{ Cal}$$

$$\Delta U_{AB} = \Delta U_{AD} + \Delta U_{DB} \Rightarrow \Delta U_{DB} = \Delta U_{AB} - \Delta U_{AD}$$

$$\Delta U_{AB} = 12.500 \text{ Cal} - 10.000 \text{ Cal} = 2.500 \text{ Cal}$$

$$Q_{DB} = \Delta U_{DB} + 0 = 2.500 \text{ Cal}$$

11. Para el sistema de la figura, calcula las coordenadas desconocidas del diagrama así como el calor, trabajo y variación de energía interna de cada etapa y del ciclo.

DATOS: R = 0,082 atm · l/ mol · °K = 1,968 Cal/mol · °K; C_v = 3 Cal/ mol · °K; n = 0,0089 mol

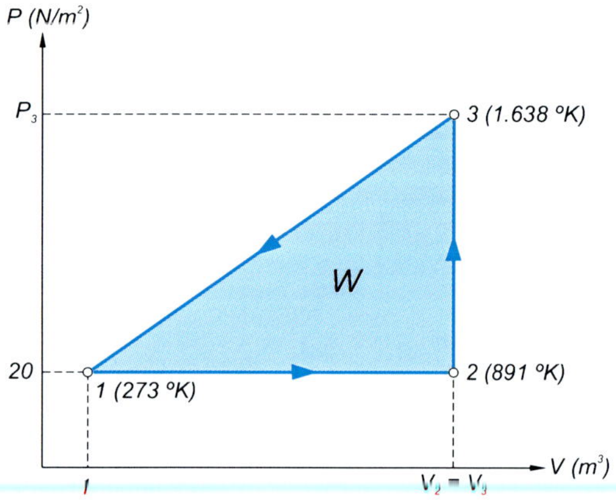

a) Calculamos en primer lugar las coordenadas desconocidas:

- Tramo 1-2: Presión constante ($P_1 = P_2$)

$$\frac{V_1}{V_2} = \frac{T_1}{T_2} \Rightarrow V_2 = \frac{V_1 \cdot T_2}{T_1} = \frac{1 \text{ m}^3 \cdot 819 \text{ °K}}{273 \text{ °K}} = 3 \text{ m}^3 = V_3$$

- Tramo 2-3: Volumen constante ($V_2 = V_3$)

$$\frac{P_2}{P_3} = \frac{T_2}{T_3} \Rightarrow P_3 = \frac{P_2 \cdot T_3}{T_2} = \frac{20 \frac{\text{N}}{\text{m}^2} \, 1.638 \text{ °K}}{819 \text{ °K}} = 40 \frac{\text{N}}{\text{m}^2}$$

b) Calculamos el trabajo total del ciclo que será el área del triángulo:

$$|W| = \frac{b \cdot h}{2} = \frac{2 \text{ m}^3 \cdot 20 \frac{\text{N}}{\text{m}^2}}{2} = 20 \text{ N} \cdot \text{m (J)}$$

$$W_{1\text{-}2} = P \cdot \Delta V = P(V_2 - V_1) = 20 \frac{\text{N}}{\text{m}^2} \cdot 2 \text{ m}^3 = 40 \text{ N} \cdot \text{m (J)}$$

$$W_{2\text{-}3} = P \cdot \Delta V = 0$$

$$W_{3\text{-}1} = P \cdot \Delta V = -\left(\frac{2 \text{ m}^3 \cdot 20 \frac{\text{N}}{\text{m}^2}}{2} + 2 \text{ m}^3 \cdot 20 \frac{\text{N}}{\text{m}^2} \right) = -60 \text{ N} \cdot \text{m (J)}$$

$$W_T = W_{1\text{-}2} + W_{2\text{-}3} + W_{3\text{-}1} = -20 \text{ J}$$

Por tanto, se ha aportado trabajo al sistema (negativo).

c) Cálculo del calor:

$$R = C_P - C_V \Rightarrow C_P = R + C_V = (1{,}968 + 3) \frac{\text{Cal}}{\text{mol} \cdot \text{°K}}$$

$$R = 4{,}968 \frac{\text{Cal}}{\text{mol} \cdot \text{°K}} = 20{,}76 \frac{\text{J}}{\text{mol} \cdot \text{°K}}$$

$$Q_{1\text{-}2} = n \cdot C_P \cdot \Delta T = n \cdot C_P \cdot (T_2 - T_1)$$

$$Q_{1\text{-}2} = 0{,}0089 \text{ mol} \cdot 20{,}76 \frac{\text{J}}{\text{mol} \cdot \text{°K}} (819 - 273) \text{ °K} = 100{,}9 \text{ J}$$

$$Q_{2\text{-}3} = n \cdot C_V \cdot \Delta T = n \cdot C_V \cdot (T_3 - T_2)$$

$$Q_{2\text{-}3} = 0{,}0089 \text{ mol} \cdot 12{,}54 \frac{\text{J}}{\text{mol} \cdot \text{°K}} (1.628 - 819) \text{ °K} = 91{,}4 \text{ J}$$

d) Cálculo de la variación de la energía interna según el primer principio de la termodinámica:

	Q	W	ΔU
Tramo 1-2	100,9 J	40 J	60,9 J
Tramo 2-3	91,4 J	0 J	91,4 J
Tramo 3-1	-212,3 J	-60 J	-152,3 J
TOTAL	**-20 J**	**-20 J**	**0 J**

12. Consideremos helio (gas perfecto monoatómico $C_v = 3R/2$) en el estado inicial A: $P_A = 10^5$ Pa, $V_A = 10^{-2}$ m³ y T_A = 300 °K. Se llevan a cabo las siguientes transformaciones:

A $\rightarrow$ B: Transformación isoterma reversible siendo:

$$V_B = 2 \cdot 10^{-2} \text{ m}^3.$$

B $\rightarrow$ C: Transformación isócora (V = cte) reversible siendo:

$$T_C = 189 \text{ °K}.$$

C $\rightarrow$ A: Transformación adiabática reversible, que devuelve al gas a sus condiciones iniciales.

a) Dibujar el ciclo en el diagrama P-V, determinar el número de moles de helio y calcular las presiones P_B y P_C. Dato: R = 8,3 J/(mol °K).

b) Calcular el trabajo W, el calor Q, y la variación de energía interna ΔU, del gas para cada uno de los procesos.

c) Determinar el rendimiento de este ciclo como motor térmico.

a) El diagrama del ciclo es el siguiente:

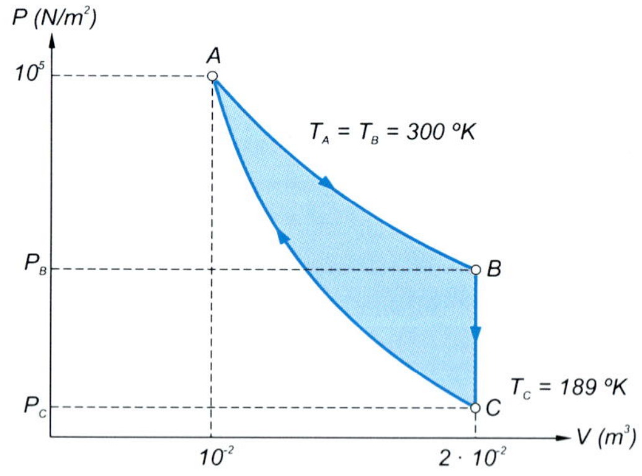

$$n = \frac{P_A \cdot V_A}{R \cdot T_A} = \frac{10^5 \frac{\text{N}}{\text{m}^2} 10^{-2} \text{m}^3}{8{,}3 \frac{\text{J}}{\text{mol} \cdot \text{°K}} 300 \text{ °K}} = 0{,}4 \text{ mol}$$

$$T = \text{cte} \Rightarrow P_B = \frac{P_A \cdot V_A}{V_B} = \frac{10^5 \cdot 10^{-2}}{2 \cdot 10^{-2}} = 0{,}5 \cdot 10^5 \text{ Pa}$$

$$V = \text{cte} \Rightarrow \frac{P_B}{P_C} = \frac{T_B}{T_C} \Rightarrow P_C = \frac{P_B \cdot T_C}{T_B} = \frac{189 \cdot 2 \cdot 10^{-5}}{300}$$

$$P_C = 0{,}315 \cdot 10^5 \text{ Pa}$$

b) Calculamos en primer lugar el trabajo de A → B:

$$W_{A-B} = n \cdot R \cdot T \cdot Ln \frac{V_B}{V_A} = 0{,}4 \text{ mol} \cdot 8{,}3 \frac{J}{mol \cdot °K} \cdot 300 \text{ °K} \cdot Ln\, 2$$

$$W_{A-B} = 690 \text{ N} \cdot \text{m (J)}$$

$$\Delta U_{A-B} = 0 \Rightarrow Q_{A-B} = W_{A-B} = 690 \text{ J}$$

$$\Delta U_{B-C} = n \cdot C_V(T_C - T_B)$$

$$\Delta U_{B-C} = 0{,}4 \text{ mol} \cdot 12{,}45 \frac{J}{mol \cdot °K} (189 - 300) \text{ °K} = -553 \text{ J}$$

$$W_{B-C} = 0 \Rightarrow Q_{B-C} = \Delta U_{B-C} = -553 \text{ J}$$

$$\Delta U_{C-A} = n \cdot C_V(T_A - T_C)$$

$$\Delta U_{C-A} = 0{,}4 \text{ mol} \cdot 12{,}45 \frac{J}{mol \cdot °K} (300 - 189) \text{ °K} = 553 \text{ J}$$

$$Q_{C-A} = W_{C-A} = -\Delta U_{C-A} = -553 \text{ J}$$

c) Finalmente, el rendimiento del ciclo será:

$$W_T = 690 - 553 = 137 \text{ J}$$

$$Q_{ab} = Q_{A-B} = 690 \text{ J}$$

$$\eta = \frac{W}{Q_{ab}} = \frac{137}{690} = 0{,}2 \Rightarrow 20\%$$

13. Un gas ideal (C_V = 2,98 Cal/mol · °K) describe un ciclo de Carnot entre las temperaturas de 500 °K y 300 °K como el de la figura. Se pide:

a) Calor absorbido, trabajo realizado y variaciones de energía en cada etapa.

b) Calor absorbido por el gas y trabajo realizado por el mismo en el ciclo, así como el rendimiento del ciclo.

DATOS: R = 0,082 atm · l/mol · °K = 1,96 Cal/mol · °K = 8,2 J/mol · °K

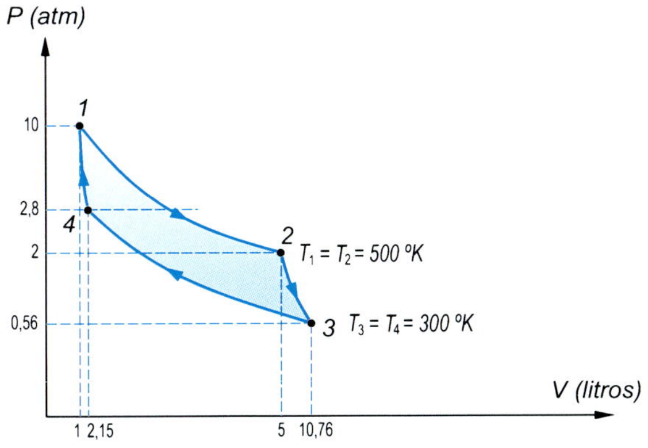

a) Calculamos en primer lugar el número de moles:

$$n = \frac{P_1 \cdot V_1}{R \cdot T_1} = \frac{10 \text{ atm} \cdot 1\, l}{0{,}082 \frac{atm \cdot l}{mol \cdot °K} 500 \text{ °K}} = 0{,}244 \text{ mol}$$

- Etapa 1-2 (isotérmica):

$$W_{1-2} = n\,R\,T \cdot Ln \frac{V_2}{V_1} = 0{,}244 \text{ mol} \cdot 8{,}2 \frac{J}{mol \cdot °K} \cdot 500 \text{ °K} \cdot Ln \frac{5}{1}$$

$$W_{1-2} = 1.610 \text{ J}$$

$$T = cte. \Rightarrow \Delta U = 0 \Rightarrow W_{1-2} = Q_{1-2}$$

- Etapa 2-3 (adiabática):

$$W_{2-3} = -n \cdot C_V \cdot (T_3 - T_2)$$

$$W_{2-3} = -0{,}244 \text{ mol} \cdot 2{,}98 \frac{Cal}{mol \cdot °K} (300 - 500) \text{ °K} \cdot 4{,}18 \frac{J}{Cal}$$

$$W_{2-3} = 607{,}87 \text{ J}$$

$$\Delta U_{2-3} = -W_{2-3} = -607{,}87 \text{ J}$$

- Etapa 3-4 (isotérmica):

$$W_{3-4} = n\,R\,T \cdot Ln \frac{V_4}{V_3} = 0{,}244 \text{ mol} \cdot 8{,}2 \frac{J}{mol \cdot °K} \cdot 300 \text{ °K} \cdot Ln \frac{2{,}15}{10{,}76}$$

$$W_{3-4} = -966{,}6 \text{ J}$$

$$T = cte. \Rightarrow \Delta U = 0 \Rightarrow W_{3-4} = Q_{3-4}$$

- Etapa 4-1 (adiabática):

$$W_{4-1} = -n \cdot C_V \cdot (T_1 - T_4) =$$

$$W_{4-1} = -0{,}244 \text{ mol} \cdot 2{,}98 \frac{Cal}{mol \cdot °K} (500 - 300) \text{ °K} \cdot 4{,}18 \frac{J}{Cal}$$

$$W_{2-3} = -607{,}87 \text{ J}$$

$$\Delta U_{4-1} = -W_{4-1} = 607{,}87 \text{ J}$$

c) Aplicando el primer principio de termodinámica completamos la siguiente tabla:

	Q	W	ΔU
Tramo 1-2	1.610 J	1.610 J	0 J
Tramo 2-3	0 J	607,87 J	-607,87 J
Tramo 3-4	-966,6 J	-966,6 J	0 J
Tramo 4-1	0 J	-607,87 J	607,87 J
TOTAL	**643,4 J**	**643,4 J**	**0 J**

Finalmente calculamos el rendimiento del ciclo:

$$\eta = \left(1 - \frac{T_4}{T_1}\right) \cdot 100 = \left(1 - \frac{300 \text{ °K}}{500 \text{ °K}}\right) \cdot 100 = 40\%$$

14. A partir del ciclo de un motor de cuatro tiempos se pide:

a) ¿De qué tipo de motor se trata? Indica cada uno de los tramos.

b) Calcula la cilindrada y la relación de compresión.

c) Carrera del cilindro si su diámetro del pistón es de 10 cm.

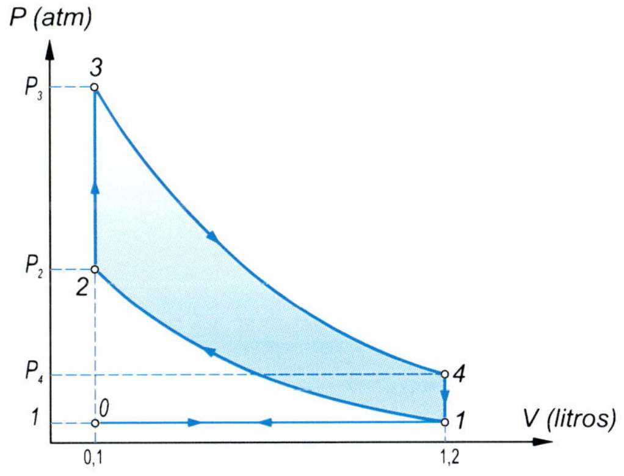

a) Se trata del ciclo Otto de un motor de explosión monocilíndrico de cuatro tiempos, cuyos tramos son los siguientes:

- 0-1: Admisión
- 1-2: Compresión adiabática
- 2-3: Explosión
- 3-4: Expansión
- 4-1: Escape
- 1-0: Retroceso del émbolo

b) La cilindrada del motor vendrá dada por la diferencia entre los dos volúmenes:

$$\Delta V = V_1 - V_2 = (1{,}2 - 0{,}1)\ l = 1{,}1\ l = 1.100\ cm^3$$

Por su parte la relación de compresión será:

$$R_C = \frac{V_1}{V_2} = \frac{1{,}2\ l}{0{,}1\ l} = 12$$

c) Por último, la carrera del cilindro será:

$$\left.\begin{array}{l} \Delta V = S \cdot L \\ S = \dfrac{\pi \cdot D^2}{4} = \dfrac{\pi \cdot 10^2}{4} = 78{,}54\ cm^2 \end{array}\right\} \begin{array}{c} 1.100\ cm^3 = 78{,}54\ cm^2 \cdot L \\ L = 14\ cm \end{array}$$

15. Un motor de cuatro cilindros desarrolla una potencia efectiva de 60 CV a 3.500 r.p.m. teniendo en cuenta que el diámetro de cada pistón es de 7 cm, la carrera L = 9 cm y la relación de compresión R_C = 9:1, se pide:

a) Cilindrada del motor.

b) Volumen de la cámara de compresión de cada cilindro.

c) Par motor.

d) Si consume 8 kg de combustible por hora de funcionamiento con poder calorífico de 11.000 kcal/kg. Determinar su rendimiento efectivo.

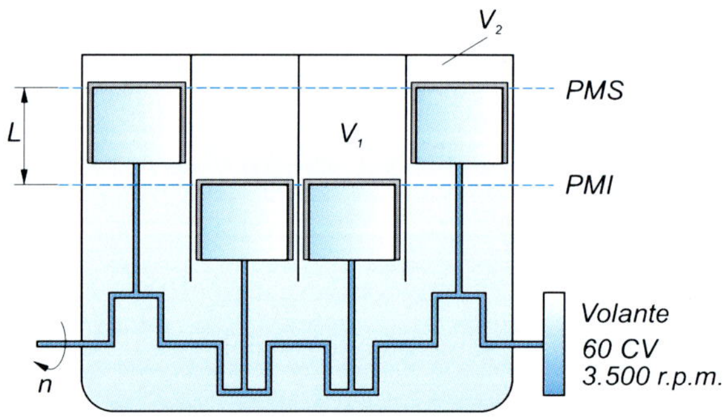

a) Calculamos en primer lugar el volumen unitario (ΔV):

$$\left.\begin{array}{l} \Delta V = S \cdot L \\ S = \dfrac{\pi \cdot D^2}{4} = \dfrac{\pi \cdot 7^2}{4} = 38{,}48\ cm^2 \end{array}\right\} \begin{array}{l} \Delta V = 346{,}36\ cm^3 \\ V = 1.385{,}44\ cm^3 \end{array}$$

b) Partiendo del concepto de la relación de compresión:

$$R_C = \frac{V_1}{V_2} = \frac{\Delta V + V_2}{V_2} \Rightarrow \Delta V + V_2 = R_C \cdot V_2$$

$$V_2 = \frac{\Delta V}{R_C - 1} = \frac{346{,}36\ cm^3}{8} = 43{,}3\ cm^3$$

c) Por su parte el par motor (M) será igual a:

$$\left.\begin{array}{l} \omega = \dfrac{2\pi \cdot n}{60} = 366{,}52\ \dfrac{rad}{s} \\ P_u = 60\ CV = 44.100\ W \end{array}\right\} \begin{array}{l} M = \dfrac{P_u}{\omega} = \dfrac{44.100\ W}{366{,}52\ \dfrac{rad}{s}} \\ M = 120{,}32\ N \cdot m \end{array}$$

d) Finalmente el rendimiento será igual a:

$$P_{sum} = 8\ \frac{kg}{h} \cdot 11.000\ \frac{kCal}{kg} \cdot 4{,}18\ \frac{kJ}{kCal}$$

$$P_{sum} = 367.840\ \frac{kJ}{h} \cdot \frac{1}{3.600\ \frac{s}{h}} = 102{,}17\ \frac{kJ}{s}\ (kw)$$

$$\eta = \frac{P_u}{P_{sum}} \cdot 100 = \frac{44{,}1\ kw}{102{,}17\ kw} \cdot 100 = 43\%$$

16. Una máquina térmica de 100 CV consume 200.000 kCal/h. Determinar el rendimiento de la máquina y el calor suministrado al foco frío.

Calculamos en primer lugar el trabajo producido por la máquina:

$$W = 100\ CV \cdot 735\ \frac{W}{CV} = 73{,}5\ \frac{kJ}{s} \cdot 3.600\ \frac{s}{h} = 264.600\ \frac{kJ}{h}$$

$$W = 63.301\ \frac{kCal}{h}$$

$$\eta = \frac{W}{Q_{abs}} = \frac{63.301}{200.000} = 0{,}31 \Rightarrow 31\%$$

Teniendo en cuenta ahora que el trabajo también es igual a la diferencia entre el calor absorbido (Q_1) y el calor cedido (Q_2), obtenemos:

$$Q_2 = Q_1 - W = 200.000\ \frac{kCal}{h} - 63.301\ \frac{kCal}{h}$$

$$Q_2 = 136.699\ \frac{kCal}{h}$$

17. Explica cómo funciona un motor Diesel y cuáles son sus diferencias con respecto al motor de gasolina de cuatro tiempos. ¿Para qué se utiliza la sobrealimentación en este tipo de motores?

En los motores diesel no existe carburador ni sistema de encendido. El motor admite aire puro a la presión atmosférica (0–1) y lo comprime adiabáticamente (1–2) hasta presiones de 40 a 50 atmósferas y temperaturas de 600 ºC. En este punto se introduce gasóleo en el cilindro a elevada presión (70 atm) de forma controlada mediante una bomba inyectora, con lo que la mezcla se inflama a presión constante (2–3). Cuando ésta llega a la décima parte de su recorrido, aproximadamente, cesa la inyección de gasóleo y se expansiona adiabáticamente (3–4) produciendo trabajo. En el momento en que el émbolo alcanza el PMI se abre la válvula de escape y la presión desciende hasta 1 atm. aproximadamente. A continuación, los gases son expulsados al exterior iniciándose de nuevo el ciclo.

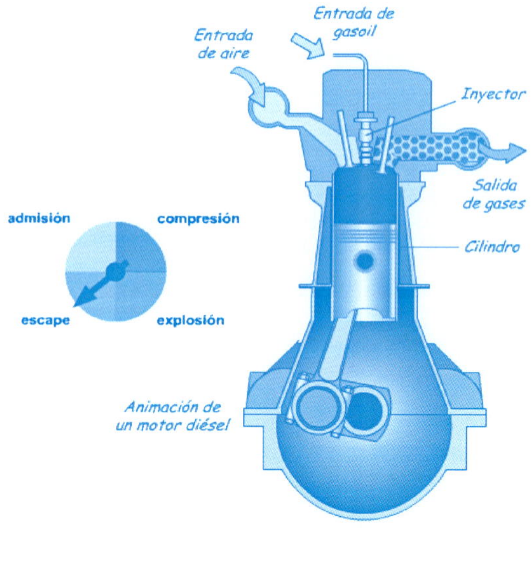

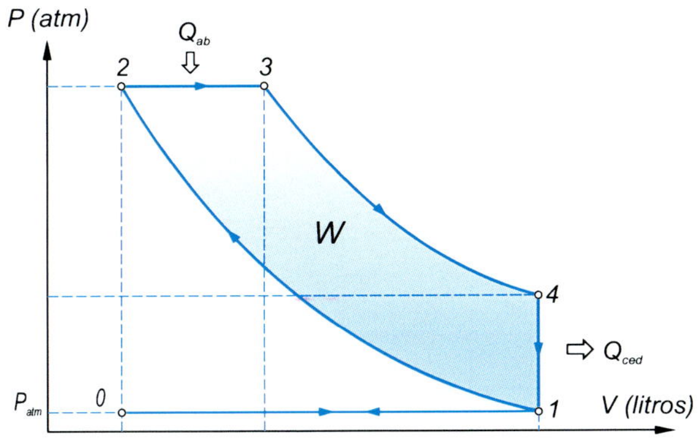

Para incrementar la potencia de estos motores de combustión interna se utiliza la "sobrealimentación", consistente en aumentar la cantidad de mezcla (aire + combustible) admitida por el cilindro, de tal forma que a mayor cantidad de combustible, mayor energía y, por tanto, mayor potencia. Para ello deberemos introducir más aire para poder quemar el exceso de combustible añadido, y la única manera es introducirlo comprimido (a alta presión).

Para aumentar la presión de la mezcla necesitamos un compresor (C), pero un compresor funciona a expensas de un trabajo que se le introduce, por lo que para no disminuir el rendimiento de la propia máquina (motor) aprovecharemos la energía que poseen los gases de la combustión. La turbina (T) es el elemento que se encarga de recoger esos gases disminuyendo a su salida la presión y produciendo el trabajo que necesitamos para mover el compresor (de ahí el nombre de turbo-compresor) y finalmente expulsarlos a la atmósfera.

Normalmente los gases al comprimirse se calientan, en el caso del turbo-compresor los gases salen a una temperatura entre 90 y 120 ºC; dicho calentamiento es indeseado ya que los gases al calentarse pierden densidad, con lo que la masa de oxígeno por unidad de volúmen disminuye, disminuyendo también la potencia del motor ya que hay menos cantidad de oxígeno para la combustión. El intercambiador (intercooler) es el encargado de rebajar la temperatura hasta unos 60 ºC consiguiendo así una ganancia de potencia entre un 10 y un 15% respecto a un motor turboalimentado solamente.

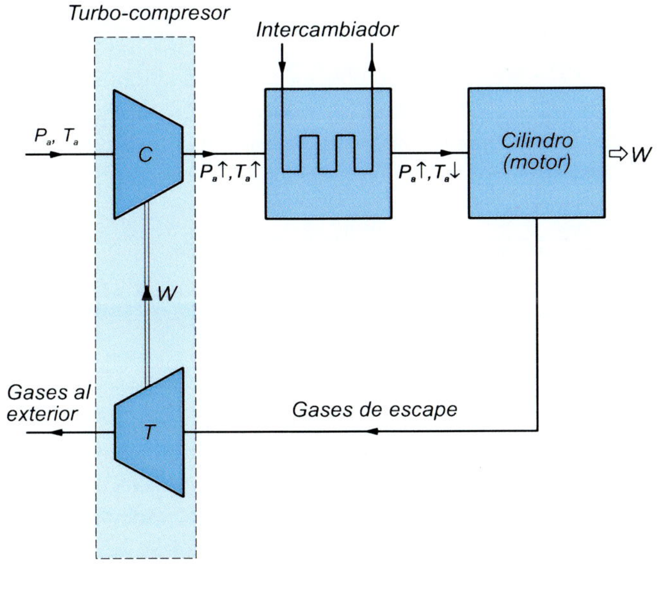

18. Una máquina térmica ideal cuyo foco frío esta a la temperatura de 0 ºC tiene un rendimiento del 40%. Se pide:

a) Esquema de la máquina térmica y temperatura del foco caliente (T_1) en ºC.

b) Trabajo realizado por la máquina teniendo en cuenta que la cantidad de calor absorbido del foco caliente es de 7.200 kJ/h.

c) ¿Cuántos grados centígrados habrá que aumentar la temperatura del foco caliente si el rendimiento es ahora del 50%?

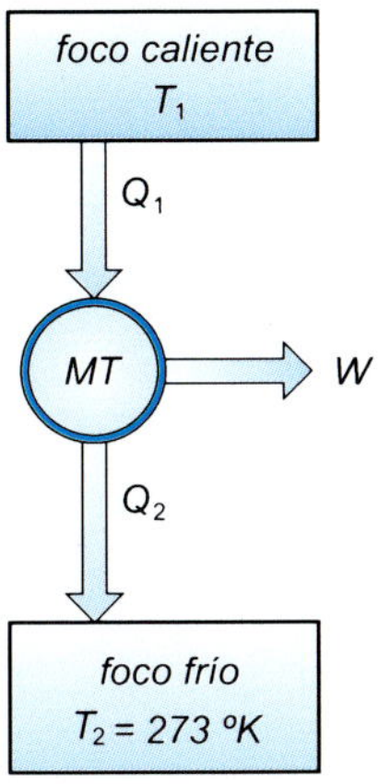

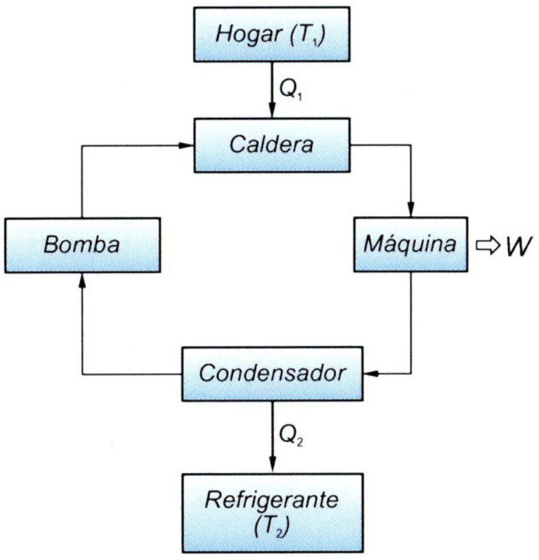

a) Teniendo en cuenta el rendimiento de la máquina y considerando proporcionales los flujos de calor a las temperaturas respectivas de los focos, obtenemos que:

$$\left.\begin{array}{l}\eta = \dfrac{W}{Q_1} \\ W = Q_1 - Q_2\end{array}\right\} \eta = \frac{Q_1 - Q_2}{Q_1} = \frac{T_1 - T_2}{T_1} = 1 - \frac{T_2}{T_1}$$

Sustituyendo y despejando obtenemos el valor de T_1:

$$\eta = 1 - \frac{T_2}{T_1} \Rightarrow 0{,}4 = 1 - \frac{273}{T_1} \Rightarrow \frac{273}{T_1} = 0{,}6$$

$$T_1 = 455 \text{ ºK} = 182 \text{ ºC}$$

b) Teniendo en cuenta que la cantidad de calor (Q_1) absorbido del foco caliente es de 7. 200 kJ/h, calculamos el trabajo producido por la máquina:

$$\eta = \frac{W}{Q_1} \Rightarrow W = \eta \cdot Q_1 = 0{,}4 \cdot 7.200 \frac{kJ}{h} = 2.880 \frac{kJ}{h}$$

c) Si el rendimiento es ahora del 50%, la nueva temperatura del foco cliente será:

$$\eta = 1 - \frac{T_2}{T_1} \Rightarrow 0{,}5 = 1 - \frac{273}{T_1} \Rightarrow \frac{273}{T_1} = 0{,}5$$

$$T_1 = 546 \text{ ºK} = 273 \text{ ºC}$$

Por tanto, la temperatura del foco caliente habrá que aumentarla en 273 ºC.

19. Una máquina térmica de vapor opera entre dos focos caloríficos a 250 ºC y 30 ºC. Desarrolla una potencia de 6 kw con un rendimiento del 65 % del de una máquina ideal de Carnot que trabaje entre los mismos focos. Calcula:

a) Rendimiento de la máquina.

b) Potencia absorbida por la caldera y calor consumido por ésta durante una hora.

c) Potencia entregada al refrigerante (condensador).

d) Consumo de carbón si el poder calorífico de éste es de 7.000 kCal/kg.

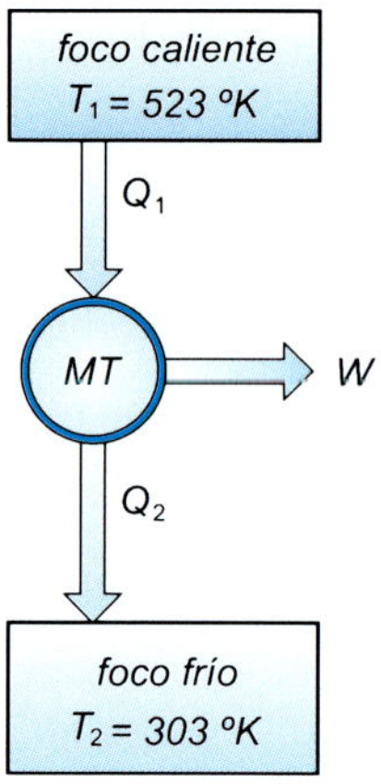

a) Teniendo en cuenta el rendimiento de la máquina y considerando proporcionales los flujos de calor a las temperaturas respectivas de los focos, obtenemos que:

$$\left.\begin{array}{l}\eta = \dfrac{W}{Q_1} \\ W = Q_1 - Q_2\end{array}\right\} \eta = \frac{Q_1 - Q_2}{Q_1} = \frac{T_1 - T_2}{T_1} = 1 - \frac{T_2}{T_1}$$

$$\eta = 1 - \frac{303}{523} = 0{,}42 \Rightarrow 42\%$$

$$\eta_{real} = 0{,}65 \cdot 0{,}42 = 0{,}273 \Rightarrow 27{,}3\%$$

b) La potencia absorbida por la caldera será:

$$Q_1 = \frac{W}{\eta_{real}} = \frac{6.000\ W}{0{,}273} = 21.978 \frac{J}{s}\ (W)$$

$$Q_1 = 5.274{,}7 \frac{Cal}{s} = 18.989 \frac{kCal}{h}$$

c) La potencia entregada al refrigerante será:

$$W = Q_1 - Q_2 \Rightarrow Q_2 = Q_1 - W = (21.978 - 6.000) \frac{J}{s}\ (W)$$

$$W = 15.978 \frac{J}{s}\ (W) = 3.834{,}7 \frac{Cal}{s}$$

d) El consumo de carbón por hora de funcionamiento será:

$$m = \frac{Q_1}{P_C} = \frac{18.989 \dfrac{kCal}{h}}{7.000 \dfrac{kCal}{kg}} = 2{,}71 \frac{kg}{h}$$

20. Los datos de la tabla inferior corresponden a distintos ciclos de potencia que operan entre dos focos caloríficos a 600 ºK y 300 ºK. Todas las magnitudes están expresadas en kJ. Para cada caso, completa la tabla y determina si el ciclo es imposible, irreversible o reversible.

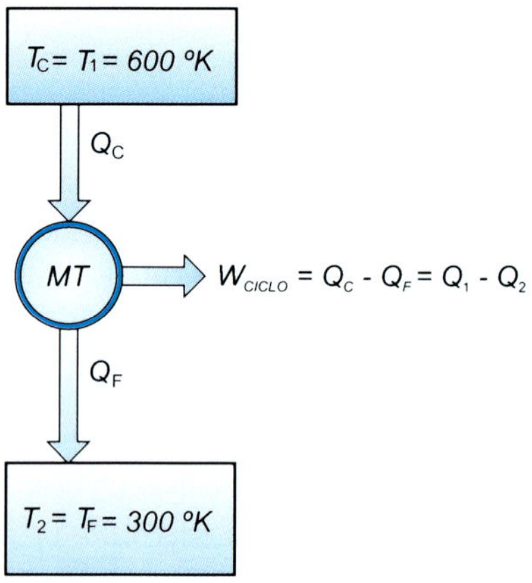

Teniendo en cuenta el concepto de rendimiento de la máquina:

$$\left.\begin{array}{l}\eta = \dfrac{W}{Q_C} \\ W = Q_C - Q_F\end{array}\right\} \eta = \frac{Q_C - Q_F}{Q_C} = \frac{T_C - T_F}{T_C} = \frac{300}{600} = 0{,}5 \Rightarrow 50\%$$

Ciclo	$Q_C = Q_1$	$Q_F = Q_2$	W_{CICLO}	η	Caso
1	2.000	950	1.050	0,525	IMPOSIBLE
2	2.000	1.000	1.000	0,5	REVERSIBLE
3	2.500	700	1.800	0,72	IMPOSIBLE
4	1.600	1.120	480	0,3	IRREVERSIBLE
5	800	400	410	0,51	IMPOSIBLE
6	1.600	800	800	0,5	REVERSIBLE

21. Calcula la eficiencia de una máquina frigorífica de Carnot cuyo foco frío está a –10 ºC y el foco caliente a 30 ºC. ¿Cuántos "kw× h" de energía habrá que suministrar a la máquina para sacar del foco frío una cantidad de calor igual a la necesaria para fundir 200 kg de hielo. Calor latente de fusión del hielo C = 80 Cal/g.

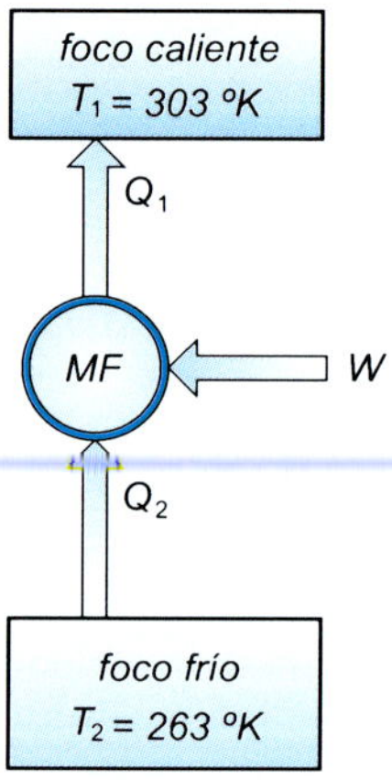

Calculamos en primer lugar la eficiencia ideal de Carnot en función de las temperaturas de los focos:

$$\varepsilon = \frac{Q_2}{W} = \frac{T_2}{T_1 - T_2} = \frac{263\ ºK}{(303 - 263)\ ºK} = 6{,}575$$

Por su parte el calor absorbido del foco caliente será:

$$Q_2 = 80 \frac{Cal}{g} \cdot 200.000\ g = 16 \cdot 10^6\ Cal = 66.880\ kJ$$

La energía que habrá que suministrar a la máquina será por tanto:

$$W = \frac{Q_2}{\varepsilon} = \frac{66.880\ kJ}{6{,}575} = 10.171.863\ J$$

$$W = \frac{10.171.863\ J}{3.600 \dfrac{s}{h}} = 2.825{,}5 \frac{J}{s} \cdot h = 2{,}825\ kW \cdot h$$

22. Tenemos una máquina frigorífica cuyo rendimiento es la mitad del ciclo de Carnot, la cual funciona entre dos focos que están a unas temperaturas de 200 ºK y 350 ºK. Además sabemos que la máquina absorbe 1.200 J del foco frío. ¿Cuánto calor cede la máquina a la fuente caliente?

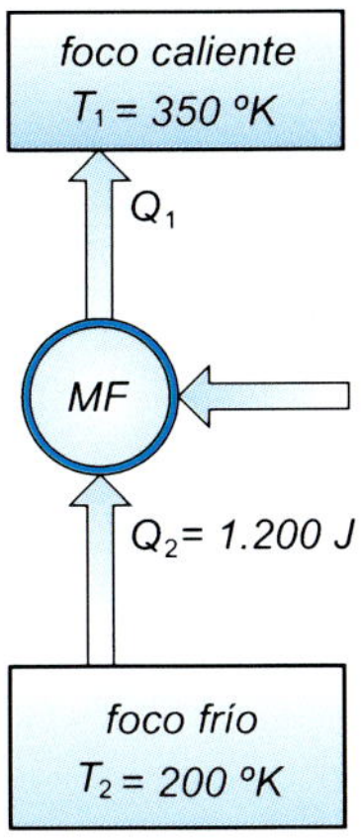

Calculamos en primer lugar la eficiencia ideal de Carnot en función de las temperaturas de los focos y la eficiencia real de la máquina:

$$\varepsilon = \frac{Q_2}{W} = \frac{T_2}{T_1 - T_2} = \frac{200\ °K}{(350 - 200)\ °K} = 1{,}33$$

$$\varepsilon_{real} = \frac{1{,}33}{2} = 0{,}66$$

Por su parte la energía que habrá que suministrar a la máquina será:

$$W_{real} = \frac{Q_2}{\varepsilon_{real}} = \frac{1.200\ J}{0{,}66} = 1.818\ J$$

Finalmente el calor cedido al foco caliente será:

$$W_{real} = Q_1 - Q_2 \Rightarrow Q_1 = W_{real} + Q_2 = (1.818 + 1.200)\ J = 3.018\ J$$

23. Una nevera que funciona según un ciclo de Carnot enfría a una velocidad de 700 kJ/h. La temperatura en el interior de la nevera debe ser de –10 °C, mientras que la temperatura ambiente del exterior debe ser de unos 28 °C. Calcula:

a) La potencia que debe tener el motor para conseguir esa temperatura en el interior.

b) Si el rendimiento de la nevera es del 60% del de Carnot, ¿Cuál debería ser entonces la potencia del motor?

a) Calculamos en primer lugar la eficiencia ideal de Carnot en función de las temperaturas de los focos:

$$\varepsilon = \frac{Q_2}{W} = \frac{Q_2}{Q_1 - Q_2} = \frac{T_2}{T_1 - T_2} = \frac{263\ °K}{(301 - 263)\ °K} = 6{,}92$$

$$W = \frac{Q_2}{\varepsilon} = \frac{700\ \frac{kJ}{h}}{6{,}92} = 101{,}14\ \frac{kJ}{h}$$

$$P = \frac{W}{t} = \frac{101{,}14\ \frac{kJ}{h}}{3.600\ \frac{s}{h}} = 28{,}1\ W$$

b) A partir del nuevo rendimiento calculamos la nueva potencia del motor:

$$\varepsilon_{real} = 0{,}6 \cdot \varepsilon = 0{,}6 \cdot 6{,}92 = 4{,}15$$

$$W_{real} = \frac{Q_2}{\varepsilon_{real}} = \frac{700\ \frac{kJ}{h}}{4{,}15} = 168{,}67\ \frac{kJ}{h}$$

$$P_{real} = \frac{W_{real}}{t} = \frac{168{,}67\ \frac{kJ}{h}}{3.600\ \frac{s}{h}} = 46{,}8\ W$$

$$P_{real} = \frac{P}{0{,}6} = \frac{28{,}1\ w}{0{,}6} = 46{,}8\ W$$

24. En un complejo polideportivo se pretende conseguir un doble objetivo: mantener una pista de hielo a –4 °C y obtener calor a 42 °C para las duchas, calefacción y piscina climatizada. Para ello, se utiliza una máquina frigorífica que consume el doble de trabajo que consumiría una de Carnot trabajando en las mismas condiciones. Se conecta el foco frío a la pista de hielo, y el caliente a la piscina, duchas y calefacción. Si se extrae 100 kW de la pista de hielo y se entregan 130 kW a la piscina, determinar el calor entregado a las duchas y a la calefacción.

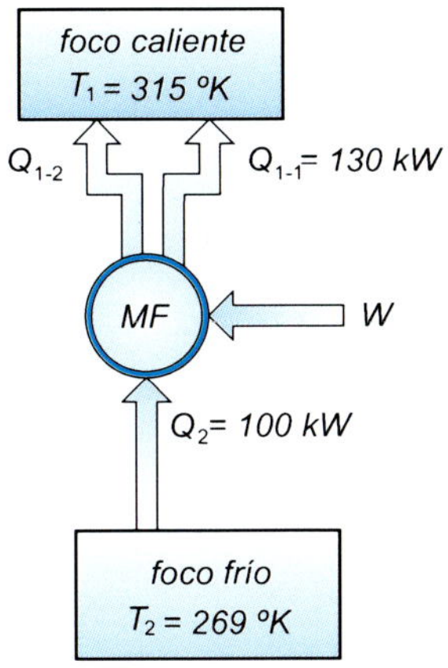

Calculamos la eficiencia ideal de la máquina:

$$\varepsilon = \frac{Q_2}{W} = \frac{T_2}{T_1 - T_2} = \frac{269\ °K}{(315 - 269)\ °K} = 5{,}84$$

Al consumir el doble de trabajo que la máquina ideal de Carnot, la eficiencia real será la mitad que la de Carnot, por tanto:

$$\varepsilon_{real} = \frac{\varepsilon}{2} = 2{,}92 = \frac{Q_2}{W} = \frac{Q_2}{Q_1 - Q_2}$$

Por otra parte, la eficiencia de Carnot también es igual a:

$$Q_1 = \frac{Q_2}{\varepsilon_{real}} + Q_2 = \frac{100\ kW}{2{,}92} + 100\ kW = 134{,}24\ kW$$

$$Q_{1\text{-}2} = Q_1 - Q_{1\text{-}1} = 134{,}24\ kW - 130\ kW = 4{,}24\ kW$$

25. Queremos mantener tanto en verano como en invierno un recinto a una temperatura constante de 20 °C. Suponiendo que el promedio de temperaturas en verano es de 35 °C y en invierno es de 5 °C, calcula:

a) La cantidad de calor absorbido en verano y cedido en invierno por cada kw · h de energía consumida.

b) Dibuja el esquema de funcionamiento de la máquina en ambos casos.

a) Calculamos la eficiencia ideal en ambos casos:

$$\varepsilon_{MF} = \frac{Q_2}{W} = \frac{T_2}{T_1 - T_2} = \frac{293\ °K}{(308 - 293)\ °K} = 19{,}53$$

$$\varepsilon_{BC} = \frac{Q_1}{W} = \frac{T_1}{T_1 - T_2} = \frac{293\ °K}{(293 - 278)\ °K} = 19{,}53$$

$$Q_1 = Q_2 = 19{,}53 \cdot W \Rightarrow Q_1 = Q_2 = 19{,}53 \cdot W$$

$$Q_1 = Q_2 = 19{,}53 \cdot 1\ kW \cdot h \cdot 3600\ \frac{s}{h}$$

$$Q_1 = 70.308\ kW \cdot s\ (kJ) \cdot 0{,}24\ \frac{kCal}{kJ} = 16.874\ kCal$$

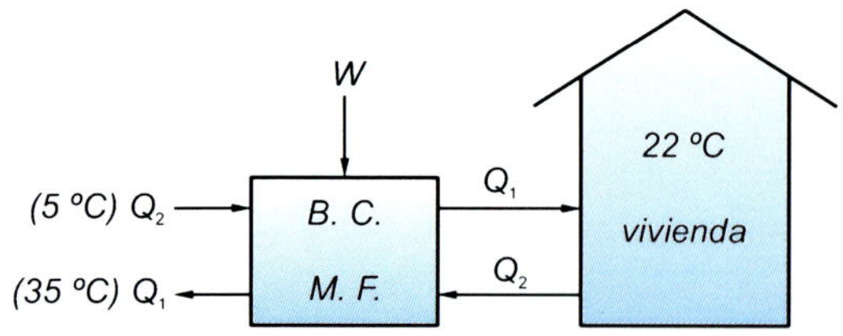

b) El esquema de la máquina en ambos casos será:

1. MÁQUINA FRIGORÍFICA

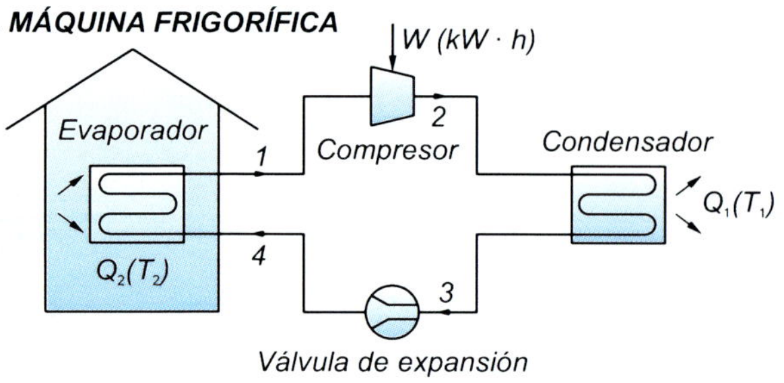

2. BOMBA DE CALOR

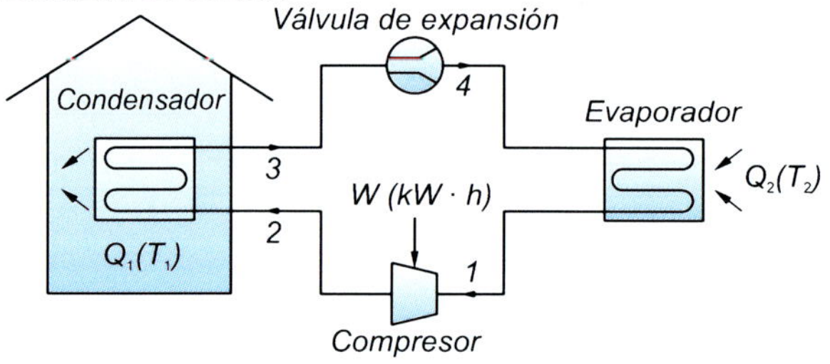

26. Utilizando una bomba de calor se pretende conseguir una temperatura agradable en cualquier época del año, que en invierno será de 20 °C aunque en el exterior sea de 0° C. En verano la temperatura media será de 24 °C aunque en el exterior sea de 38 °C. Calcula:

a) La eficiencia en cada caso considerando la máquina ideal de Carnot.

b) Considerando ahora la eficiencia del 60% de la ideal de Carnot, calcula la potencia requerida por el motor del compresor para el caso más desfavorable, si se han de transferir 800 kCal/min desde el foco frío.

a) Calculamos la eficiencia ideal de Carnot en ambos casos:

$$\varepsilon_{MF} = \frac{Q_2}{W} = \frac{T_2}{T_1 - T_2} = \frac{297\ °K}{(311 - 297)\ °K} = 21{,}21 \text{ (verano)}$$

$$\varepsilon_{BC} = \frac{Q_1}{W} = \frac{T_1}{T_1 - T_2} = \frac{293\ °K}{(293 - 273)\ °K} = 14{,}65 \text{ (invierno)}$$

$$\varepsilon_{BC} < \varepsilon_{MF}$$

b) Teniendo en cuenta que el caso más desfavorable es como bomba de calor puesto que la eficiencia es menor:

$$\varepsilon'_{BC} = 0{,}6 \cdot 14{,}65 = 8{,}79$$

$$\varepsilon'_{BC} = \frac{Q_1}{W} = \frac{T_1}{T_1 - T_2} = 8{,}79 \Rightarrow Q_1 = 8{,}79\,(Q_1 - Q_2)$$

$$Q_1 = \frac{8{,}79 \cdot Q_2}{7{,}79} = \frac{8{,}79 \cdot 800\,\frac{kCal}{min}}{7{,}79} = 902{,}7\,\frac{kCal}{min}$$

$$W = \frac{Q_1}{\varepsilon'} = \frac{902{,}7\,\frac{kCal}{min}}{8{,}79} = 102{,}7\,\frac{kCal}{min} = 429{,}28\,\frac{kJ}{min}$$

$$P = \frac{W}{t} = \frac{429{,}28\,\frac{kJ}{min}}{60\,\frac{s}{min}} = 7{,}15\,\frac{kJ}{s} = 7.150\ W$$

27. Se pretende conseguir una temperatura agradable de 22 °C en el interior de un recinto, utilizando para ello una bomba reversible de calor. Teniendo en cuenta que la temperatura media en el exterior del recinto en invierno es de 0 °C y en verano de 44 °C, cuál será la eficiencia ideal de la máquina. Considerando ahora que el rendimiento de la máquina es del 60 % de la máquina de Carnot, cuándo consumirá más energía el motor del compresor si la cantidad de calor que se quiere intercambiar con el foco frío, tanto en verano como en invierno, es de 700 kCal/min.

Calculamos la eficiencia ideal de Carnot en ambos casos:

$$\varepsilon_{MF} = \frac{Q_2}{W} = \frac{T_2}{T_1 - T_2} = \frac{295\ °K}{(317 - 295)\ °K} = 13{,}4$$

$$\varepsilon_{BC} = \frac{Q_1}{W} = \frac{T_1}{T_1 - T_2} = \frac{295\ °K}{(295 - 273)\ °K} = 13{,}4$$

$$\varepsilon_{BC} = \varepsilon_{MF}$$

Calculamos ahora el rendimiento real de ambas máquinas:

$$\varepsilon'_{MF} = \varepsilon'_{BC} = 0{,}6 \cdot 13{,}4 = 8{,}04$$

En verano, la energía suministrada al compresor será:

$$\varepsilon'_{MF} = \frac{Q_2}{W} \Rightarrow W = \frac{Q_2}{\varepsilon'_{MF}} = \frac{700\,\frac{kCal}{min}}{8{,}04} = 87\,\frac{kCal}{min}$$

$$P = \frac{W}{t} = \frac{87\,\frac{kCal}{min}}{60\,\frac{s}{min}} = 1{,}45\,\frac{kCal}{s} = 6.061\ W$$

En invierno, la energía suministrada al compresor será:

$$\varepsilon'_{BC} = \frac{Q_1}{W} \Rightarrow \varepsilon'_{BC} = \frac{Q_1}{Q_1 - Q_2} \Rightarrow Q_1 = 8{,}04 \cdot (Q_1 - Q_2)$$

$$Q_1 = \frac{8{,}04 \cdot Q_2}{7{,}04} = \frac{8{,}04 \cdot 700\,\frac{kCal}{min}}{7{,}04} = 799\,\frac{kCal}{min}$$

$$W = Q_1 - Q_2 = 99\,\frac{kCal}{min}$$

$$P = \frac{W}{t} = \frac{99\,\frac{kCal}{min}}{60\,\frac{s}{min}} = 1{,}65\,\frac{kCal}{s} = 6.897\ W$$

Por tanto, consume más en invierno que en verano.

28. Un motor térmico funciona según un ciclo reversible entre dos focos, absorbiendo 2.150 kcal del foco caliente por cada kW×h de trabajo producido. Calcula la temperatura del foco frío (T_2) cuando la temperatura del foco caliente es de 327 °C.

Calculamos, en primer lugar, el rendimiento de la máquina en función del trabajo absorbido y del trabajo producido:

$$Q_1 = 2.150\ kcal \cdot 4{,}18\,\frac{kJ}{kcal} \cdot \frac{1}{3.600\,\frac{s}{h}} = 2{,}496\ kW \cdot h$$

$$\eta = \frac{W}{Q_1} \cdot 100 = \frac{1\ kW \cdot h}{2{,}496\ kW \cdot h} \cdot 100 = 40\%$$

De la propia expresión del rendimiento, en función de las temperaturas de los focos, obtenemos la temperatura del foco frío:

$$\eta = \frac{T_1 - T_2}{T_1} = 1 - \frac{T_2}{T_1}$$

$$T_2 = T_1(1 - \eta) = 600\ °K(1 - 0{,}4) = 360\ °K \Rightarrow 87\ °C$$

MÁQUINAS DE C.C. Y C.A.

Todos aquellos dispositivos que utilizan la energía eléctrica, tanto continua como alterna, se denominan máquinas eléctricas y su origen se debe al descubrimiento de los fenómenos de inducción electromagnéticos, los cuales permitieron la construcción de las primeras máquinas eléctricas que, con el paso del tiempo, se fueron haciendo cada vez más sofisticadas. Una larga lista de científicos (Faraday, Lorentz, Wheatstone, Laplace, etc.) hicieron posible la fabricación de generadores y motores eléctricos, llegando a suplantar a otros tipos de motores gracias a su economía, seguridad y seguridad de funcionamiento.

PRINCIPIO DE INDUCCIÓN ELECTROMAGNÉTICA

Establece que, en todo conductor eléctrico que se mueve dentro de un campo magnético cortando líneas de fuerza se induce en él una fuerza electromotriz "E" (f.e.m.) que depende de la inducción magnética, de la longitud del conductor y de la velocidad de desplazamiento del conductor.

$$E = L \cdot v \cdot B$$

Magnitudes y unidades

- E = f.e.m. en voltios (V)
- B = Inducción en Teslas (T)
- L = Longitud del conductor en metros (m)
- v = Velocidad de desplazamiento (m/s)

Esta f.e.m. inducida está presente tanto si la máquina funciona como motor o como generador, pero en el caso de los motores debido al sentido del campo magnético, recibe el nombre de *fuerza contraelectromotriz* (E').

FUERZA ELECTROMAGNÉTICA

Todo conductor recorrido por una corriente y bajo la acción de un campo magnético se ve sometido a una fuerza magnética de repulsión o atracción cuyo valor está dado por:

$$F = I \cdot L \cdot B \cdot \text{sen}\,\alpha$$

Magnitudes y unidades

- F = Fuerza en Newton (N)
- B = Inducción en Teslas (T)
- L = Longitud del conductor en metros (m)
- I = Intensidad eléctrica que recorre el conductor (A)
- α = Ángulo formado entre el conductor y la dirección del campo magnético

Par electromagnético (M_i)

Si tenemos un conductor que se mueve en un rotor de radio "r", M_i indica el par que experimenta cuando recibe una fuerza "F" que lo impulsa a girar.

$$M_i = F \cdot r$$

Potencia electromagnética (P_i)

Si el conductor anterior gira a una velocidad angular "ω", la potencia desarrollada se puede calcular mediante la expresión:

$$P_i = M_i \cdot \omega$$

Estator

También denominado *inductor* porque crea el campo magnético de la máquina eléctrica, representa la parte fija del motor.

Rotor

También denominado *inducido* porque en él se crea la fuerza contraelectromotriz (E), representa la parte móvil del motor.

Entrehierro

Distancia o espacio existente entre el estator y el rotor.

Motor síncrono

Máquina de corriente alterna cuyo rotor gira a igual velocidad que el campo magnético.

$$n = \frac{60 \cdot f}{p}$$

Magnitudes y unidades

- n = Velocidad de giro del motor (r.p.m.)
- f = Frecuencia de la red eléctrica en Hertzios (Hz)
- p = Pares de polos o número de campos magnéticos (N-S) del motor

Motor asíncrono

Máquina de corriente alterna cuya velocidad angular es menor que la del campo magnético.

Devanado

Hilo de cobre arrollado que forma parte de las máquinas eléctricas. Lo podemos encontrar tanto en el estator como en el rotor.

Histéresis

Representa la inercia que tienen los materiales ferromagnéticos a seguir imantados una vez que desaparece el efecto que provocó la imantación.

Corrientes de Foucault

Son corrientes eléctricas inducidas en materiales magnéticos como consecuencia de la variación del flujo magnético. Producen pérdidas de potencia en las máquinas eléctricas, que se reducen construyendo el estator y el rotor con chapas en lugar de bloques macizos.

Escobillas

Piezas de grafito destinadas a mantener en un motor de c.c. el contacto eléctrico por fricción entre el rotor y la fuente de corriente.

Colector

Dispositivo al que van a parar todos los conductores del rotor. Está dividido en varias partes aisladas entre sí, llamadas delgas. Sobre los colectores se apoyan las escobillas.

POTENCIA ELÉCTRICA

Definimos previamente las siguientes magnitudes eléctricas:

Tensión

Representa el trabajo necesario para mover la unidad de carga eléctrica entre dos puntos de un campo eléctrico:

$$U = \frac{W}{q} \left(\frac{J}{C}\right)$$

Intensidad

Representa las cargas eléctricas (electrones) que circulan por unidad de tiempo. Se define como el producto de la tensión por la intensidad:

$$I = \frac{q}{t} \left(\frac{C}{s} \right)$$

Potencia

Se calcula como el producto de la tensión por la intensidad:

$$P = U \cdot I = I^2 \cdot R = \frac{U^2}{R}$$

Magnitudes y unidades

P = Potencia en vatios (W)
W= Trabajo en julios (J)
U = Tensión en voltios (V)
I = Intensidad en amperios (A)
t = Tiempo transcurrido en segundos (s)
q = Carga eléctrica en culombios (C)
R = Resistencia en ohmios (Ω)
Recuerda: 1 C = $6{,}3 \times 10^{18}$ e^- (electrones)

PÉRDIDAS EN LAS MÁQUINAS ELÉCTRICAS

No toda la energía que absorbe un motor se transforma en energía mecánica en el eje, se producen las siguientes pérdidas de potencia:

- **Pérdidas en el hierro (P_{Fe}):** en todas las partes ferromagnéticas de la máquina se producen pérdidas por histéresis y por Foucault que se traducen en el calentamiento del motor.
- **Pérdidas mecánicas (P_{mec}):** son debidas al giro del rotor y corresponden a las pérdidas por ventilación forzada, al roce del motor con el aire y al rozamiento en los cojinetes y en las escobillas.
- **Pérdidas en los conductores de cobre (P_{Cu}):** corresponden a las pérdidas por efecto Joule en todos los devanados de la máquina.

$$P_{Cu} = I^2 \cdot R$$

Magnitudes y unidades

R = Resistencia eléctrica del conductor en Ohmios (Ω)
I = Intensidad en Amperios (A)

RENDIMIENTO (η)

Se define como la relación entre la potencia útil (P_u) en el eje del motor y la potencia absorbida (P_{ab}) por el mismo:

$$\eta = \frac{\text{Potencia útil}}{\text{Potencia absorbida}} = \frac{P_u}{P_{ab}}$$

DESLIZAMIENTO DE UN MOTOR ASÍNCRONO (S)

Expresa la variación en tanto por ciento entre la velocidad de sincronismo (n_1) del campo magnético y la velocidad real (n) del motor.

$$n_1 = \frac{60 \cdot f_1}{p} \qquad S = \frac{n_1 - n}{n_1}$$

Magnitudes y unidades

f_1= Frecuencia de la red eléctrica en Hertzios (Hz)
p = Pares de polos del motor
n_1= Velocidad de sincronismo (r.p.m.)
n = Velocidad de giro del motor (r.p.m.)
S = Deslizamiento (%)

FUERZA ELECTROMOTRIZ DE UNA DINAMO (E)

Dinamo serie:

$$E = U_b + (R_i + R_{ex}) \cdot I + 2 \cdot U_e$$

Dinamo paralelo:

$$E = U_b + I \cdot R_i + 2 \cdot U_e$$

Magnitudes y unidades

E = Fuerza electromotriz en voltios (V)
U_b = Tensión en bornes de la dinamo en voltios (V)
U_e = Tensión en las escobillas (V)
I = Corriente de inducido (A)
R_{ex} = Resistencia de excitación (Ω)
R_i = Resistencia de inducido (Ω)

FUERZA CONTRAELECTROMOTRIZ DE UNA DINAMO (E')

Motor serie:

$$E' = U_b - (R_i + R_{ex}) \cdot I - 2 \cdot U_e$$

Motor paralelo:

$$E' = U_b - I \cdot R_i - 2 \cdot U_e$$

Magnitudes y unidades

E = Fuerza contraelectromotriz en voltios (V)
U_b = Tensión en bornes de la dinamo en voltios (V)
U_e = Tensión en las escobillas (V)
I = Corriente de inducido (A)
R_{ex} = Resistencia de excitación (Ω)
R_i = Resistencia de inducido (Ω)

CONEXIÓN DE MOTORES TRIFÁSICOS

Conexión en estrella:

$$U_F = \frac{U_L}{\sqrt{3}} \; ; \; I_L = I_F$$

$$P_{ab} = 3 \cdot U_F \cdot I_F \cdot \cos \varphi$$

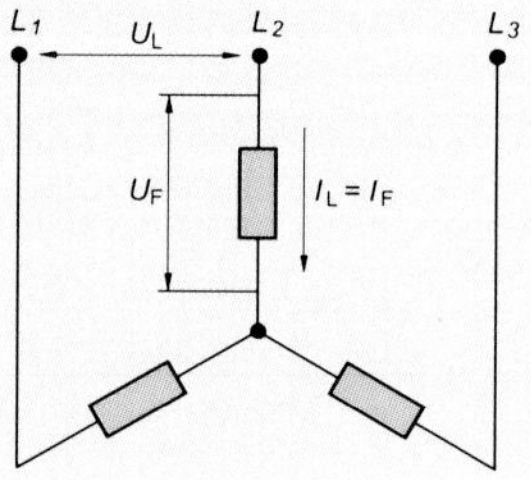

Conexión en triángulo:

$$I_F = \frac{I_L}{\sqrt{3}} \; ; \; I_L = I_F$$

$$P_{ab} = 3 \cdot U_F \cdot I_F \cdot \cos \varphi$$

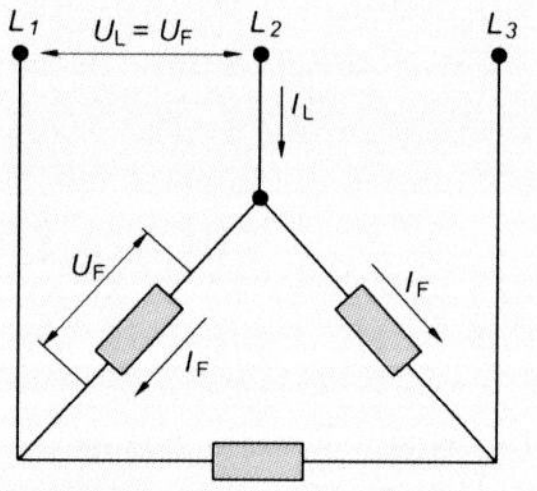

Magnitudes y unidades

U_F = Tensión de fase en voltios (V)
U_L = Tensión de línea en voltios (V)
I_F = Intensidad de fase en amperios (A)
I_L = Intensidad de línea en amperios (A)
P_{ab} = Potencia absorbida en vatios (W)

PASO DE TRIÁNGULO A ESTRELLA Y VICEVERSA

$$R_A = \frac{R_{AB} \cdot R_{AC}}{R_{AB} + R_{AC} + R_{BC}} \qquad R_{AB} = \frac{R_A \cdot R_B + R_B \cdot R_C + R_C \cdot R_A}{R_C}$$

$$R_B = \frac{R_{AB} \cdot R_{BC}}{R_{AB} + R_{AC} + R_{BC}} \qquad R_{AC} = \frac{R_A \cdot R_B + R_B \cdot R_C + R_C \cdot R_A}{R_B}$$

$$R_C = \frac{R_{BC} \cdot R_{AC}}{R_{AB} + R_{AC} + R_{BC}} \qquad R_{BC} = \frac{R_A \cdot R_B + R_B \cdot R_C + R_C \cdot R_A}{R_A}$$

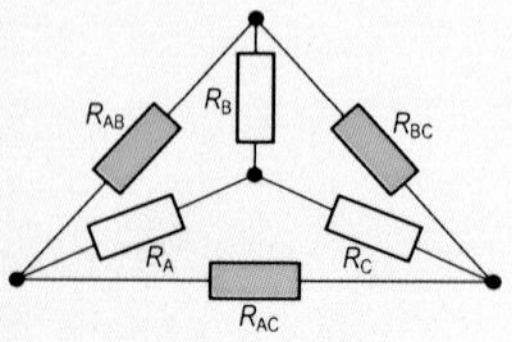

TRIÁNGULO DE POTENCIAS

$$\cos \varphi = \frac{P}{S} \qquad \text{sen } \varphi = \frac{Q}{S}$$

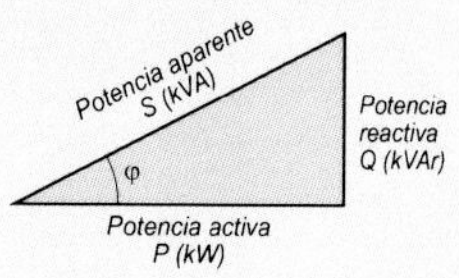

1. Un conductor de 400 mm de longitud se desplaza perpendicularmente a un campo magnético de 0,5 Teslas (T) de inducción con una velocidad de 20 m/s. ¿Cuál es la fuerza electromotriz inducida en el conductor?

Sabemos que la fuerza electromotriz inducida en un conductor que se desplaza perpendicularmente a un campo magnético es igual a:

$$E = L \cdot v \cdot B = 0{,}4\ m \cdot 20\ \frac{m}{s} \cdot 0{,}5\ T = 4\ V$$

2. Calcula la intensidad de corriente que circula por un conductor de 10 cm de largo dentro de un campo magnético uniforme de 1.400 Gauss (Gs) para que éste ejerza sobre el conductor una fuerza de 0,5 N, en los dos casos siguientes:

a) Si el conductor es perpendicular a las líneas de fuerza.

b) Si el conductor forma un ángulo de 45º con las líneas de fuerza.

a) Teniendo en cuenta que 1 Tesla equivale a 10^4 Gauss, tenemos:

$$B = 1.400\ Gs = 0{,}14\ T$$

$$I = \frac{F}{L \cdot B \cdot sen\ 90^o} = \frac{0{,}5\ N}{0{,}1\ m \cdot 0{,}14\ T \cdot sen\ 90^o} = 35{,}7\ A$$

b) De la misma forma que en el caso anterior:

$$I = \frac{F}{L \cdot B \cdot sen\ 90^o} = \frac{0{,}5\ N}{0{,}1\ m \cdot 0{,}14\ T \cdot sen\ 45^o} = 50{,}5\ A$$

3. Una dinamo tetrapolar con un devanado inducido imbricado simple y 400 conductores activos gira a 1.200 r.p.m. Calcula el flujo por polo (ϕ) necesario para obtener una fuerza electromotriz E de 240 V.

Al ser un devanado imbricado simple, el número de bobinados (m) es igual a la unidad, por tanto se cumplirá:

$$2 \cdot a = 2 \cdot p \cdot m \Rightarrow 2 \cdot a = 2 \cdot p$$

siendo "2a" el número de ramas en paralelo y "2p" el número de polos. Teniendo en cuenta que se trata de una dinamo tetrapolar:

$$4 = 2 \cdot p \Rightarrow p = 2 \Rightarrow 2 \cdot a = 2 \cdot 2 \Rightarrow a = 2$$

La fuerza electromotriz (f.e.m.) será igual a:

$$E = \frac{n \cdot p \cdot N \cdot \phi}{60 \cdot a} \Rightarrow \phi = \frac{60 \cdot a \cdot E}{n \cdot p \cdot N}$$

$$\phi = \frac{60 \cdot 2 \cdot 240\ V}{1.200\ rpm \cdot 400 \cdot 2} = 0{,}03\ Weber\ (Wb)$$

4. Una dinamo serie de 9 kW, 125 V y 1.150 r.p.m., tiene una resistencia de inducido de 0,1 Ω y una resistencia de excitación de 0,05 Ω con la máquina funcionando en condiciones normales. Considerando la caída de tensión en cada escobilla igual a 1 V, se pide:

a) Intensidad del inducido (I_i).

b) Fuerza electromotriz (E).

c) Potencia eléctrica total (P_T).

d) Potencia perdida en los devanados y en las escobillas.

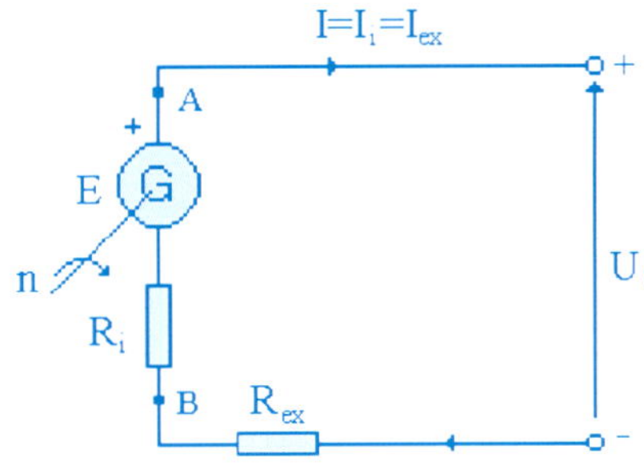

a) En este caso por ser una dinamo serie la corriente de inducido (I_i) será la misma que la de excitación (I_{ex}):

$$I = I_{ex} = I_i = \frac{P_u}{U_b} = \frac{9.000\ W}{125\ V} = 72\ A$$

b) Al tratarse de una dinamo o generador, la fuerza electromotriz (E) será mayor que la tensión en bornes (U_b):

$$E = U_b + (R_i + R_{ex}) \cdot I + 2\ U_e = 125\ V + (0{,}1\ \Omega + 0{,}05\ \Omega) \cdot 72\ A + 2 \cdot 1\ V = 137{,}8\ V$$

c) La potencia eléctrica total será:

$$P = E \cdot I = 137{,}8\ V \cdot 72\ A = 9.921{,}6\ W$$

d) La potencia perdida por su parte será:

$$P_{Per} = P_T - P_u = 9.921{,}6\ W - 9.000\ W = 921{,}6\ W$$

5. Una dinamo derivación de 50 kW, 250 V y 1.150 r.p.m. tiene una resistencia de inducido de 0, 025 Ω y una resistencia de excitación de 62,5 Ω. La caída de tensión en cada escobilla es de 1,5 V. Calcula:

a) Intensidad de corriente en carga.

b) Intensidad de corriente de excitación.

c) Intensidad de corriente por el inducido.

d) Fuerza electromotriz generada.

e) Potencia eléctrica total.

f) Potencia perdida en los devanados y en las escobillas.

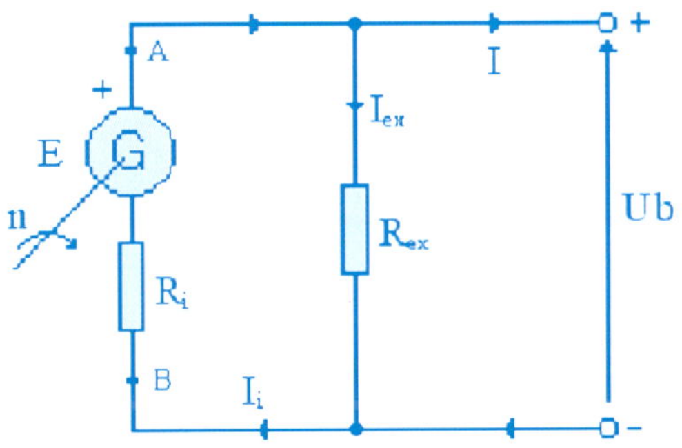

a) La corriente que circula por la carga será:

$$I = \frac{P_u}{U_b} = \frac{50.000\ W}{250\ V} = 200\ A$$

b) La corriente que circula por el devanado de excitación será:

$$I_{ex} = \frac{U_b}{R_{ex}} = \frac{250\ V}{62{,}5\ \Omega} = 4\ A$$

c) La corriente que circula por el devanado de inducido será:

$I_i = I + I_{ex} = 204 \text{ A}$

d) La fuerza electromotriz generada será:

$E = U_b + I_i \cdot R_i + 2\, U_e = 250 \text{ V} + 204 \text{ A} \cdot 0{,}025\ \Omega + 2 \cdot 1{,}5 \text{ V} = 258{,}1 \text{ V}$

e) La potencia total generada será:

$P_T = E \cdot I_i = 258{,}1 \text{ V} \cdot 204 \text{ A} = 52.652{,}4 \text{ W}$

f) En este caso las pérdidas de potencia las vamos a calcular de dos formas diferentes:

$P_{Per} = P_T - P_u = 52.652{,}4 \text{ W} - 50.000 \text{ W} = 2.652{,}4 \text{ W}$

$P_{Per} = P_{Cu1} + P_{Cu2} + PU_e = I_{ex}^2 \cdot R_{ex} + I_i^2 \cdot R_i + I_i \cdot 2 \cdot U_e =$

$= 4^2 \text{ A} \cdot 62{,}5\ \Omega + 204^2 \text{ A} \cdot 0{,}025\ \Omega + 204 \text{ A} \cdot 3 \text{ V} = 2.652{,}4 \text{ W}$

6. Un motor excitación serie de c.c. con $R_i = 0{,}2\ \Omega$, $R_{ex} = 0{,}3\ \Omega$, conectado a una red de 220 V absorbe una potencia de 2,2 kW con un rendimiento del 85% a 1.000 rpm. Calcula:

a) La fuerza contraelectromotriz

b) Potencia perdida

c) Par útil

d) Par de arranque si $I_a = 2\, I_i$.

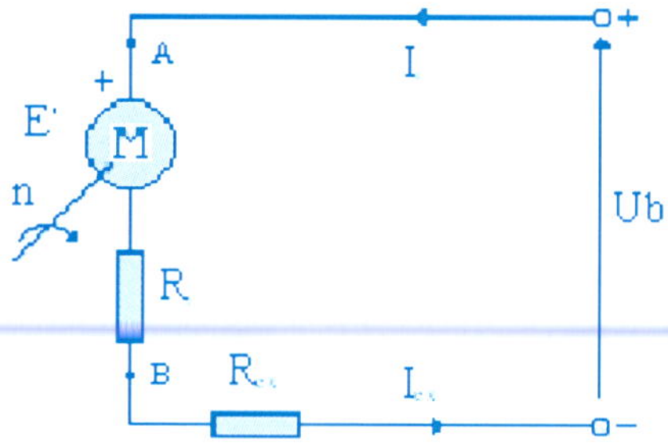

a) La intensidad de línea será:

$P_{ab} = U_b \cdot I \ \Rightarrow\ I = \dfrac{P_{ab}}{U_b} = \dfrac{2.200 \text{ W}}{220 \text{ V}} = 10 \text{ A}$

b) Considerando nula la caída de tensión en las escobilla, la fuerza contraelectromotriz será:

$E' = U_b - (R_i + R_{ex}) \cdot I = 220 \text{ V} - (0{,}3\ \Omega + 0{,}2\ \Omega) \cdot 10 \text{ A}$

$E' = 215 \text{ V}$

$P_u = \eta \cdot P_{ab} = 0{,}85 \cdot 2.200 \text{ W} = 1.870 \text{ W} \ \Rightarrow$

$P_{Per} = 2.200 - 1.870 = 330 \text{ W}$

c) El par útil será:

$M_u = \dfrac{P_u}{\omega} = \dfrac{1.870 \text{ W}}{\dfrac{2 \cdot \pi \cdot 1.000}{60}} = 17{,}86 \text{ N} \cdot \text{m}$

d) Considerando que en el arranque la velocidad es nula:

$\left.\begin{array}{l} M_u = K' \cdot \phi \cdot I_i \\ M_a = K' \cdot 2 \cdot I_i \end{array}\right\} \quad \dfrac{M_u}{M_a} = \dfrac{1}{2} \ \Rightarrow\ M_a = 2\, M_u$

7. Un motor derivación de 75 kW de potencia en el eje, $U_b = 440$ V, n = 1.500 r.p.m., con una resistencia de excitación de 480 Ω y de inducido de 0,08 Ω, tiene un rendimiento del 95%. Calcula:

a) La intensidad de la línea.

b) La intensidad de excitación.

c) La intensidad del inducido.

d) La fuerza contraelectromotriz inducida.

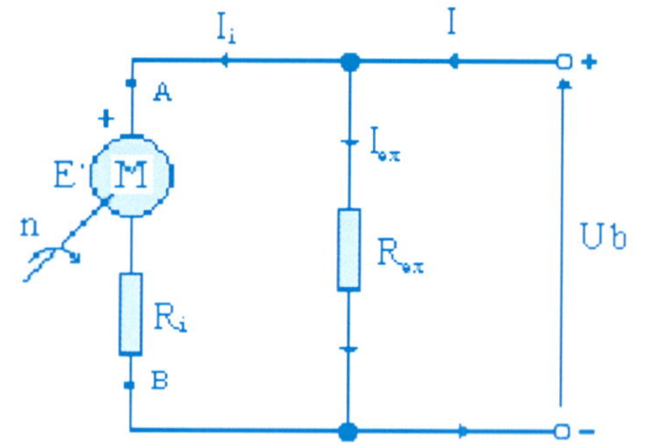

a) La intensidad de línea será:

$P_{ab} = \dfrac{P_u}{\eta} = \dfrac{75.000 \text{ W}}{0{,}95} = 78.947 \text{ W}$

$I = \dfrac{P_{ab}}{U_b} = \dfrac{78.947 \text{ W}}{440 \text{ V}} = 179{,}42 \text{ A}$

b) La intensidad de excitación será:

$I_{ex} = \dfrac{U_b}{R_{ex}} = \dfrac{440 \text{ V}}{480\ \Omega} = 0{,}916 \text{ A}$

c) Por su parte la corriente de inducido será:

$I_i = I - I_{ex} = 179{,}42 \text{ A} - 0{,}916 \text{ A} = 178{,}5 \text{ A}$

d) Finalmente la fuerza contraelectromotriz será:

$E' = U_b - I_i \cdot R_i = 440 \text{ V} - 178{,}5 \text{ A} \cdot 0{,}08\ \Omega = 425{,}72 \text{ V}$

8. Un motor de corriente continua con excitación en serie tiene una $R_{ex} = 0{,}35\ \Omega$ y una $R_i = 0{,}15\ \Omega$. Funciona a 750 r.p.m. conectado a 550 V y con una intensidad nominal de 74 A en el inducido. Halla la fuerza contraelectromotriz, la potencia y el par nominal del motor.

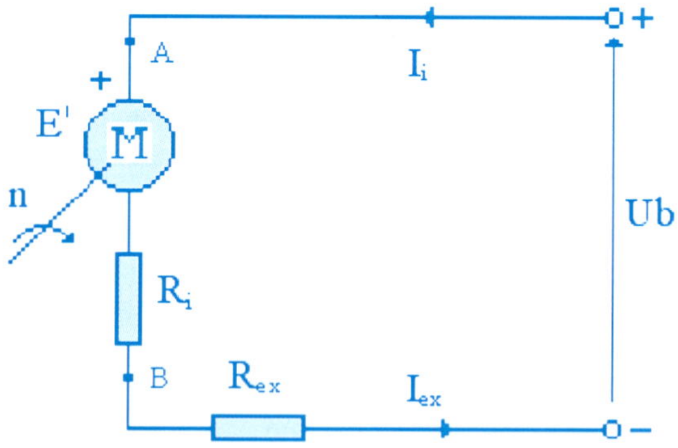

Considerando nula la caída de tensión en las escobillas, la fuerza contraelectromotriz será:

$E' = U_b - (R_i + R_{ex}) \cdot I = 550 \text{ V} - (0{,}15\ \Omega + 0{,}35\ \Omega) \cdot 74 \text{ A} = 513 \text{ V}$

Suponiendo nulas las pérdidas mecánicas y en el hierro:

$P_{Fe} + P_m = 0 \ \Rightarrow\ P_{em} = P_u = E' \cdot I = 513 \text{ V} \cdot 74 \text{ A} = 37.962 \text{ W}$

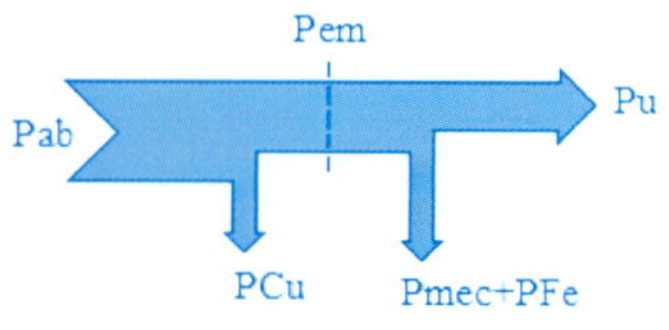

Por último el par útil nominal será:

$$M_u = \frac{P_u}{\omega} = \frac{37.962\ W}{\frac{2 \cdot \pi \cdot 750}{60}} = 483{,}3\ N \cdot m$$

9. Un motor de corriente continua excitación derivación tiene una potencia de 50 CV. Se sabe que las pérdidas del motor son el 6% de su potencia en el eje, si la U_b = 500 V, R_{ex} = 500 Ω y R_i = 0,1 Ω. Halla:

a) La intensidad de la línea.

b) La intensidad de excitación.

c) La intensidad del inducido.

d) El par motor si gira a 1.500 r.p.m.

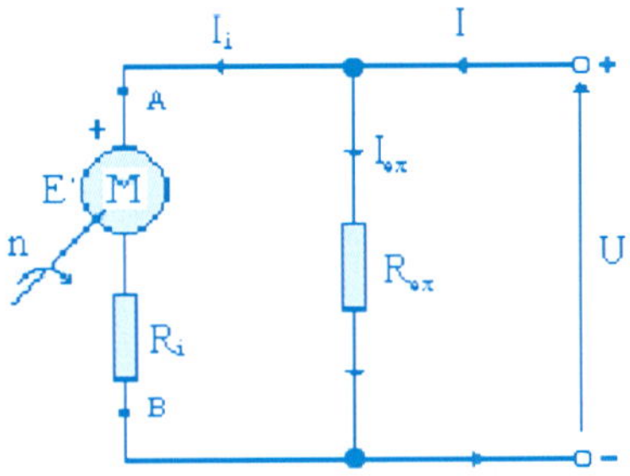

a) La intensidad de línea será:

$$P_u = 50\ CV \cdot 735\ \frac{W}{CV} = 36.750\ W$$

$$P_{perd} = 0{,}06 \cdot 36.750\ W = 2.205\ W$$

$$P_{ab} = P_u + P_{per} = 36.750\ W + 2.205\ W = 38.955\ W$$

$$I = \frac{P_{ab}}{U_b} = \frac{38.955\ W}{U_b} = 77{,}91\ A$$

b) La intensidad de excitación será:

$$I_{ex} = \frac{U_b}{R_{ex}} = \frac{500\ V}{500\ \Omega} = 1\ A$$

c) La corriente de inducido será:

$$I_i = I - I_{ex} = 77{,}91\ A - 1\ A = 76{,}91\ A$$

d) Por último el par motor cuando gira a 1.500 r.p.m. será:

$$M_u = \frac{P_u}{\omega} = \frac{36.750\ W}{\frac{2 \cdot \pi \cdot 1.500}{60}} = 234\ N \cdot m$$

10. Un motor de corriente continua excitación derivación se conecta a una red de tensión nominal U_b = 250 V, generando una fuerza contrelectromotriz de 230 V, si las resistencias valen: R_{ex} = 250 Ω y R_i = 0,5 Ω, determina:

a) La intensidad del inducido.

b) La intensidad de excitación.

c) La intensidad que absorbe de la red.

d) La resistencia de arranque a colocar en el inducido para que la intensidad por éste en el arranque sea dos veces la intensidad nominal.

e) Si el motor tiene un rendimiento del 80%, halla la potencia suministrada en el eje, expresándola en CV y kW.

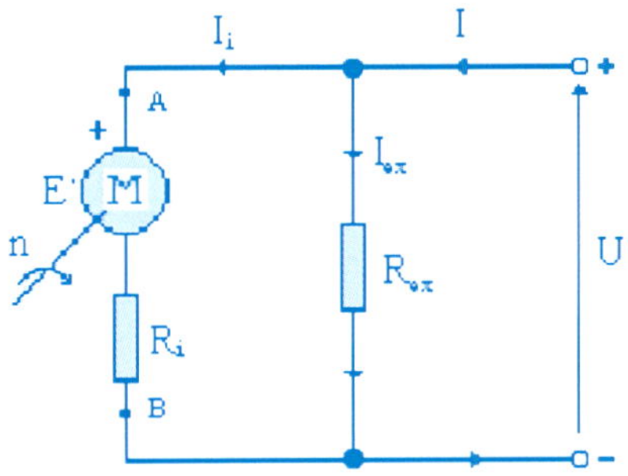

a) La intensidad de inducido será:

$$U_b = E' + I_i \cdot R_i \Rightarrow I_i = \frac{U_b - E'}{R_i} = \frac{250\ V - 230\ V}{0{,}5\ \Omega} = 40\ A$$

b) La intensidad de excitación será:

$$I_{ex} = \frac{U_b}{R_{ex}} = \frac{250\ V}{250\ \Omega} = 1\ A$$

c) La corriente que absorbe de la red será:

$$I_i = I_i + I_{ex} = 40\ A + 1\ A = 41\ A$$

d) Si la intensidad en el arranque es el doble de la nominal:

$$I_{i(a)} = 2 \cdot I_i = 2 \cdot 40\ A = 80\ A$$

En el arranque la fuerza contraelectromotriz (E') es nula, ya que:

$$\left.\begin{array}{l} E' = K \cdot n \cdot \phi \\ n = 0 \end{array}\right\} E' = 0$$

$$I_{i(a)} = \frac{U_b}{R_i + R_a} = 80\ A \Rightarrow \frac{250\ V}{0{,}5\ \Omega + R_a} = 80\ A \Rightarrow$$

$$250\ V = 80\ A \cdot (0{,}5\ \Omega + R_a) \Rightarrow$$

$$R_a = \frac{250\ V - 80\ A \cdot 0{,}5\ \Omega}{80\ A} = 2{,}625\ \Omega$$

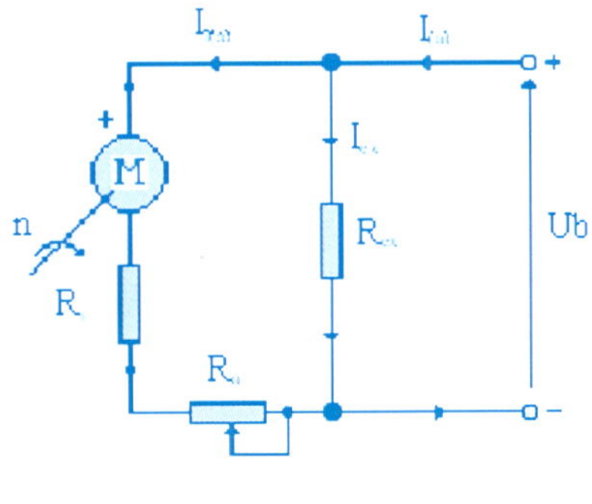

e) Por último, la potencia útil en el eje será:

$$P_u = \eta \cdot P_{ab} = 0{,}8 \cdot 10.250\ W = 8.200\ W$$

11. Un motor de corriente continua excitación derivación se alimenta con una tensión de 120 V. De la línea absorbe una potencia de 3,6 kW y gira a 1.000 r.p.m. La resistencia del devanado inductor es de 30 Ω y su rendimiento del 80 %. Suponiendo nulas las pérdidas mecánicas y en el hierro, se pide:

a) Fuerza contraelectromotriz.

b) Resistencia del inducido.

c) Par mecánico suministrado.

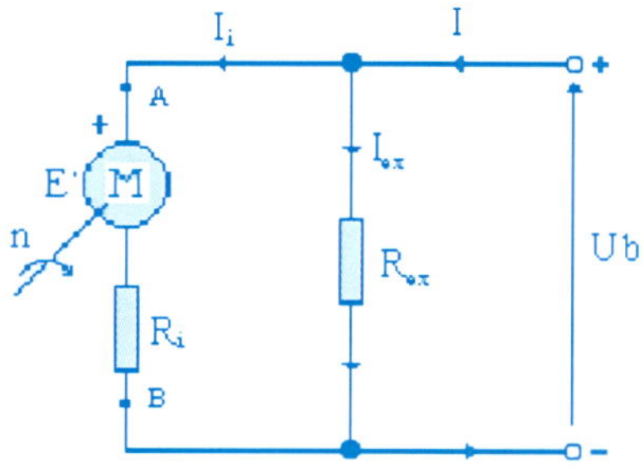

a) La intensidad absorbida de la línea será:

$$I = \frac{P_{ab}}{U_b} = \frac{3.600\ W}{120\ V} = 30\ A$$

Por su parte la intensidad de excitación y la de inducido serán:

$$I_{ex} = \frac{U_b}{R_{ex}} = \frac{120\ V}{30\ \Omega} = 4\ A$$

$$I_i = I - I_{ex} = 26\ A$$

Por otra parte, la potencia útil del motor será:

$$P_u = \eta \cdot P_{ab} = 0{,}8 \cdot 3.600\ W = 2.880\ W$$

En vista de que las pérdidas en el hierro y las pérdidas mecánicas son nulas, la potencia útil será igual que la potencia electromecánica ($P_u = P_{em}$):

$$P_{em} = E' \cdot I_i \Rightarrow E' = \frac{P_{em}}{I_i} = \frac{2.880\ W}{26\ A} = 110{,}76\ V$$

b) Teniendo en cuenta la expresión de la tensión en bornes en función de la fuerza contraelectromotriz:

$$U_b = E' + I_i \cdot R_i \Rightarrow R_i = \frac{U_b - E'}{I_i}$$

$$R_i = \frac{120\ V - 110{,}76\ V}{26\ A} = 0{,}35\ \Omega$$

c) El par mecánico lo calculamos a partir de la potencia útil:

$$M_u = \frac{P_u}{\omega} = \frac{2.880\ W}{\frac{2 \cdot \pi \cdot 1.000}{60}\ \frac{rad}{s}} = 27{,}5\ N \cdot m$$

12. Un motor de corriente continua de excitación permanente tiene las siguientes características: $U_b = 240$ V, n = 1.500 r.p.m. y $R_i = 10\ \Omega$. Si la fuerza contraelectromotriz que se genera en el inducido es de 200 V, calcula:

a) La intensidad de arranque del inducido.
b) La intensidad de trabajo a la velocidad de giro de 1.500 r.p.m.
c) La potencia mecánica entregada por el motor, suponiendo nulas las pérdidas mecánicas y en el hierro.
d) El par mecánico producido por el motor.
e) El rendimiento del motor.

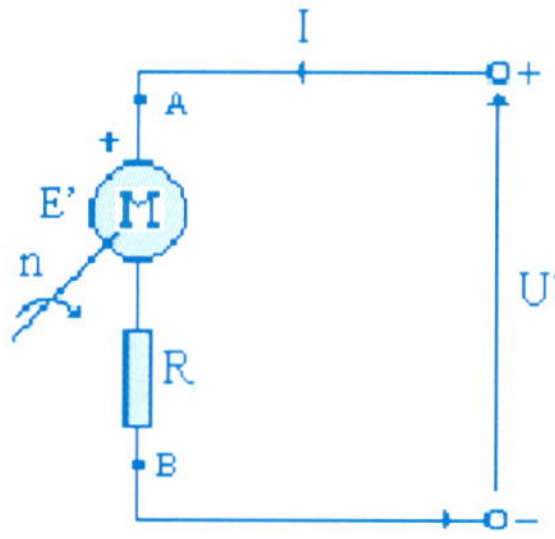

a) Teniendo en cuenta que en el arranque la fuerza contraelectromotriz es nula:

$$I_a = \frac{U_b}{R_i} = \frac{240\ V}{10\ \Omega} = 24\ A \quad (E' = 0)$$

b) La intensidad de trabajo a la velocidad nominal será:

$$I = \frac{U_b - E'}{R_i} = \frac{240\ V - 200\ V}{10\ \Omega} = 4\ A$$

c) Suponiendo que las pérdidas mecánicas y en el hierro son nulas:

$$P_{Fe} + P_m = 0 \Rightarrow P_{em} = P_u = E' \cdot I_i = 200\ V \cdot 4\ A = 800\ W$$

d) El par mecánico en el eje del motor será:

$$M_u = \frac{P_u}{\omega} = \frac{800\ W}{\frac{2 \cdot \pi \cdot 1.500}{60}\ \frac{rad}{s}} = 5{,}1\ N \cdot m$$

e) Finalmente el rendimiento será:

$$\eta = \frac{P_u}{P_{ab}} = \frac{P_u}{U_b \cdot I} = \frac{800\ W}{240\ V \cdot 4A} = 0{,}833 = 83{,}3\ \%$$

13. Un motor de corriente continua serie se le aplica una tensión de 250V, siendo la fuerza contraelectromotriz de 240 V y la intensidad nominal de 20 A cuando gira a 1200 r.p.m. Sabiendo que las resistencias del inducido y del inductor son iguales, calcula:

a) Las resistencias de ambos devanados.
b) La potencia absorbida.
c) El rendimiento si las pérdidas en el hierro son de 100 W y las mecánicas se consideran despreciables.
d) El par nominal.
e) La velocidad del motor si el par resistente aumenta el doble del nominal.
f) Resistencia del reóstato de arranque para que la intensidad en el arranque no sea mayor de 1,5 veces el valor de la intensidad nominal.

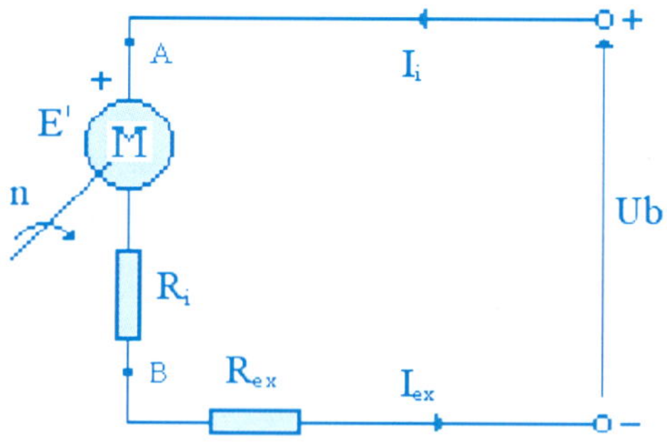

a) Teniendo en cuenta la tensión en bornes y la fuerza contraelectromotriz:

$$U_b = E' + (R_i + R_{ex}) \cdot I \Rightarrow R_i + R_{ex} = \frac{U_b - E'}{I}$$

$$R_i + R_{ex} = \frac{250 - 240}{20} = 0{,}5\ \Omega \Rightarrow R_i = R_{ex} = 0{,}25\ \Omega$$

b) La potencia absorbida por el motor será:

$$P_{ab} = U_b \cdot I = 250\ V \cdot 20\ A = 5.000\ W$$

c) El rendimiento será:

$$P_{em} = P_{ab} - P_{Cu} = E' \cdot I_i = 240\ V \cdot 20\ A = 4.800\ W$$

$$P_{Cu} = P_{ab} - P_{em} = 5.000\ W - 4.800\ W = 200\ W$$

$$P_u = P_{em} - P_{Fe} = 4.800\ W - 100\ W = 4.700\ W$$

$$\eta = \frac{P_u}{P_{ab}} = \frac{4.700\ W}{5.000\ W} = 0,94 = 94\ \%$$

d) El par nominal será:

$$M_u = \frac{P_u}{\omega} = \frac{4.700\ W}{\frac{2 \cdot \pi \cdot 1.200}{60}\ \frac{rad}{s}} = 37,4\ N \cdot m$$

e) La velocidad del motor si el par aumenta el doble:

$$n' = \frac{60 \cdot P_u}{2\pi \cdot M'} = \frac{60 \cdot 4.700\ W}{2\pi \cdot 74,8} = 600\ r.p.m.$$

f) Teniendo en cuenta que en el arranque la fuerza contraelectromotriz (E´) es nula puesto que la velocidad de giro (n) también lo es, la intensidad de corriente será ahora:

$$U_b = I'_a(R_i + R_{ex}) \Rightarrow I'_a = \frac{U_b - E'}{R_i + R_{ex}} = \frac{250\ V}{0,5\ \Omega} = 500\ A$$

De circular esta intensidad por los devanados se quemarían éstos, por lo que hay que limitar dicha corriente al valor indicado:

$$I_a = 1,5\ I = 30\ A$$

$$I_a = \frac{U_b}{R_i + R_{ex} + R_a} = 30\ A \Rightarrow 30\ A = \frac{250\ V}{0,5\ \Omega + R_a} \Rightarrow$$

$$R_a = 7,83\ \Omega$$

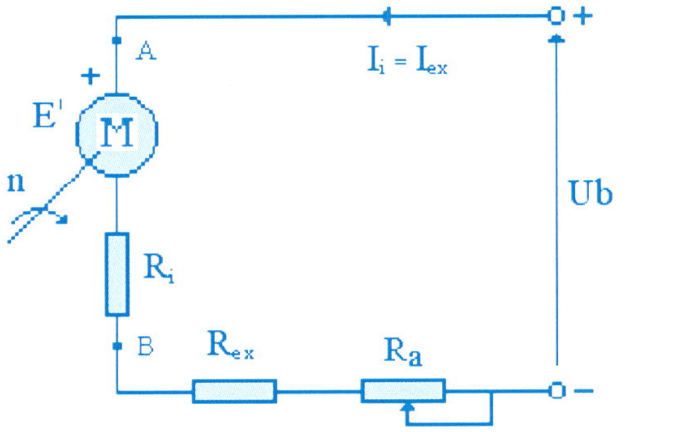

14. Un motor de corriente continua en derivación alimentado por una tensión constante de 100 V es empleado para la elevación de un ascensor cuya cabina pesa 100 kg vacía, siendo su velocidad de desplazamiento de 1 m/s. La $R_i = 0,2\ \Omega$ y la $R_{ex} = 200\ \Omega$. Teniendo en cuenta que el rendimiento total (motor y elementos de transmisión) se considera constante para todas las cargas e igual al 80 %, calcula la velocidad de subida de la cabina cuando suben cuatro personas (300 kg).

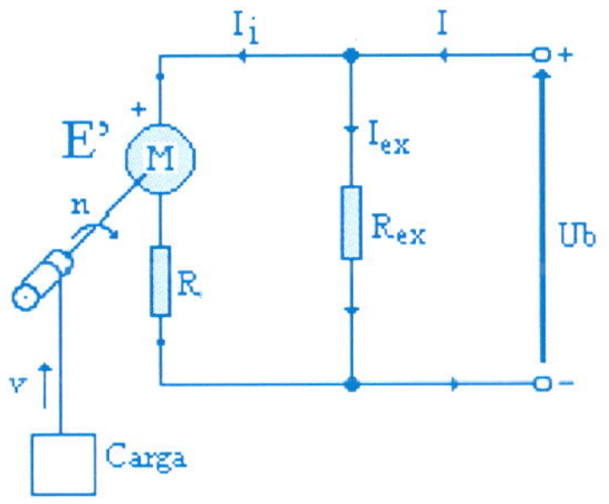

a) Con el ascensor sin carga:

$$P_u = F' \cdot v' = 100\ kg \cdot 9,8\ \frac{N}{kg} \cdot 1\ \frac{m}{s} = 980\ W$$

Como η = cte para todas las cargas:

$$\eta = \frac{P'_u}{P'_{ab}} \Rightarrow P'_{ab} = \frac{P'_u}{\eta} = \frac{980\ W}{0,8} = 1.225\ W$$

$$I' = \frac{P'_{ab}}{U_b} = \frac{1.225\ W}{100\ V} = 12,25\ A$$

$$I_{ex} = \frac{U_b}{R_{ex}} = \frac{100\ V}{200\ \Omega} = 0,5\ A$$

$$I'_i = I' - I_{ex}$$

$$I'_i = 12,25\ A - 0,5\ A = 11,75\ A$$

d) Con el ascensor cargado:

Teniendo en cuenta que ϕ = cte (I_{ex} = cte)

$$\left.\begin{array}{l} M'_u = K' \cdot \phi \cdot I'_i \\ M_u = K' \cdot \phi \cdot I_i \end{array}\right\} \frac{M'_u}{M_u} = \frac{I'_i}{I_i}$$

como: $\left.\begin{array}{l} M'_u = F' \cdot r \\ M_u = F \cdot r \end{array}\right\} \frac{F' \cdot \not r}{F \cdot \not r} = \frac{I'_i}{I_i} \Rightarrow$

$$I_i = I'_i \cdot \frac{F}{F'} = 11,75\ A\ \frac{(300 + 100)\ kg}{100\ kg} = 47\ A$$

$$I = I_{ex} + I_i = 0,5\ A + 47\ A = 47,5\ A$$

$$P_{ab} = I \cdot U_b = 47,5\ A \cdot 100\ V = 4.750\ W$$

$$\eta = \frac{P_u}{P_{ab}} \Rightarrow P_u = \eta \cdot P_{ab} = 0,8 \cdot 4.750\ W = 3.800\ W$$

$$P_u = F \cdot v \Rightarrow v = \frac{P_u}{F} = \frac{3.800\ W}{(300 + 100)\ kg \cdot 9,8\ \frac{N}{kg}} = 0,97\ \frac{m}{s}$$

15. Un motor en derivación tiene las siguientes características: U_b = 230 V, E'_0 = 126 V, n_0 = 1.500 r.p.m., $I_{i(nominal)}$ = 20 A, R_i = 2Ω, M(nominal) =100 N · m.

Calcula las curvas características de la velocidad y del par motor, para estos valores de intensidad de inducido: 5, 10, 15, 20 y 25 amperios. Suponer el flujo constante en todo el proceso.

a) Curva $n = f(I_i)$:

$$\left.\begin{array}{l} E' = K' \cdot n \cdot \phi \\ E'_0 = K \cdot n_0 \cdot \phi \end{array}\right\} \frac{E'}{E'_0} = \frac{n}{n_0} \Rightarrow$$

$$n = n_0 \cdot \frac{E'}{E'_0} = n_0\left(\frac{U_b - I_i \cdot R_i}{E'_0}\right)$$

I_i	5	10	15	20	25
n (r.p.m.)	1.460	1.394	1.327	1.261	1.194

Por ejemplo, para 5 A:

$$n = 1.500\ r.p.m.\ \frac{230\ V - 5\ A \cdot 2\Omega}{226\ V} = 1.460\ r.p.m.$$

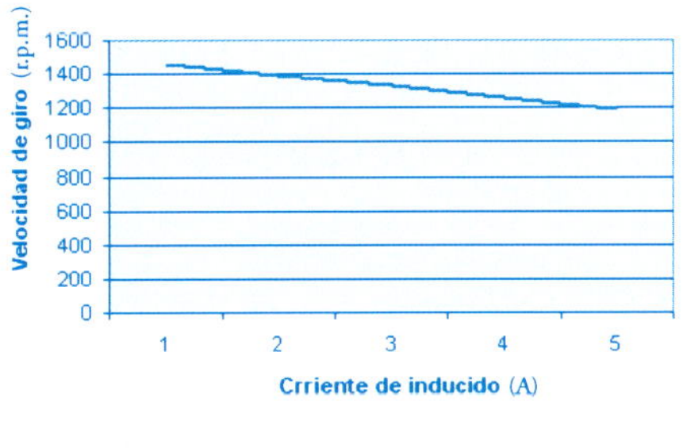

b) Curva $M = f(I_i)$:

En vacío se cumple: $E'_0 = U_b - I_{i(0)} \cdot R_i$

$$I_{i(0)} = \frac{U_b - E'_0}{R_i} = \frac{230\ V - 226\ V}{2\ \Omega} = 2\ A$$

$$\left.\begin{array}{l} M_0 = K' \cdot \phi \cdot I_{i(0)} \\ M_n = K' \cdot \phi \cdot I_{i(n)} \end{array}\right\} \frac{M_0}{M_n} = \frac{I_{i(0)}}{I_{i(n)}} \Rightarrow$$

$$M_0 = M_n \cdot \frac{I_{i(0)}}{I_{i(n)}} = 100\ N \cdot m\ \frac{2\ A}{20\ A} = 10\ N \cdot m$$

$$\left.\begin{array}{l} M = K' \cdot \phi \cdot I_i \\ M_0 = K' \cdot \phi \cdot I_{i(0)} \end{array}\right\} \frac{M}{M_0} = \frac{I_i}{I_{i(0)}} \Rightarrow$$

$$M = M_0 \cdot \frac{I_i}{I_{i(0)}}$$

I_i (A)	5	10	15	20	25
$M = f(I_i)$	25	50	75	100	125

Por ejemplo, para 5 A:

$$M = 10\ N \cdot m \cdot \frac{5\ A}{2\ A} = 25\ N \cdot m$$

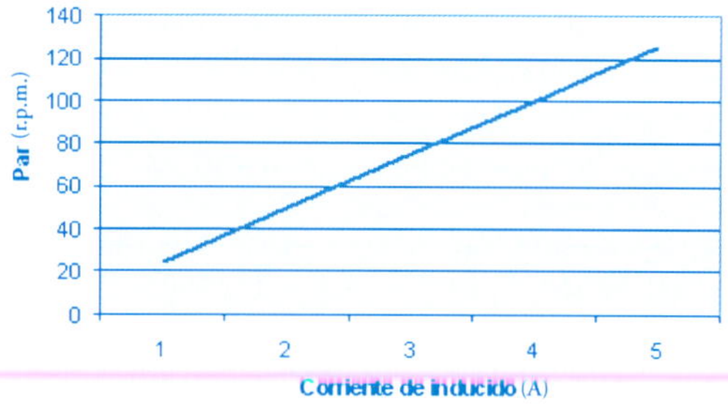

16. Un motor de corriente continua excitación permanente tiene las siguientes características: U_b = 100 V, E' = 85 V, n = 1.500 r.p.m, R_i = 2Ω. Determina:

a) La intensidad nominal.

b) La intensidad en el momento de arranque.

c) La resistencia de arranque, a colocar en serie con el inducido para que la intensidad en el arranque sea 2,5 veces la nominal.

d) La velocidad de giro cuando la intensidad sea la mitad y el doble de la nominal.

e) Dibuja la característica n = f (I).

a) La intensidad nominal será:

$$U_b = E' + I \cdot R_i \Rightarrow I = \frac{U_b - E'}{R_i} = \frac{100\ V - 85\ V}{2\ \Omega} = 7{,}5\ A$$

b) La intensidad en el momento del arranque será:

$$I_a = 2{,}5 \cdot I = 2{,}5 \cdot 7{,}5\ A = 18{,}75\ A$$

$$I_{i(a)} = \frac{U_b}{R_i + R_a} = 18{,}75\ A \Rightarrow \frac{100\ V}{2\ \Omega + R_a} = 18{,}75\ A \Rightarrow$$

$$100\ V = 18{,}75\ A \cdot (2\ \Omega + R_a) \Rightarrow$$

$$R_a = \frac{100\ V - 18{,}75\ A \cdot 2\ \Omega}{18{,}75\ A} = 3{,}33\ \Omega$$

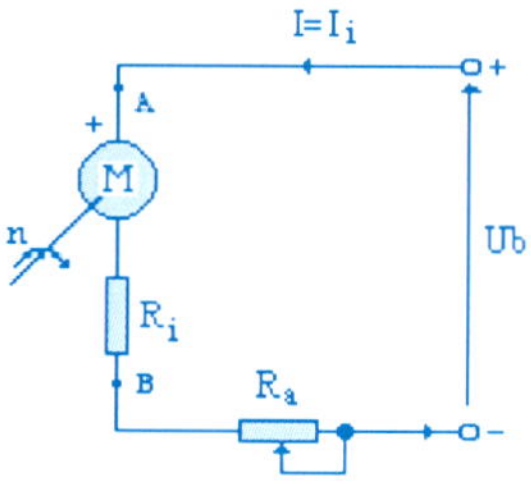

d) En este caso, como no hay devanado de excitación, el flujo es constante y por tanto:

$$I_1 = 3{,}75\ A \Rightarrow E'_1 = U_b - R_i \cdot I_1 = 100\ V - 2 \cdot I_1$$

$$\left.\begin{array}{l} E' = K \cdot n \cdot \phi \\ E'_1 = K \cdot n_1 \cdot \phi \end{array}\right\} \frac{E'}{E'_1} = \frac{n}{n_1} \Rightarrow$$

$$n_1 = n \cdot \frac{E'_1}{E'} = 1.500\ r.p.m. \left(\frac{100\ V - 2 \cdot I_1}{85\ V}\right)$$

Sustituyendo en la anterior expresión para las diferentes intensidades:

I_1	5	10	15	20	25	30
n_1	1.588	1.412	1.235	1.059	882	706

e) La curva característica será:

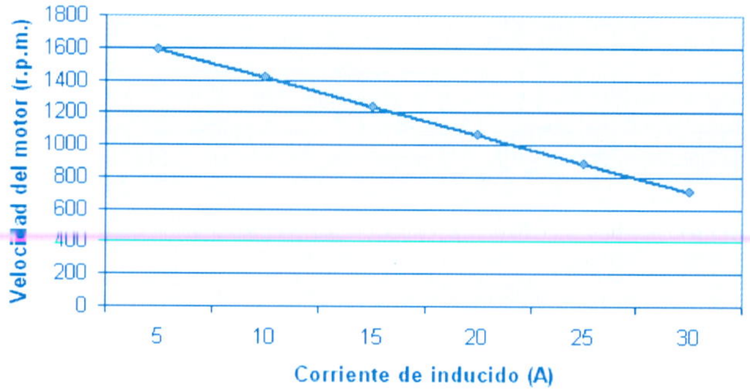

1. Calcula el deslizamiento de un motor asíncrono de cuatro polos, cuya velocidad de giro es de 1.350 r.p.m. que está conectado a una red de 50 Hz de frecuencia.

La velocidad de sincronismo teniendo en cuenta que el número de pares de polos (p) es igual a dos, será:

$$n_1 = \frac{60 \cdot f_1}{p} = \frac{60 \cdot 50}{2} = 1.500 \text{ r.p.m.}$$

Por su parte el deslizamiento será:

$$S = \frac{n_1 - n}{n_1} = \frac{1.500 - 1.350}{1.500} = 0{,}1 \rightarrow 10\%$$

2. Un motor de corriente alterna monofásico tiene una potencia P = 5 CV, un rendimiento del 70% y un cos φ = 0,8. Determina:

a) La intensidad que absorbe el motor.

b) Las pérdidas que tiene el motor.

c) El par motor cuando gira a 1.200 r.p.m.

a) Partimos inicialmente del concepto de rendimiento y de potencia absorbida. Tenemos:

$$\eta = \frac{P_u}{P_{ab}} \Rightarrow P_{ab} = \frac{P_u}{\eta} = \frac{5 \text{ CV} \cdot 735 \frac{\text{W}}{\text{CV}}}{0{,}7} = 5.250 \text{ W}$$

$$P_{ab} = U \cdot I \cdot \cos\varphi \Rightarrow I = \frac{P_{ab}}{U \cdot \cos\varphi} = \frac{5.250 \text{ W}}{220 \text{ V} \cdot 0{,}8} = 29{,}83 \text{ A}$$

b) Teniendo en cuenta que las pérdidas de potencia serán la diferencia entre la potencia absorbida (P_{ab}) por el motor y la potencia útil (P_u) en el eje:

$$P_{per} = P_{ab} - P_u = 5.250 \text{ W} - 3.675 \text{ W} = 1.575 \text{ W}$$

c) Teniendo en cuenta ahora el concepto de potencia en función de la velocidad angular y del par motor:

$$P_u = M_u \cdot \omega \Rightarrow M_u = \frac{P_u}{\omega} = \frac{3.675 \text{ W}}{\frac{2\pi \cdot 1.200}{60}} = 29{,}24 \text{ N} \cdot \text{m}$$

3. De un motor trifásico se conocen los siguientes datos: 380/220 V, factor de potencia 0,85, rendimiento 90% y potencia útil 50 CV. Determina:

a) La intensidad de corriente que pasa por la línea de alimentación cuando el motor se conecta en triángulo.

b) La intensidad de corriente que pasa por la línea de alimentación cuando el motor se conecta en estrella.

c) La intensidad de corriente que pasa por las bobinas del estator en ambos casos.

d) Las pérdidas del motor cuando se conecta en triángulo.

a) La potencia absorbida por el motor será:

$$P_{ab} = \frac{P_u}{\eta} = \frac{50 \text{ CV} \cdot 735 \frac{\text{W}}{\text{CV}}}{0{,}9} = 40.833{,}3 \text{ W}$$

La intensidad de línea será:

$$I_L = \frac{P_{ab}}{\sqrt{3} \cdot U_L \cdot \cos\varphi} = \frac{40.833{,}3 \text{ W}}{\sqrt{3} \cdot 220 \cdot 0{,}85} = 126{,}07 \text{ A}$$

En triángulo la tensión de fase y de línea coinciden ($U_F = U_L$), mientras que la intensidad de fase (I_F) vale:

$$I_F = \frac{I_L}{\sqrt{3}}$$

b) En estrella la corriente de línea coincide con la de fase ($I_F = I_L$), mientras que la tensión de fase (U_F) vale:

$$U_F = \frac{U_L}{\sqrt{3}} = \frac{380 \text{ V}}{\sqrt{3}} = 219{,}4 \text{ V}$$

$$I_L = \frac{P_{ab}}{\sqrt{3} \cdot U_L \cdot \cos\varphi} = \frac{40.833{,}3 \text{ W}}{\sqrt{3} \cdot 380 \cdot 0{,}85} = 73 \text{ A}$$

c) Por último, las corrientes de los bobinados (o de fase) en ambos casos serán:

- Triángulo:

$$I_F = \frac{I_L}{\sqrt{3}} = \frac{126{,}07 \text{ A}}{\sqrt{3}} = 72{,}78 \text{ A}$$

- Estrella:

$$I_F = I_L = 73 \text{ A}$$

d) Las pérdidas de potencia las obtenemos restando la potencia absorbida en triángulo menos la útil en el eje:

$$P_{per} = P_{ab} - P_u = 40.833{,}3 \text{ W} - 36.750 \text{ W} = 4.083{,}3 \text{ W}$$

4. Un motor de inducción trifásico de 220 V, 50 Hz y cuatro polos mueve una carga cuyo par resistente es de 6,5 N × m. Sabiendo que el motor absorbe de la red 1.200 W y que su rendimiento es de 0,82, determinar la velocidad de su eje y el desplazamiento.

La potencia útil en función de la potencia absorbida y del rendimiento es:

$$P_u = P_{ab} \cdot \eta = 1.200 \text{ W} \cdot 0{,}82 = 984 \text{ W}$$

La velocidad angular en función de la potencia útil y del par motor es:

$$\omega = \frac{P_u}{M} = \frac{984 \text{ W}}{6{,}5 \text{ N} \cdot \text{m}} = 151{,}38 \frac{\text{rad}}{\text{s}}$$

La velocidad del campo magnético o velocidad síncrona:

$$n_1 = \frac{60 \cdot f_1}{p} = \frac{60 \cdot 50}{2} = 1.500 \text{ r.p.m.}$$

La velocidad del eje o velocidad del motor:

$$n = \frac{60 \cdot \omega}{2 \cdot \pi} = \frac{60 \cdot 151{,}38}{2 \cdot \pi} = 1.446{,}3 \text{ r.p.m.}$$

Finalmente el deslizamiento será:

$$S = \frac{n_1 - n}{n_1} = \frac{1.500 - 1.446{,}3}{1.446{,}3} = 0{,}037 \rightarrow 3{,}7\%$$

5. Un motor de inducción trifásico tiene una potencia de 50 CV y está conectado a una tensión de 380 V. Su factor de potencia es de 0,8 y su rendimiento del 85%. Suponiendo que está conectado en estrella, determina:

a) La intensidad de fase.

b) La potencia activa, reactiva y aparente.

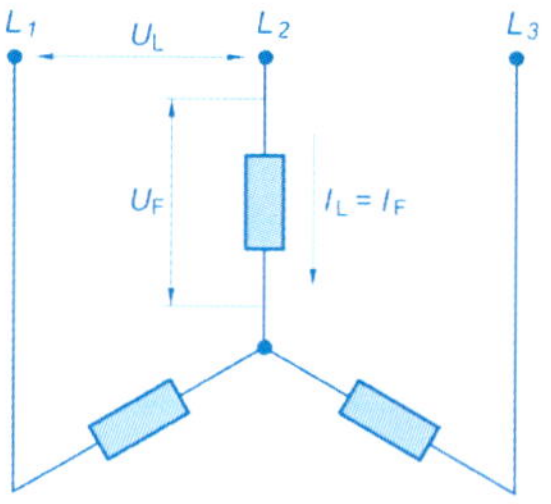

a) La potencia absorbida por el motor será:

$$P_{ab} = \frac{P_u}{\eta} = \frac{50\ CV \cdot 735\ \frac{W}{CV}}{0,85} = 43.235\ W$$

$$I_F = I_L = \frac{P_{ab}}{\sqrt{3} \cdot U_L \cdot \cos\varphi} = \frac{43.235\ W}{\sqrt{3} \cdot 380 \cdot 0,8} = 82,11\ A$$

b) La potencia activa en este caso coincide con la potencia absorbida:

$$P_{ab} = \sqrt{3} \cdot U_L \cdot I_L \cdot \cos\varphi = \sqrt{3} \cdot 380 \cdot 82,11 \cdot 0,8 = 43.234\ W$$

$$\varphi - \text{arc}\cos 0,8 - 36,86^\circ \longrightarrow \text{sen}\ \varphi - 0,6$$

La potencia reactiva será:

$$Q = \sqrt{3} \cdot U_L \cdot I_L \cdot \text{sen}\ \varphi = \sqrt{3} \cdot 380 \cdot 82,11 \cdot 0,6 = 32.426\ VAr$$

Finalmente la potencia aparente será:

$$S = \sqrt{3} \cdot U_L \cdot I_L = \sqrt{3} \cdot 380 \cdot 82,11 = 32.426\ VAr$$

Comprobando:

$$S = \sqrt{P^2 + Q^2} = 54.043\ VA$$

6. Un motor trifásico absorbe una intensidad de 20 A cuando se conecta a una red de 380 V, con un cos φ = 0,8. La resistencia del estator es de 2 Ω cuando la intensidad que circula es de 11,55 A. Conocemos también que las pérdidas en el hierro son de 200 W, y las del cobre del rotor más las pérdidas mecánicas son de 500 W. Determina:

a) La potencia absorbida por el motor.

b) Las pérdidas de potencia en el cobre del estator.

c) La potencia electromagnética transmitida al rotor.

d) La potencia útil y el rendimiento.

a) Al tratarse de un motor trifásico, la potencia absorbida será igual a:

$$P_{ab} = \sqrt{3} \cdot U_L \cdot I_L \cdot \cos\varphi = \sqrt{3} \cdot 380 \cdot 20 \cdot 0,8 = 10.531\ W$$

b) Calculamos las pérdidas de potencia en el cobre en función de la intensidad y de la resistencia de los devanados:

$$P_{Cu1} = m \cdot I_1^2 \cdot R_1 = 3 \cdot 11,55^2\ A^2 \cdot 2\ \Omega = 800\ W$$

c) Teniendo en cuenta ahora el balance de potencias en un motor trifásico:

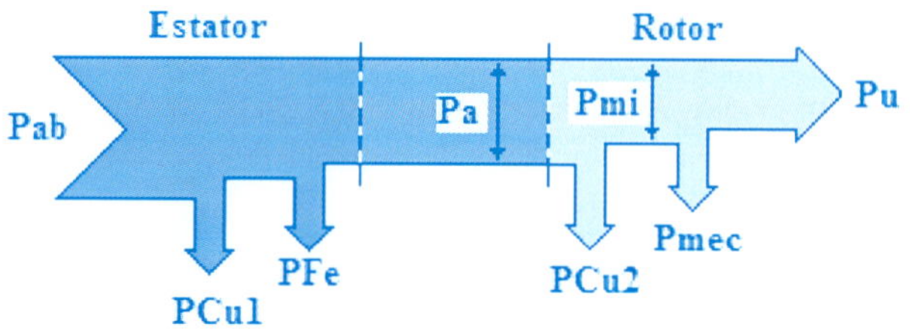

$$P_{ab} = P_{Cu1} + P_{Fe1} + P_a \Rightarrow P_a = P_{ab} - (P_{Cu1} + P_{Fe})$$

$$P_a = 10.531\ W - (800 + 200)\ W = 9.531\ W$$

d) Del propio balance de potencias obtenemos también:

$$P_u = P_a - (P_{Cu2} + P_{mec}) = 9.531\ W - 500\ W = 9.031\ W$$

$$\eta = \frac{P_u}{P_{ab}} \cdot 100 = \frac{9.031\ W}{10.531\ W} \cdot 100 = 85,75\%$$

7. Un motor de inducción trifásico con el estator conectado en estrella a una red de 380 V, 50 Hz, desarrolla un par útil de 35 N·m girando a 715 r.p.m. La potencia electromagnética transmitida es de 2.820 W y las pérdidas en el cobre tanto del estator como del rotor son de 99 W mientras que las pérdidas en el hierro son de 150 W. Determina:

a) Potencia útil en el eje.

b) Pérdidas de potencia y rendimiento.

c) Intensidad absorbida por el motor si el cos φ = 0,82.

a) La potencia en el eje será:

$$P_u = M_u \cdot \omega = 35\ N \cdot m\ \frac{2\pi \cdot 715\ r.p.m.}{60} = 2.621\ W$$

b) Las pérdidas de potencia serán:

$$P_{mec} = P_a - P_{Cu2} - P_u = 2.820\ W - 99\ W - 2.621 = 100\ W$$

$$P_{ab} = P_{Cu1} + P_{Fe} + P_a = 99\ W + 150\ W + 2.820\ W = 3.069\ W$$

$$\eta = \frac{P_u}{P_{ab}} \cdot 100 = \frac{2.621\ W}{3.069\ W} \cdot 100 = 85,4\%$$

c) Finalmente la intensidad absorbida por el motor será:

$$P_{ab} = \sqrt{3} \cdot U_L \cdot I_L \cdot \cos\varphi \Rightarrow I_L = \frac{P_{ab}}{\sqrt{3} \cdot U_L \cdot I_L \cdot \cos\varphi}$$

$$I_L = \frac{3.069\ W}{\sqrt{3} \cdot 380 \cdot 0,82} = 5,68\ A$$

$$P_{per} = P_{ab} - P_u = 46.250\ W - 37.000\ W = 9.250\ W$$

8. Un motor de inducción trifásico de 45 kW, 380 V, 6 polos, 50 Hz, rotor de jaula de ardilla, acciona una carga cuyo par resistente (M_r) es proporcional a la velocidad, e igual a 600 N·m a 1.500 r.p.m.

Sabiendo que el deslizamiento del motor a plena carga es del 8%, despreciando las pérdidas mecánicas, y aceptando que su característica par-velocidad es lineal entre S = 0 y S = 15%, determina:

a) La velocidad de giro del sistema motor-carga cuando el motor está alimentado a la tensión nominal.

b) ¿Qué par y qué potencia suministra el motor?

a) Teniendo en cuenta que el par resistente es proporcional a la velocidad:

$$M_r = K_C \cdot n \Rightarrow K_C = \frac{M_r}{n} = \frac{600\ N \cdot m}{1.500\ r.p.m.}$$

$$K_C = 0,4\ \frac{N \cdot m}{r.p.m.} = 3,82\ \frac{N \cdot m}{\frac{rad}{s}}$$

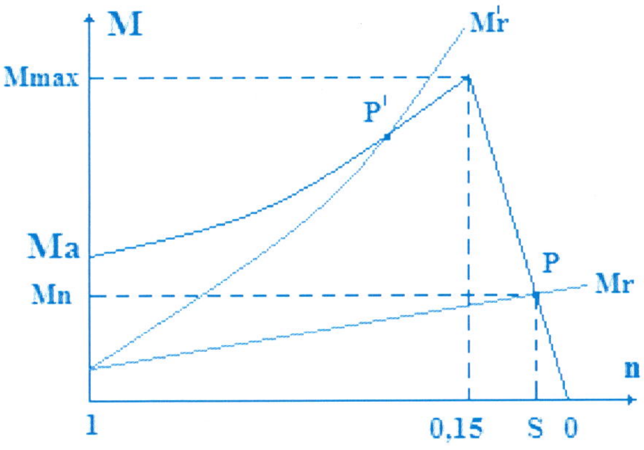

Calculamos ahora la velocidad nominal de giro a plena carga:

$$n_1 = \frac{60 \cdot f_1}{p} = \frac{60 \cdot 50}{3} = 1.000 \text{ r.p.m.}$$

$$S = \frac{n_1 - n}{n_1} \Rightarrow n = n_1(1 - S) = 1.000 \cdot (1 - 0{,}08) = 920 \text{ r.p.m.}$$

Teniendo en cuenta que las pérdidas mecánicas son nulas:

$$P_{mi} = P_u = M_u \cdot \omega = M_i \cdot \omega \Rightarrow M_u = M_i = \frac{P_u}{\omega}$$

$$M_u = M_i = \frac{45.000}{\frac{2\pi \cdot 920}{60}} = 467 \text{ N} \cdot \text{m}$$

Por otra parte, en la zona lineal de la curva par-velocidad se ha de cumplir que:

$$M_i = M_u = K_m \cdot S \Rightarrow K_m = \frac{M_u}{S} = \frac{467 \text{ N} \cdot \text{m}}{0{,}08}$$

$$K_m = 5.837{,}5 \text{ N} \cdot \text{m}$$

Teniendo en cuenta que la máquina está trabajando en el punto (P') de intersección de ambas rectas:

$$M_u = M_i = M_r \Rightarrow K_m \cdot S' = K_C \cdot n' \Rightarrow$$

$$5.837{,}5 \text{ N} \cdot \text{m} \left(\frac{1.000 - n'}{1.000}\right) = 3{,}82 \frac{\text{N} \cdot \text{m}}{\frac{\text{rad}}{\text{s}}} \cdot n'$$

Despejando: $n' = 605$ r.p.m.

Por último ya estamos en disposición de calcular el par útil y la potencia en el punto (P'):

$$M_i = M_u = K_m \cdot S' = 5.837{,}5 \text{ N} \cdot \text{m} \left(\frac{1.000 - 605}{1.000}\right)$$

$$M_i = M_u = 2.305{,}8 \text{ N} \cdot \text{m}$$

$$P_u = M_i \cdot \omega' = 2.305{,}8 \text{ N} \cdot \text{m} \frac{2\pi \cdot 605}{600} \frac{\text{rad}}{\text{s}} = 146.085 \text{ W}$$

9. Un motor de corriente alterna trifásico de 15 kW con dos pares de polos y el estator conectado en triángulo (220 V-50 Hz), tiene un factor de potencia de 0,75 y un rendimiento del 80%. Determinar:

a) La intensidad de corriente que circula por el devanado el estator.

b) La velocidad de giro del motor si el deslizamiento es del 4%.

c) Las pérdidas de potencia y el par motor en el eje.

d) Aplicando al eje del motor un torno de elevación de 20 cm de radio y una reducción de 1:20, calcula la velocidad a la que subirá una carga de 1.200 kg si el rendimiento del mecanismo del torno es del 92%. Se aceptará que entre el sincronismo y el deslizamiento correspondiente al par máximo, los pares útiles son proporcionales a los deslizamientos.

a) Teniendo en cuenta el concepto de rendimiento:

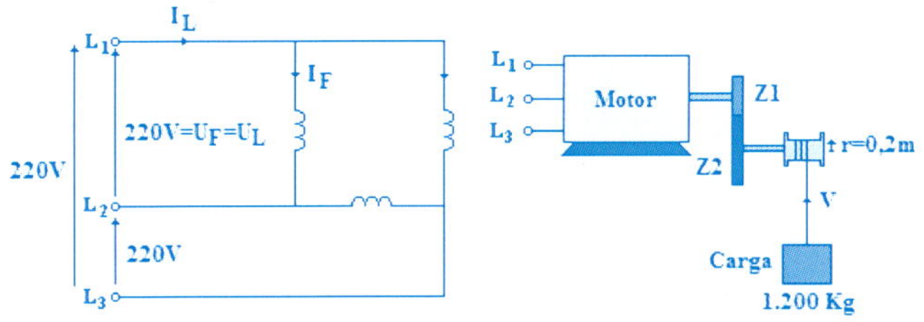

$$P_{ab} = \frac{P_u}{\eta} = \frac{15.000 \text{ W}}{0{,}8} = 18.750 \text{ W}$$

$$P_{ab} = \sqrt{3} \cdot U_L \cdot I_L \cdot \cos\varphi \Rightarrow I_L = \frac{P_{ab}}{\sqrt{3} \cdot U_L \cdot \cos\varphi}$$

$$I_L = \frac{18.750 \text{ W}}{\sqrt{3} \cdot 220 \cdot 0{,}75} = 65{,}6 \text{ A}$$

La corriente que circula por el devanado de fase será, por tanto:

$$I_F = \frac{I_L}{\sqrt{3}} = \frac{65{,}6 \text{ A}}{\sqrt{3}} = 37{,}87 \text{ A}$$

b) Por su parte, la velocidad nominal del motor en el eje será:

$$n_1 = \frac{60 \cdot f_1}{p} = \frac{60 \cdot 50}{2} = 1.500 \text{ r.p.m.}$$

$$S = \frac{n_1 - n}{n_1} \Rightarrow n = n_1(1 - S) = 1.000(1 - 0{,}04) = 1.440 \text{ r.p.m.}$$

c) Las pérdidas de potencia las obtenemos restando la potencia absorbida menos la útil en el eje:

$$P_{per} = P_{ab} - P_u = 18.750 \text{ W} - 15.000 \text{ W} = 3.750 \text{ W}$$

Calculamos ahora la velocidad angular (nominal) en el eje y el par útil nominal:

$$\omega = \frac{2\pi \cdot n}{60} = \frac{2\pi \cdot 1.440}{60} = 150{,}79 \frac{\text{rad}}{\text{s}}$$

$$M_u = \frac{P_u}{\omega} = \frac{15.000 \text{ W}}{150{,}79 \frac{\text{rad}}{\text{s}}} = 99{,}47 \text{ N} \cdot \text{m} = 10{,}15 \text{ kg} \cdot \text{m}$$

d) El par resistente ofrecido por la carga y la relación de transmisión (i) del sistema serán:

$$M_{C(carga)} = F \cdot r = 1.200 \text{ kg} \cdot 0{,}2 \text{ m} = 240 \text{ kg} \cdot \text{m}$$

$$i = \frac{Z_1}{Z_2} = \frac{\omega_2}{\omega_1} = \frac{n_2}{n_1} = \frac{1}{20}$$

Dado que el eje del motor gira a distinta velocidad que el eje del torno (carga), hacemos el balance de potencias entre ambos ejes:

$$\eta_{S(sistema)} = \frac{P_{C(carga)}}{P_{m(eje)}} \Rightarrow P_{m(eje)} = \frac{P_{C(carga)}}{0{,}92} \Rightarrow M_m \cdot \omega_1 = \frac{M_C \cdot \omega_2}{0{,}92}$$

$$M_m = \frac{M_C}{0{,}92} \cdot \frac{\omega_2}{\omega_1} = \frac{240 \text{ kg} \cdot \text{m}}{0{,}92} \cdot \frac{1}{20} = 13{,}04 \text{ kg} \cdot \text{m}$$

Teniendo en cuenta ahora que los pares útiles son proporcionales a los deslizamientos:

$$M_N = K \cdot S_N \Rightarrow K = \frac{M_N}{S_N} = \frac{99{,}47 \text{ N} \cdot \text{m}}{0{,}04} = 2.486{,}75 \text{ N} \cdot \text{m}$$

$$M_N = 253{,}75 \text{ kg} \cdot \text{m}$$

El nuevo deslizamiento del motor (S') con la carga conectada será:

$$M_m = K \cdot S' \Rightarrow S' = \frac{M_m}{K} = \frac{13{,}04 \text{ kg} \cdot \text{m}}{253{,}75 \text{ kg} \cdot \text{m}} = 0{,}051$$

$$n' = n_1(1 - S') = 1.500(1 - 0{,}051) = 1.423 \text{ r.p.m.}$$

$$n_2 = \frac{1.423 \text{ r.p.m.}}{20} = 71{,}14 \text{ r.p.m.}$$

$$\omega_2 = \frac{2\pi \cdot n_2}{60} = \frac{6{,}28 \cdot 71{,}1}{60} = 7{,}45 \frac{\text{rad}}{\text{s}}$$

$$v = \omega_2 \cdot r_2 = 7{,}45 \frac{\text{rad}}{\text{s}} 0{,}2 \text{ m} = 1{,}49 \frac{\text{m}}{\text{s}}$$

10. Un motor asíncrono conectado a una red eléctrica de 380V de tensión de línea y 50 Hz de frecuencia está moviendo un par resistente de 25 N × m cuando gira a 1.450 r.p.m. Si el factor de potencia es de 0,8 y la corriente de línea consumida es de 9 A. Calcula:

a) El rendimiento del motor.

b) Las pérdidas en el devanado del estator conectado en estrella si la resistencia de uno de los devanados es de 2 Ω.

c) La potencia mecánica interna si las pérdidas mecánicas son de 100 W.

d) Las pérdidas en el rotor y las pérdidas en el hierro.

a) La potencia absorbida de la red será:

$$P_{ab} = \sqrt{3} \cdot U_L \cdot I_L \cdot \cos\varphi = \sqrt{3} \cdot 380 \text{ V} \cdot 9 \text{ A} \cdot 0{,}8 = 4.739 \text{ W}$$

Por su parte, la velocidad angular y la potencia útil serán:

$$\omega = \frac{2\pi \cdot n}{60} = \frac{2\pi \cdot 1.450}{60} = 151{,}84 \frac{\text{rad}}{\text{s}}$$

$$P_u = M \cdot \omega = 25 \text{ N} \cdot \text{m} \cdot 151{,}84 \frac{\text{rad}}{\text{s}} = 3.796 \text{ W}$$

El rendimiento será, por tanto:

$$\eta = \frac{P_u}{P_{ab}} \cdot 100 = \frac{3.796 \text{ W}}{4.739 \text{ W}} \cdot 100 = 80\%$$

b) Si el estator está conectado en estrella, la intensidad de línea coincide con la de fase, y las pérdidas de potencia por "efecto Joule" en él serán:

$$P_{Cu1} = m \cdot I_1^2 \cdot R_1 = 3 \cdot 9^2 \text{ A}^2 \cdot 2\ \Omega = 486 \text{ W}$$

c) La potencia mecánica interna (P_{mi}) será igual a la suma de la potencia útil más las pérdidas mecánicas (P_{mec}):

$$P_{mi} = P_u + P_{mec} = 3.796 \text{ W} + 100 \text{ W} = 3.896 \text{ W}$$

d) Teniendo en cuenta el balance de potencias en el motor:

$$P_{ab} = P_{Cu1} + P_{Fe} + P_{Cu2} + P_{mi}$$

$$P_{Fe} + P_{Cu2} = P_{ab} - P_{mi} - P_{Cu1} = 4.739 \text{ W} - 3.896 - 486 \text{ W} = 357 \text{ W}$$

11. La placa de características de un motor trifásico de inducción es la siguiente: $U_N = 400/230$V (50Hz); $P_N = 4.600$ W; $I_N = 10/17{,}27$ A; cos φ = 0,78; n = 1.450 r.p.m. Si el motor trabaja en condiciones nominales conectado a una red de 400 V, calcula:

a) El número de polos y el deslizamiento del motor.

b) El par motor suministrado.

c) La potencia absorbida.

d) El rendimiento del motor.

a) El número de pares de polos del motor será:

$$p = \frac{60 \cdot f_1}{n_1} \Rightarrow p = \frac{60 \cdot 50}{1.450} = 2{,}068 \Rightarrow p = 2$$

La velocidad de sincronismo (n_1) y el deslizamiento (S) serán, por tanto:

$$n_1 = \frac{60 \cdot f_1}{p} = \frac{60 \cdot 50}{2} = 1.500 \text{ r.p.m.}$$

$$S = \frac{n_1 - n}{n_1} = \frac{1.500 - 1.450}{1.500} = 0{,}033 \rightarrow 3{,}3\%$$

b) La velocidad angular y el par motor serán:

$$\omega = \frac{2\pi \cdot n}{60} = \frac{2\pi \cdot 1.450}{60} = 151{,}84 \frac{\text{rad}}{\text{s}}$$

$$M = \frac{P_u}{\omega} = \frac{4.600 \text{ W}}{151{,}84 \frac{\text{rad}}{\text{s}}} = 30{,}3 \text{ N} \cdot \text{m}$$

c) La potencia absorbida por el motor será:

$$P_{ab} = \sqrt{3} \cdot U_L \cdot I_L \cdot \cos\varphi = \sqrt{3} \cdot 400 \text{ V} \cdot 10 \text{ A} \cdot 0{,}78 = 5.404 \text{ W}$$

d) Finalmente, el rendimiento del motor será:

$$\eta = \frac{P_u}{P_{ab}} \cdot 100 = \frac{4.600 \text{ W}}{5.404 \text{ W}} \cdot 100 = 85\%$$

BLOQUE IV

NEUMÁTICA E HIDRÁULICA

La neumática es la tecnología que utiliza el aire comprimido como fluido de trabajo. El compresor es, en este caso, el encargado de comprimir el aire desde la presión atmosférica hasta los 6-8 bar, aproximadamente; las válvulas son elementos que mandan o regulan la puesta en marcha, el paro y la dirección, así como la presión o el caudal del fluido enviado por el compresor y los actuadores son los encargados de aprovechar la energía del aire comprimido y realizar trabajo en las máquinas. Por su parte, la hidráulica utiliza como fluido de trabajo el aceite a presión.

AIRE COMPRIMIDO

Para su estudio se va a considerar que se trata de un gas perfecto. El aire comprimido que se emplea en la industria procede del exterior (21% de oxígeno, 78% de nitrógeno, 1% de hidrógeno, y otros gases). Se comprime hasta una presión de unos 6 bares, con respecto a la presión atmosférica, y se denomina presión relativa.

Presión absoluta (P) = Presión atmosférica + Presión relativa (p)

Presión (P)

Es la fuerza que se ejerce por unidad de superficie:

$$P = \frac{F}{S}$$

Magnitudes y unidades

- P = Presión en Pascales (Pa)
- F = Fuerza en Newton (N)
- S = Superficie en metros cuadrados (m^2)
- Recuerda: 1 bar = 10^5 Pa; 1 atm = 1,013 bar = 101.300 Pa

Caudal (Q)

Es el volumen de fluido que circula a través de un conductor (tubería) en la unidad de tiempo:

$$Q = \frac{V}{t}$$

Magnitudes y unidades

- Q = Caudal en metros cúbicos por segundo (m^3/s)
- V = Volumen en metros cúbicos (m^3)
- t = Tiempo en segundos (s)

Cilindro de simple efecto

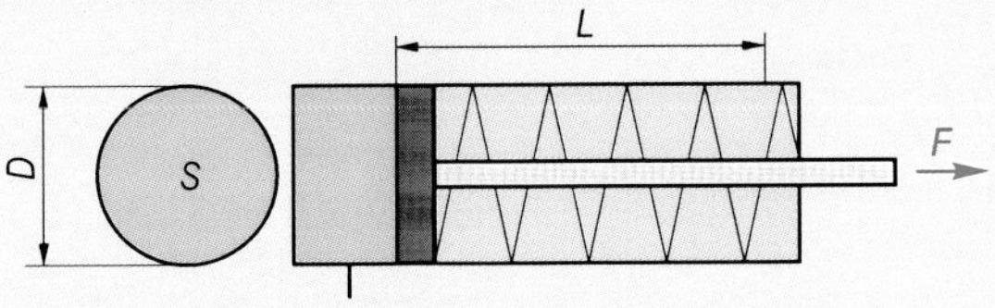

Fuerza teórica (F_t) de avance:

$$F_t = p \cdot S$$

Fuerza real (F) de avance:

$$F = F_t - F_r - F_m = p \cdot S - F_r - F_m$$

$$F = F_t \cdot \eta - F_m = \eta \cdot p \cdot S - F_m$$

Consumo de aire (C):

$$V_{cilindro} = L \cdot S = L\,\frac{\pi \cdot D^2}{4}$$

$$V_{aire} = \frac{P_{absoluta} \cdot V_{cilindro}}{P_{atmosférica}}$$

$$C = V_{aire} \cdot n$$

Magnitudes y unidades

- F_t = Fuerza teórica de avance en Newton (N)
- F = Fuerza real de avance en Newton (N)
- F_m = Fuerza del muelle (N)
- F_r = Fuerza de rozamiento (N)
- p = Presión relativa en Pascales (Pa)
- S = Sección del émbolo en metros cuadrados (m^2)
- η = Rendimiento del cilindro en tanto por ciento (%)
- L = Carrera del vástago en metros (m)
- n = Número de ciclos por minuto

Cilindro de doble efecto

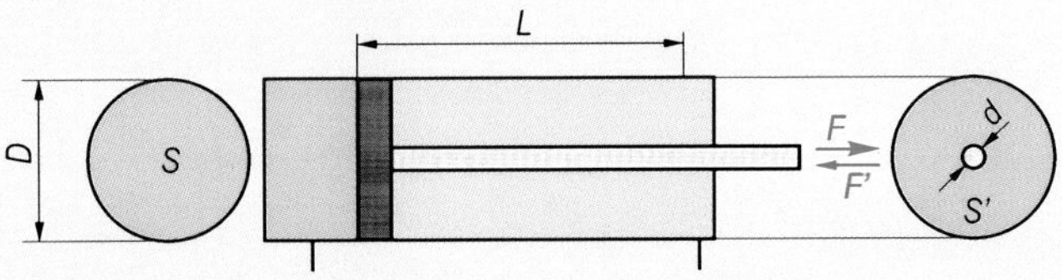

Fuerza teórica (F_t) de avance:

$$F_t = p \cdot S$$

Fuerza teórica (F'_t) de retroceso:

$$F'_t = p \cdot S'$$

Fuerza real (F) de avance:

$$F = F_t - F_r = p \cdot S - F_r$$

$$F = \eta \cdot F_t = \eta \cdot p \cdot S$$

Fuerza real (F') de retroceso:

$$F' = F'_t - F_r = p \cdot S' - F_r$$

$$F' = \eta \cdot F'_t = \eta \cdot p \cdot S'$$

Consumo de aire (C):

$$V_{cilindro} = L\,(S + S') = L\,\frac{\pi}{4}\,(2D^2 - d^2)$$

$$V_{aire} = \frac{P_{absoluta} \cdot V_{cilindro}}{P_{atmosférica}}$$

$$C = V_{aire} \cdot n$$

Magnitudes y unidades

- F_t = Fuerza teórica de avance en Newton (N)
- F'_t = Fuerza teórica de retroceso en Newton (N)
- F = Fuerza real de avance en Newton (N)
- F' = Fuerza real de retroceso en Newton (N)
- F_r = Fuerza de rozamiento (N)
- p = Presión relativa en Pascales (Pa)
- S = Sección del émbolo en metros cuadrados (m^2)
- η = Rendimiento del cilindro en tanto por ciento (%)
- L = Carrera del vástago en metros (m)
- n = Número de ciclos por minuto

Potencia hidráulica

Supongamos un tramo de tubería de sección (S) por la que circula un fluido a una presión (p) y caudal (Q), se cumplirá que:

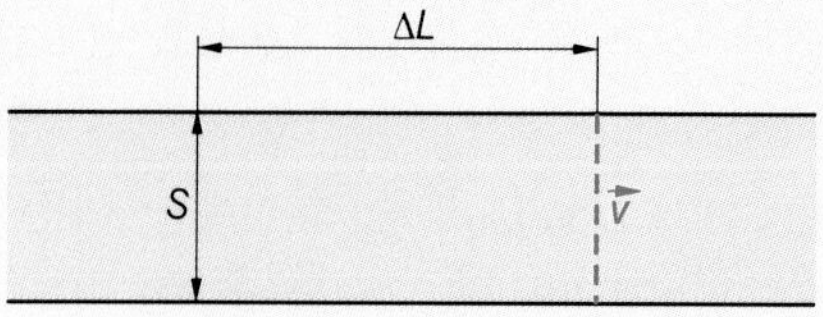

$$Q = \frac{\Delta V}{\Delta t} = \frac{S \cdot \Delta l}{\Delta t} = S \cdot v$$

$$P = F \cdot v = F\frac{Q}{S} = p \cdot Q$$

Magnitudes y unidades

- P = Potencia en vatios (W)
- p = Presión del fluido (Pa)
- S = Sección del tubo en metros cuadrados (m^2)
- Δl = Desplazamiento del fluido en metros (m)
- Δt = Tiempo transcurrido en segundos (s)
- ΔV = Volumen del fluido desplazado en metros cúbicos (m^3)
- v = Velocidad de desplazamiento del fluido en metros segundo (m/s)

Simbología

Fuente de presión	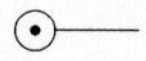	Escape de aire	
Cruce de conducciones	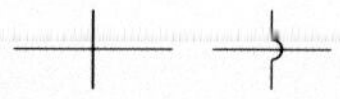	Filtro	
Unidad de mantenimiento	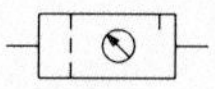	Compresor	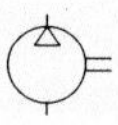
Depósito de aire comprimido	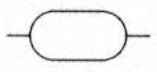	Lubricador	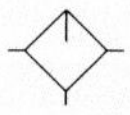
Separador de agua		Válvula antirretorno	
Llave de paso		Regulador unidireccional	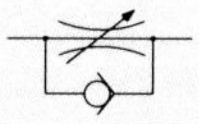
Regulador de caudal	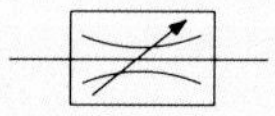	Válvula de simultaneidad	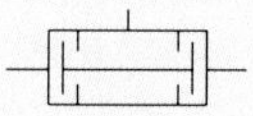
Válvula selectora de circuito	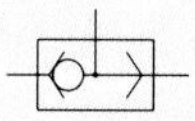	Válvula secuencial	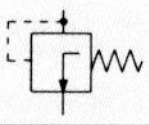
Válvula de escape rápido	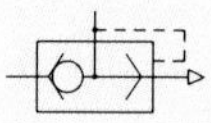	Válvula reguladora de presión sin escape	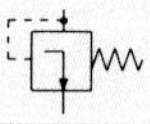
Válvula reguladora de presión con escape	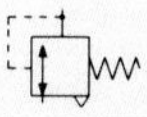	Válvula 3/2	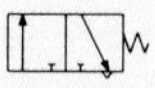
Válvula 2/2 NC	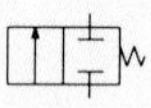	Válvula 5/2	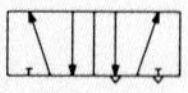
Válvula 4/2		Electroválvula	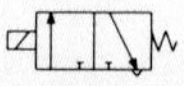
Cilindro de simple efecto	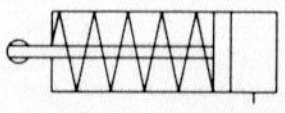	Temporizador neumático NC	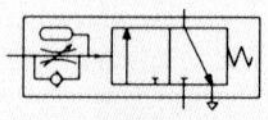
Cilindro de doble efecto		Válvula 4/3	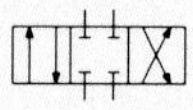
Conducción de mando	— — — — —	Unión entre conductores	

EJERCICIOS RESUELTOS DE NEUMÁTICA E HIDRÁULICA

1. Indica qué es la energía neumática y qué ventajas presenta frente a otros tipos de energía.

La "**neumática**" es la tecnología que emplea el aire comprimido como modo de transmisión de la energía necesaria para mover y hacer funcionar mecanismos, ocupándose por tanto de las aplicaciones que funcionan con aire comprimido. El aire es un material elástico que, al aplicarle una fuerza, se comprime, mantiene esta compresión y devuelve la energía acumulada cuando se le permita expandirse, según la "**ley de los gases ideales**". Se trata por tanto de un tipo de energía abundante, fácil de transportar y de almacenar; además las instalaciones no son excesivamente costosas y fáciles de mantener.

2. Completa la tabla, dibujando el tipo de accionamiento que corresponde a cada caso:

TIPOS DE ACCIONAMIENTO			
De seta	Manual 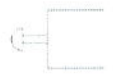	De muelle	Mecánico 
De palanca	Manual 	De presión	Neumático 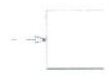
De pedal	Manual 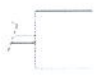	Electroimán	Eléctrico 
De rodillo	Mecánico 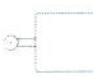	Electroimán servopilotado	Eléctrico-manual 

3. Expresa en bares y en pascales una presión de 45 atmósferas. Recuerda que 1 bar = 0,987 atm.

Una presión de 45 atmósferas equivale:

$$P = 45\ \text{atm} \cdot \frac{1}{0{,}987\ \frac{\text{atm}}{\text{bar}}} = 45{,}59\ \text{bar}$$

$$P = 45{,}59\ \text{bar} \cdot 10^5\ \frac{\text{Pa}}{\text{bar}} = 4.559.000\ \text{Pa}$$

4. Expresa en bares, en atmósferas y en milímetros de mercurio una presión de 2 MPa. Recuerda que 1 bar ≈ 10^5 Pa.

Una presión de 2 MPa equivale a:

$$P = 2.000.000\ \text{Pa} \cdot \frac{1}{10^5\ \frac{\text{Pa}}{\text{bar}}} = 20\ \text{bar}$$

$$P = 20\ \text{bar} \cdot 0{,}987\ \frac{\text{atm}}{\text{bar}} = 19{,}74\ \text{atm}$$

$$P = 20\ \text{bar} \cdot 760\ \frac{\text{mmHg}}{\text{bar}} = 15.200\ \text{mmHg}$$

5. Por una tubería de 12 mm de diámetro circula aceite hidráulico a una presión de 50 kp/cm^2 con una velocidad de 15 m/min. Calcula el caudal del fluido en l/min y la potencia transmitida.

Calculamos en primer lugar el caudal en función de la sección (S) de la tubería y de la velocidad (v) del fluido:

$$S = \frac{\pi \cdot D^2}{4} = \frac{\pi \cdot 12^2}{4} = 113{,}09\ \text{mm}^2 = 0{,}0113\ \text{dm}^2$$

$$v = 15\ \frac{\text{m}}{\text{min}} = 150\ \frac{\text{dm}}{\text{min}}$$

$$Q = \frac{V}{t} = S \cdot v = 0{,}0113\ \text{dm}^2 \cdot 150\ \frac{\text{dm}}{\text{min}}$$

$$Q = 1{,}695\ \frac{l}{\text{min}} = 2{,}825 \cdot 10^{-5}\ \frac{\text{m}^3}{\text{s}}$$

Por su parte la potencia transmitida por el fluido en cuestión teniendo en cuenta que 1 kp equivale a 9,8N, será:

$$P = p \cdot Q = 4{,}9 \cdot 10^6\ \frac{\text{N}}{\text{m}^2} \cdot 2{,}825 \cdot 10^{-5}\ \frac{\text{m}^3}{\text{s}} = 138{,}425\ \text{W}$$

6. ¿Qué presión tendrá un recipiente de 10 litros de aire a 30 ºC, si a 0 ºC tenía una presión absoluta de 5 kg/cm^2.

Suponiendo que el volumen permanece constante, aplicando la ecuación de los gases perfectos y tomando las temperaturas en valor absoluto (ºC + 273):

$$\frac{P_1}{T_1} = \frac{P_2}{T_2}$$

$$P_2 = \frac{P_1 \cdot T_2}{T_1} = \frac{5\ \frac{\text{kg}}{\text{cm}^2}\ 303\ \text{ºK}}{273\ \text{ºK}} = 5{,}55\ \frac{\text{kg}}{\text{cm}^2} = 5{,}55\ \text{atm}$$

7. Un cilindro de 0,4 m^3 de volumen de aire a una presión relativa de 5 bar, se ve reducido su volumen un 25%, permaneciendo constante su temperatura. Calcula:

a) El valor de la nueva presión relativa (p_2). Considerar 1 bar =1 atm=1 kg/cm^2.

b) El valor de la fuerza (F) aplicada para reducir el volumen, si la superficie del émbolo es de 10 cm^2.

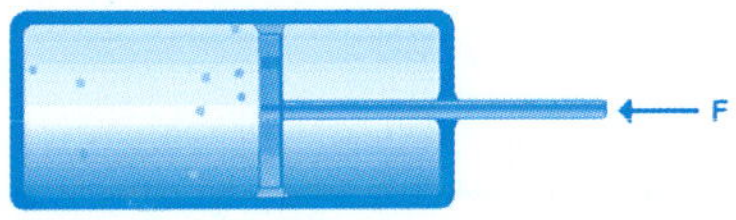

a) Teniendo en cuenta que la temperatura permanece constante, aplicando la expresión de Boyle-Mariotte:

$$V_2 = V_1 - 0{,}25 \cdot V_1 = (400 - 0{,}25 \cdot 400)\ \text{dm}^3 = 300\ \text{dm}^3$$

$$P_1 \cdot V_1 = P_2 \cdot V_2 \Rightarrow$$

$$P_2 = \frac{P_1 \cdot V_1}{V_2} = \frac{(5+1)\ \frac{\text{kg}}{\text{cm}^2}\ 400\ \text{l}}{300\ \text{l}} = 8\ \frac{\text{kg}}{\text{cm}^2} = 8\ \text{atm}$$

La presión relativa será por tanto de: p_2 = 7 atmósferas.

b) La fuerza (F) aplicada para reducir el volumen:

$$F = p_2 \cdot S = 7 \frac{kg}{cm^2} \cdot 10\ cm^2 = 70\ kg$$

8. En una prensa hidráulica cuyos émbolos tienen un diámetro de 50 y 10 cm respectivamente, se aplica una fuerza en el émbolo pequeño de 20 kgf. ¿Qué fuerza (F_2) se obtiene en el grande?

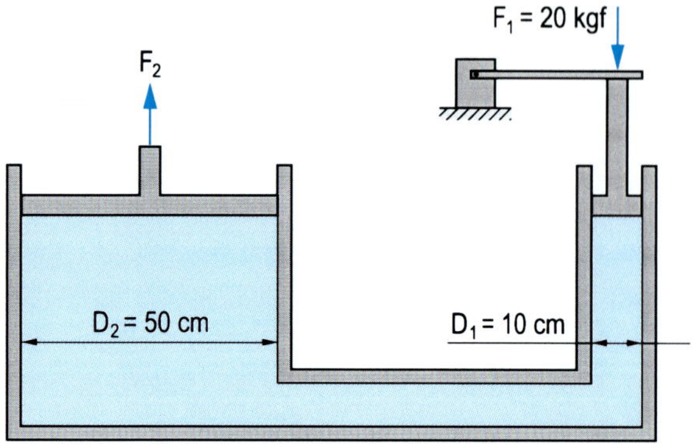

$$S_1 = \frac{\pi \cdot D_1^2}{4} = \frac{\pi \cdot 10^2}{4} = 78{,}54\ cm^2$$

$$p_1 = p = \frac{F_1}{S_1} = \frac{20\ kgf}{78{,}54\ cm^2} = 0{,}25\ kgf/cm^2$$

$$S_2 = \frac{\pi \cdot D_2^2}{4} = \frac{\pi \cdot 50^2}{4} = 1.963{,}5\ cm^2$$

$$F_2 = p \cdot S_2 = 0{,}25 \frac{kgf}{cm^2} \cdot 1.963{,}5\ cm^2 = 491\ kgf$$

9. Disponemos de un cilindro de doble efecto de 90 mm de diámetro, 30mm de diámetro de vástago, una carrera de 40 cm, una presión de 9 bar y un rendimiento del 88%. Calcula el trabajo (Julios) realizado por el vástago tanto en el avance como en el retroceso. Considerar 1 bar = 1 atm. ¿Cuál será el consumo de aire si realiza 10 ciclos por minuto?

a) La superficie del émbolo en el avance y en el retroceso será:

$$S = \frac{\pi \cdot D^2}{4} = \frac{\pi \cdot 9^2}{4} = 63{,}58\ cm^2$$

$$S' = \frac{\pi}{4}(D^2 - d^2) = \frac{\pi}{4}(9^2 - 3^2) = 56{,}5\ cm^2$$

La fuerza real en el avance (F) y en el retroceso (F') será:

$$F = 0{,}88 \cdot P \cdot S = 0{,}88 \cdot 9 \cdot 63{,}58 = 503{,}55\ kgf = 4.934{,}8\ N$$

$$F' = 0{,}88 \cdot P \cdot S' = 0{,}88 \cdot 9 \cdot 56{,}5 = 447{,}6\ kgf = 4.386{,}5\ N$$

b) Considerando la temperatura constante en el interior del cilindro y teniendo en cuenta la ley de "Boyle-Mariotte" tenemos:

$$V_{cil} = (S + S') \cdot L = (63{,}58 + 56{,}5) \cdot 40 = 4.803{,}2\ cm^3$$

$$V_{aire} = \frac{P_{ab} \cdot V_{cil}}{P_{atm}} = \frac{10 \cdot 480{,}32}{1} = 48.032\ cm^3$$

$$C = V_{aire} \cdot n = 48.032\ cm^3 \cdot 10 \frac{ciclos}{min}$$

$$C = 480.320 \frac{cm^3}{min} = 480 \frac{l}{min}$$

c) El trabajo desarrollado por cada ciclo de trabajo es:

$$W = (F + F') \cdot L = 9.321{,}3\ N \cdot 0{,}04\ m = 372{,}85\ J$$

$$t = \frac{1}{10} min \cdot 60 \frac{s}{min} = 6\ s$$

$$P = p \cdot Q = \frac{W}{t} = \frac{3.728{,}5\ J}{6\ s} = 621{,}4\ W$$

10. Calcula la fuerza real de avance (F) de un cilindro de simple efecto de 6 cm de diámetro, sabiendo que la presión de trabajo es de 5 bar. Considera que la fuerza del muelle y que la fuerza de rozamiento sean del 6 y del 10% de la fuerza teórica aplicada, respectivamente. ¿Cuál será el consumo de aire del cilindro (l/min), si tiene una carrera de 10 cm y efectúa 10 ciclos por minuto?

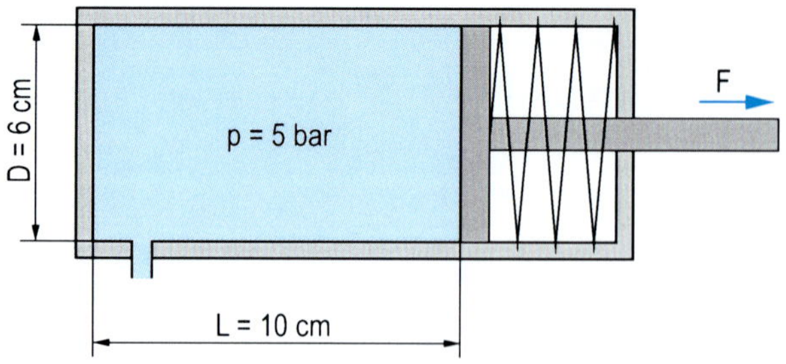

$$S = \frac{\pi \cdot D^2}{4} = \frac{\pi \cdot 6^2}{4} = 28{,}27\ cm^2$$

$$F = 0{,}84 \cdot p \cdot S = 0{,}84 \cdot 5 \cdot 28{,}27 = 118{,}75\ kgf$$

$$V_{cil} = S \cdot L = 28{,}27\ cm^2 \cdot 10\ cm = 282{,}7\ cm^3 = 0{,}282\ l$$

$$V_{aire} = \frac{P_{ab} \cdot V_{cil}}{P_{atm}} = \frac{6 \cdot 0{,}282\ l}{1} = 1{,}692\ l$$

$$C = V_{aire} \cdot n = 1{,}692\ l \cdot 10 \frac{ciclos}{min} = 16{,}92\ l/min$$

11. Calcula la fuerza de avance (F) y de retroceso (F') de un cilindro de doble efecto de 8 cm de diámetro, sabiendo que la presión de trabajo es de 7 bar. Considera que la fuerza de rozamiento sea del 10% de la fuerza teórica aplicada. ¿Cuál será el consumo de aire del cilindro (l/min), si tiene una carrera de 20 cm y efectúa 6 ciclos por minuto?

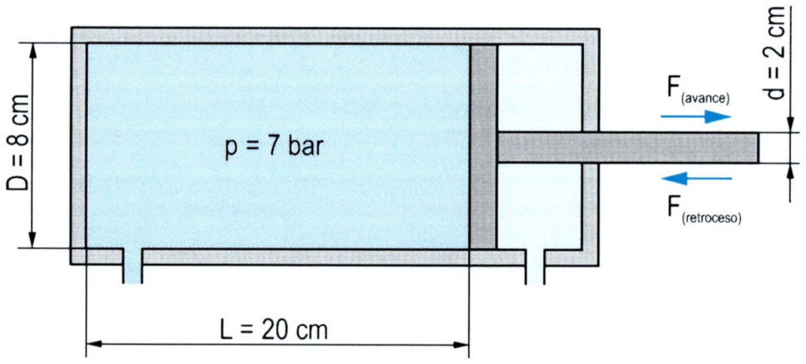

$$P_{absoluta} = P_{atmosférica} + P_{relativa} = 7 + 1 = 8\ bar$$

Consideramos: 1 bar = 1 atm = 1kgf/cm²

$$S = \frac{\pi \cdot D^2}{4} = \frac{\pi \cdot 8^2}{4} = 50{,}26\ cm^2$$

$$S' = \frac{\pi}{4}(D^2 - d^2) = \frac{\pi}{4}(8^2 - 2^2) = 47{,}12\ cm^2$$

$$F_{(avance)} = 0{,}9 \cdot p \cdot S = 0{,}9 \cdot 7 \cdot 50{,}26 = 316{,}6\ kgf$$

$$F'_{(retroceso)} = 0{,}9 \cdot p \cdot S' = 0{,}9 \cdot 7 \cdot 47{,}12 = 296{,}8\ kgf$$

$$V_{cil} = (S + S') \cdot L = (50{,}26 + 47{,}12)20 = 1.947{,}6\ cm^3 = 1{,}95\ l$$

$$V_{aire} = \frac{P_{ab} \cdot V_{cil}}{P_{atm}} = \frac{8 \cdot 1{,}95}{1} = 15{,}6\ l$$

$$C = V_{aire} \cdot n = 15{,}6\ l \cdot 6 \frac{ciclos}{min} = 93{,}6\ l/min$$

12. Un cilindro de simple efecto utiliza en cada embolada un volumen de aire de 10.000 cm³, a una presión de 15 kgf/cm². Si la longitud del vástago es de 25 cm, calcula:

a) La fuerza (F) neta producida por el vástago en el avance si el rendimiento de éste es del 15%.

b) El diámetro (D) del cilindro y la potencia del cilindro si realiza 5 ciclos por minuto.

a) Considerando que la temperatura del aire en el interior y en el exterior del cilindro no varía, calculamos en primer lugar el volumen del cilindro:

$$1 \text{ atm} = 10^5 \frac{N}{m^2} = 10^1 \frac{N}{cm^2}$$

$$V_{cilindro} = \frac{P_{atm} \cdot V_{aire}}{P_{absoluta}} = \frac{10 \frac{N}{cm^2} \cdot 10.000 \text{ cm}^3}{(10 + 150) \frac{N}{cm^2}} = 625 \text{ cm}^3$$

$$S = \frac{V}{L} = \frac{625 \text{ cm}^3}{25 \text{ cm}} = 25 \text{ cm}^2$$

Despreciando la fuerza del muelle, la fuerza real de avance será:

$$F = \eta \cdot p \cdot S = 0{,}85 \cdot 15 \frac{kgf}{cm^2} \cdot 25 \text{ cm}^2 = 318{,}75 \text{ kgf}$$

$$F = 3.123{,}75 \text{ N}$$

b) El diámetro y la potencia del cilindro serán:

$$D = \sqrt{\frac{4S}{\pi}} = \sqrt{\frac{4 \cdot 25}{\pi}} = 5{,}64 \text{ cm}$$

$$W = F \cdot L = 3.123{,}75 \text{ N} \cdot 0{,}25 \text{ m} = 780{,}9 \text{ J}$$

$$t = \frac{1}{5} \text{ min} \cdot 60 \frac{s}{min} = 12 \text{ s}$$

$$P = p \cdot Q = \frac{W}{t} = \frac{780{,}9 \text{ J}}{12 \text{ s}} = 65 \text{ W}$$

13. Calcula la potencia de una bomba que ha de impulsar un caudal de aceite de 80 l/min a un cilindro de 40 mm de diámetro, a través de un tubo de 8 mm de diámetro interior y 6 metros de largo. Sabiendo que la presión de la bomba es de 60 kp/cm², y que la resistencia hidráulica que ofrece el cilindro y el distribuidor es de 0,08 st · m/cm⁴, determina también la fuerza que ejerce el vástago del cilindro. DATO: coeficiente de viscosidad de la tubería μ = 0,45 st(stokes).

Calculamos en primer lugar la potencia de la bomba:

$$P = 60 \frac{kp}{cm^2} \cdot 9{,}8 \frac{N}{kp} \cdot 10^4 \frac{cm^2}{m^2} = 5{,}88 \cdot 10^6 \frac{N}{m^2}$$

$$Q = 60 \frac{dm^3}{min} = 0{,}001 \frac{m^3}{s} = 1 \frac{l}{s}$$

$$P = p \cdot Q = 5{,}88 \cdot 10^6 \frac{N}{m^2} \cdot 0{,}001 \frac{m^3}{s} = 5.880 \text{ W}$$

La resistencia hidráulica que ofrece la tubería al paso del aceite será:

$$R = \frac{0{,}062 \cdot \mu \cdot L}{d_i^4} = \frac{0{,}062 \cdot 0{,}45 \cdot 6 \text{ m}}{0{,}8^4 \text{ cm}^4} = 0{,}41 \frac{st \cdot m}{cm^4}$$

La resistencia hidráulica total será la de la propia tubería más la del resto de componentes de la instalación:

$$R_T = R_{tub} + R_{comp} = 0{,}41 + 0{,}08 = 0{,}49 \frac{st \cdot m}{cm^4}$$

La caída de presión total será:

$$\Delta p = R_T \cdot Q = 0{,}49 \frac{st \cdot m}{cm^4} \cdot 1 \frac{l}{s} = 0{,}49 \frac{kp}{cm^2} = 48.020 \frac{N}{m^2}$$

La presión efectiva:

$$p_e = p - \Delta p = 5{,}88 \cdot 10^6 \frac{N}{m^2} - 48.020 \frac{N}{m^2} = 5.831.980 \frac{N}{m^2}$$

La sección del cilindro:

$$S = \frac{\pi \cdot D^2}{4} = \frac{\pi \cdot 0{,}04^2}{4} = 0{,}00125 \text{ m}^2$$

La fuerza real en el avance del vástago:

$$F = p_e \cdot S = 5.831.980 \frac{N}{m^2} \cdot 0{,}00125 \text{ m}^2 = 7.290 \text{ N}$$

14. Indica con otro esquema la nueva posición de las válvulas y del cilindro una vez accionado el pulsador (P) e identifica sus componentes.

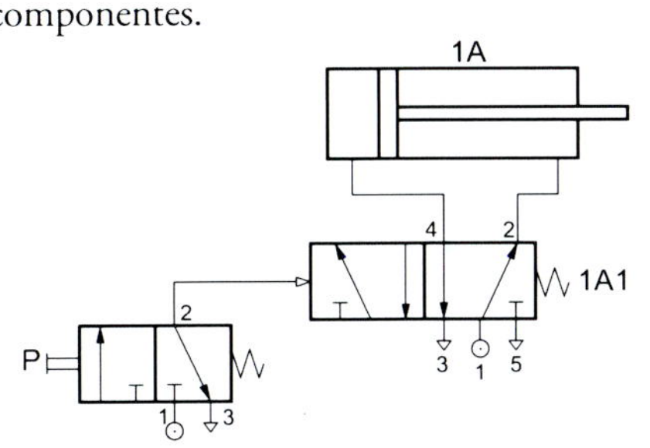

1A: cilindro de doble efecto.
1A1: válvula 5/2 monoestable pilotada neumáticamente.
P: válvula 3/2 monoestable NC con pulsador manual.

Una vez accionado el pulsador (P) cambiará de estado la válvula distribuidora 5/2, y el cilindro de doble efecto avanzará, siendo la nueva posición de las válvulas, la siguiente:

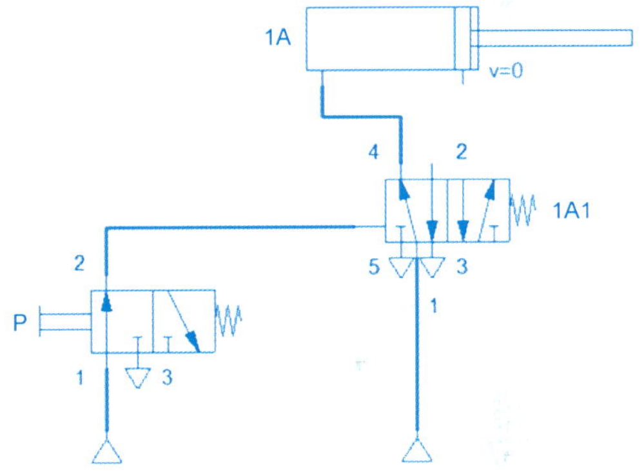

15. Dibuja el esquema neumático de un cilindro de doble efecto con avance por pulsador "P_1" y retorno automático por rodillo "P_2", de tal forma que el avance se realice a velocidad controlada (40%) y el retroceso libre.

El esquema neumático de un cilindro de doble efecto con avance por pulsador "P_1" y retorno automático por rodillo "P_2", de tal forma que el avance se realiza a velocidad controlada y el retroceso libre, es el siguiente:

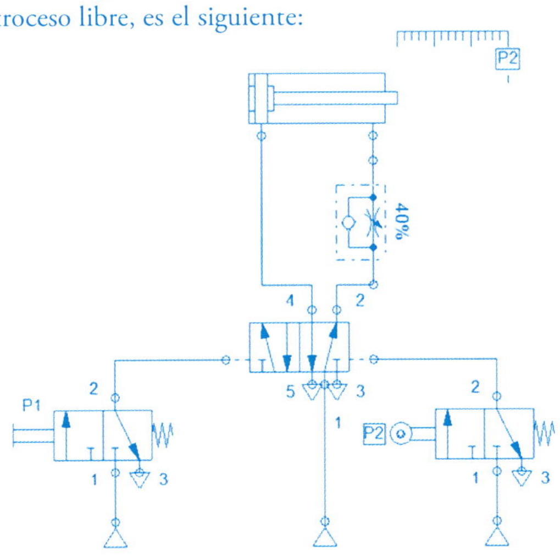

16. Para el circuito neumático de la figura se pide:

a) Explicación del funcionamiento del circuito.

b) Identificación de sus componentes, indicando el significado de los números situados sobre los orificios del símbolo de la válvula 1.1(P).

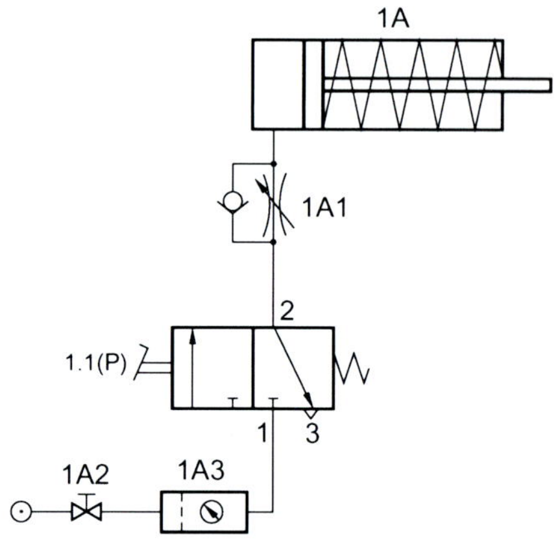

a) Al accionar el pulsador P_1 (pedal) el cilindro de simple efecto (1.A) avanza lentamente en función del grado de obturación del regulador (1.A1) y mientras se mantenga accionada esta válvula el cilindro permanecerá en avance. Al dejar de pisar el pedal, el cilindro retrocede rápidamente por el efecto del muelle. El regulador (1.A1) actúa solamente cuando la válvula P_1 está abierta (pedal accionado).

b) Los componentes que forman el circuito son los siguientes:

- **1A1**: regulador unidireccional.
- **1A2**: llave de paso de aire.
- **1A3**: unidad de acondicionamiento de aire (filtro, regulador de presión de trabajo y lubricador).
- **1.1**: Válvula 3/2 monoestable normalmente cerrada pilotada mediante pedal.
- **1A**: cilindro de simple efecto.

Por lo que respecta a los números de los orificios del pulsador "P_1", el "**1**" representa la entrada de aire, el "**2**" la salida o utilización y el "**3**" el escape.

17. Dibuja el esquema de un circuito neumático que permita avanzar un cilindro de doble efecto cuando estén accionados simultáneamente dos pulsadores P_1 y P_2, de tal forma que al dejar de pulsar sobre ambos, el vástago retroceda automáticamente. Utiliza para ello dos válvulas 3/2 NC y una válvula monoestable 4/2. ¿Cómo variará el circuito si utilizamos además una válvula de simultaneidad?

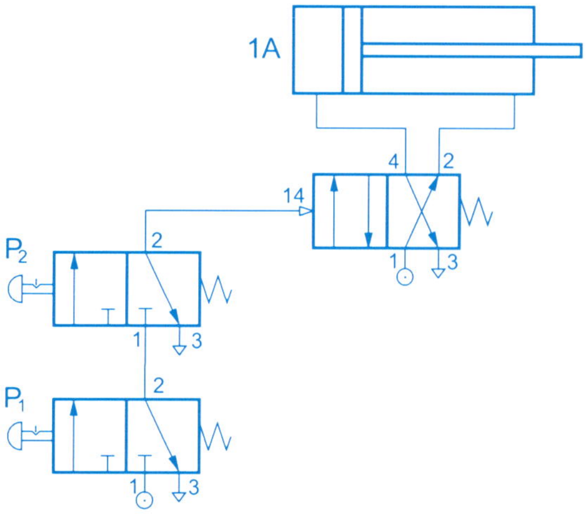

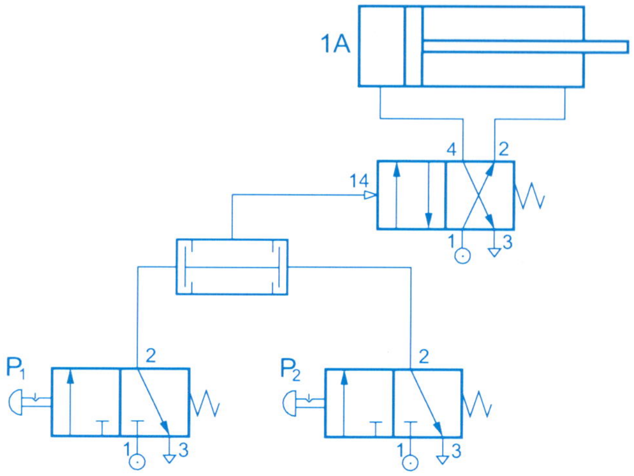

18. Dibuja el esquema de un circuito neumático que permita avanzar un cilindro de doble efecto desde dos puntos diferentes P_1 y P_2 y que accionando manualmente P_3, el vástago retroceda automáticamente. Utiliza para ello tres válvulas 3/2 NC, una válvula biestable 4/2 y una válvula selectora de circuito.

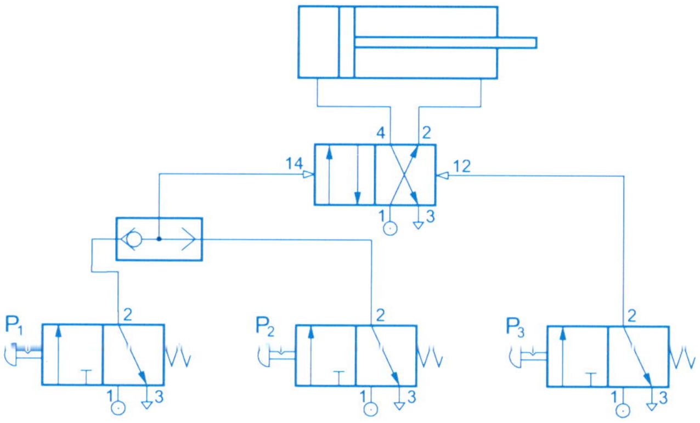

19. Para el circuito neumático que se indica a continuación:

a) ¿Qué sucede inicialmente cuando no se acciona ninguno de los dos pulsadores?

b) ¿Qué sucede cuando se acciona el pulsador P_1?

c) ¿Qué sucede cuando se acciona el pulsador P_2? ¿Cuál de los dos cilindros se mueve más rápidamente, si el grado de abertura de los dos reguladores es el mismo? Justifica la respuesta.

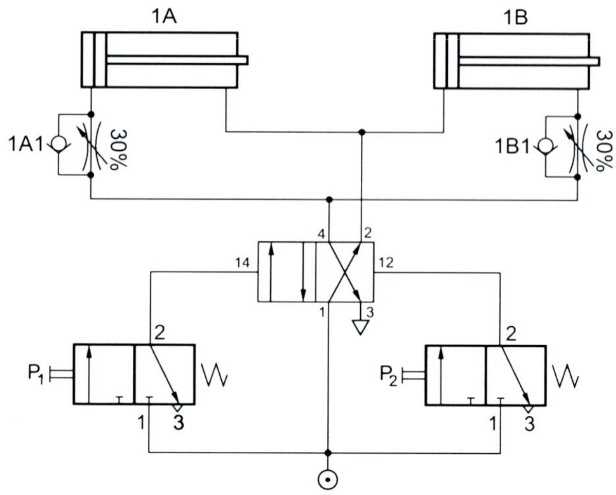

a) El cilindro "1A" se encuentra en posición de retroceso (1A-) y el "1B" de avance (1B+).

b) El cilindro "1A" sale libremente y el "1B" retrocede libremente.

c) El cilindro "1A" retrocede con velocidad controlada (30%) debido al regulador 1A1, mientras que el "1B" sale con velocidad controlada debido a 1B1.

Se mueve con mayor velocidad el cilindro 1B debido a que la sección del émbolo en el avance es mayor.

20. Dibuja el esquema de un circuito neumático que permita avanzar lentamente un cilindro de doble efecto indistintamente desde dos puntos P_1 o P_2. El cilindro retrocederá cuando además de activarse un final de carrera 1S4 se active también un pulsador manual P3.

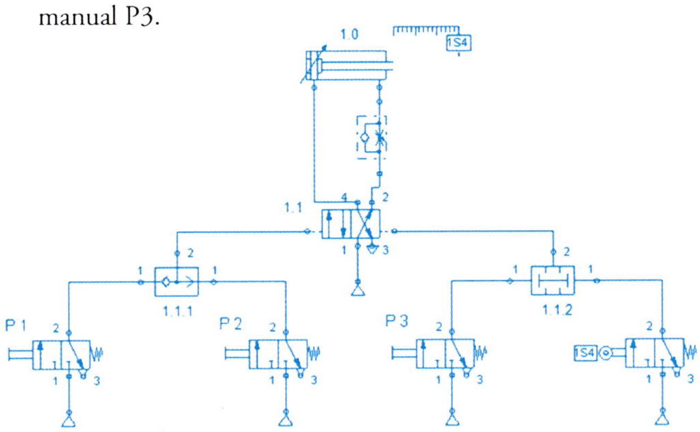

21. Para el circuito neumático que se indica a continuación:

a) ¿Qué sucede inicialmente en la posición de reposo?

b) ¿Qué sucede cuando pulsamos P y lo dejamos accionado?

c) ¿Qué sucede cuando pulsamos P una sola vez?

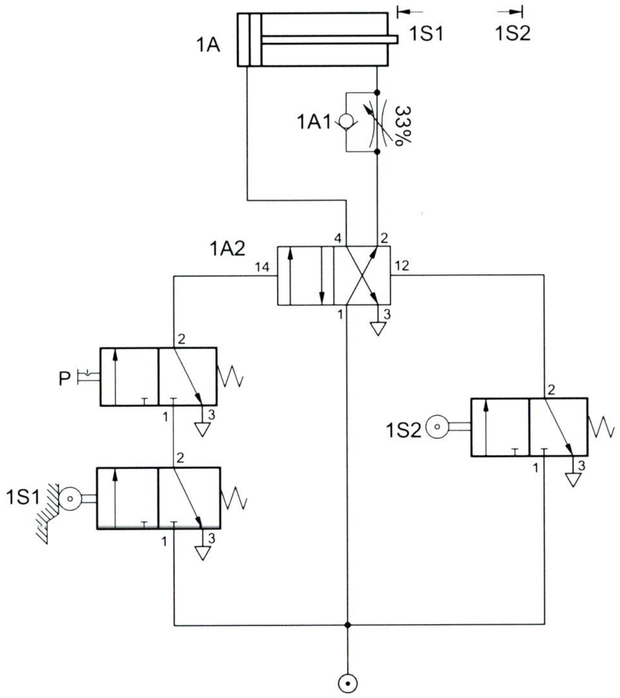

a) El cilindro está en posición de retroceso, y el final de carrera 1S1 está activado (abierto).

b) Al dejar accionado P y estar activado 1S1, el cilindro comenzará a avanzar lentamente debido al regulador 1A1 (33%), hasta activar 1S2 momento en el cual retrocederá libremente, y así estará de forma continua hasta desactivar P.

c) Avanzará y retrocederá una sola vez (un ciclo solamente).

A continuación se muestra el diagrama espacio-fase del circuito:

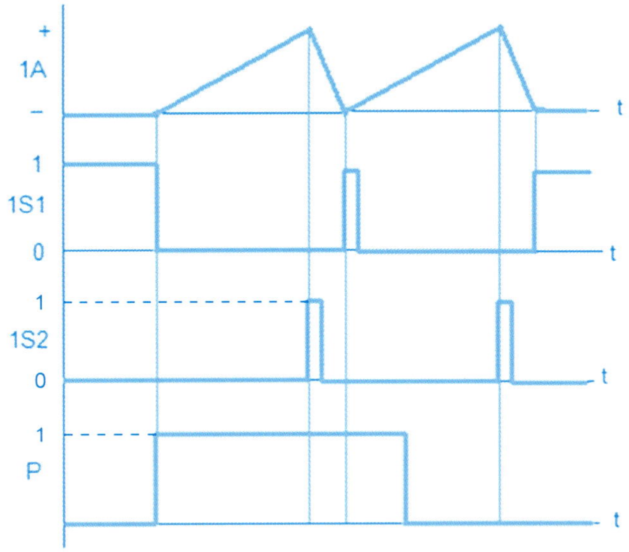

22. Dibuja el esquema neumático y eléctrico de un cilindro de doble efecto controlado mediante dos pulsadores eléctricos, uno para el avance (P_1) y otro para el retroceso (P_2). Utilizar como válvula distribuidora una electroválvula biestable 4/2.

El circuito puede ser el siguiente:

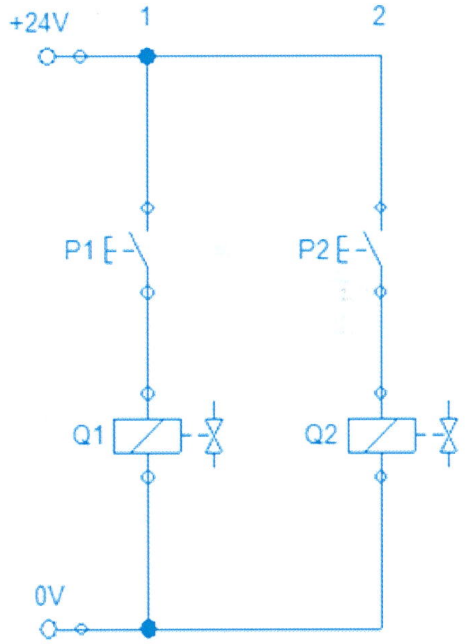

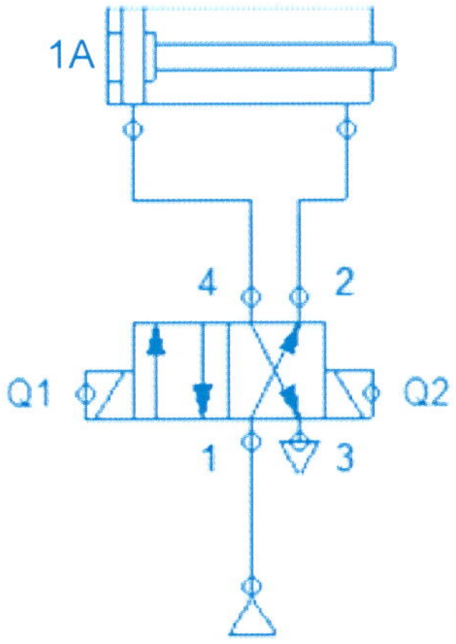

23. Diseñar un circuito neumático que mediante un pulsador (P) nos permita abrir una puerta deslizante, de tal forma que permanezca abierta 15 segundos (temporizador), y pasado este tiempo se cierre lentamente. El circuito irá provisto de un sistema de seguridad (electroválvula), de tal forma que si un vehículo se queda parado en mitad de la puerta, se accionará una electroválvula que volverá a abrirla de nuevo. Considerar que la puerta está cerrada con el vástago en posición de avance.

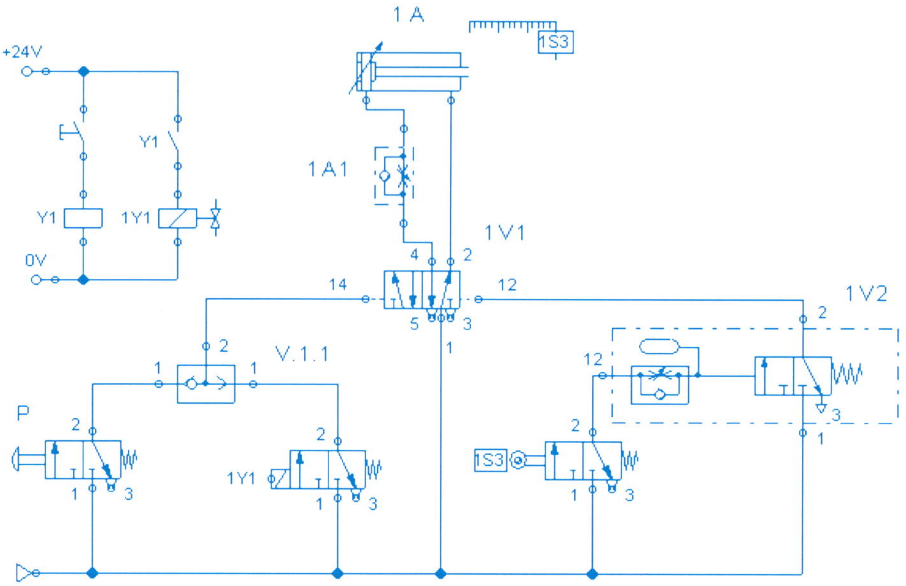

24. Diseñar el circuito de control neumático de una puerta de garaje que se pueda abrir o cerrar indistintamente desde el exterior (P_1) o desde el interior del mismo (P_2). Procurar que la puerta se abra y se cierre lentamente. Dibujar el diagrama de fase. Considerar que la puerta está cerrada con el vástago en posición de retroceso.

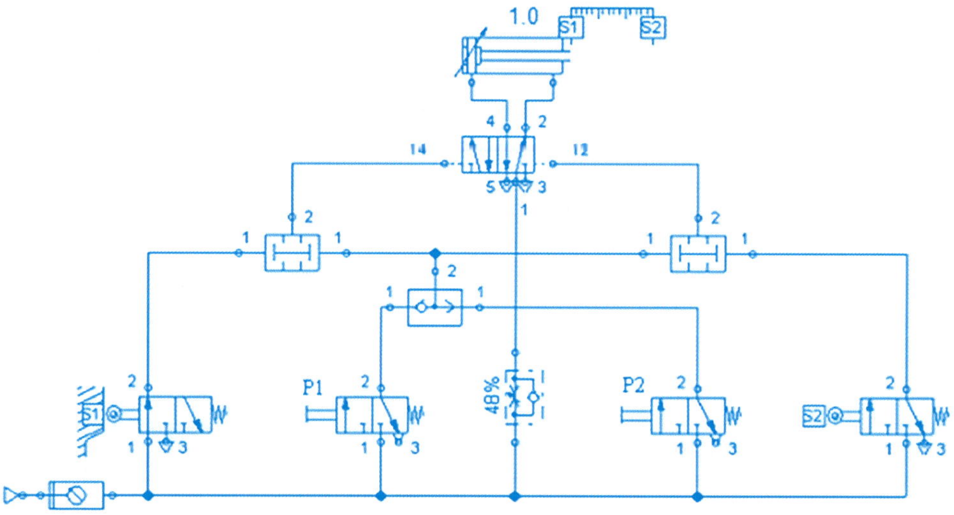

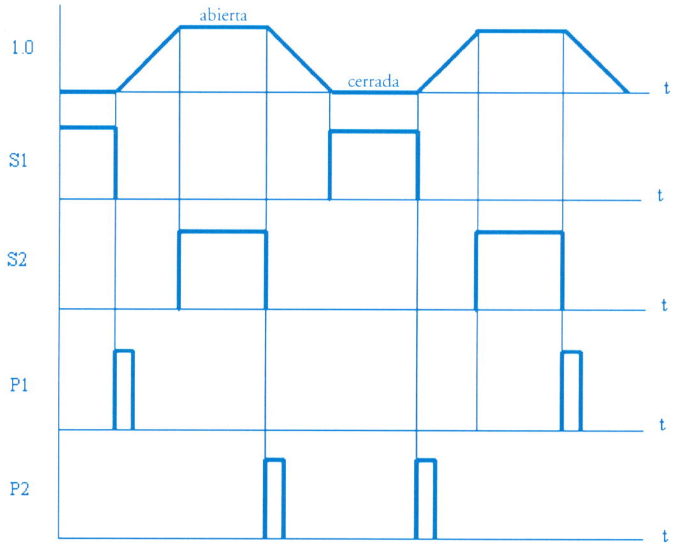

25. Diseña un circuito neumático para el control de una puerta corredera de forma que al accionar un pulsador (P) la puerta se abra lentamente y transcurridos diez segundos después de abrirse ésta, se cierra lentamente. Considerar que la puerta está cerrada cuando el vástago del cilindro con el que está unida, se encuentra en posición de avance.

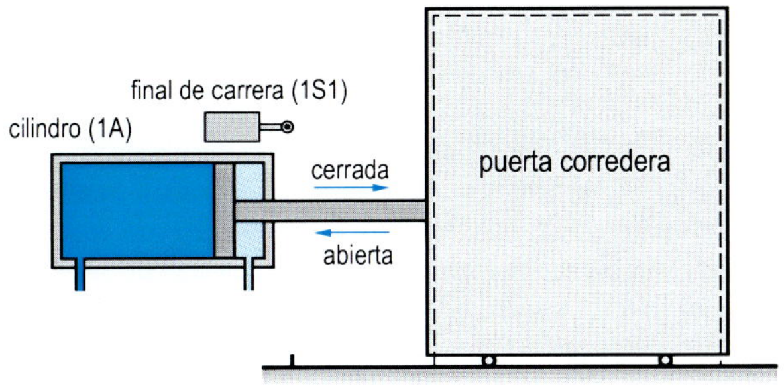

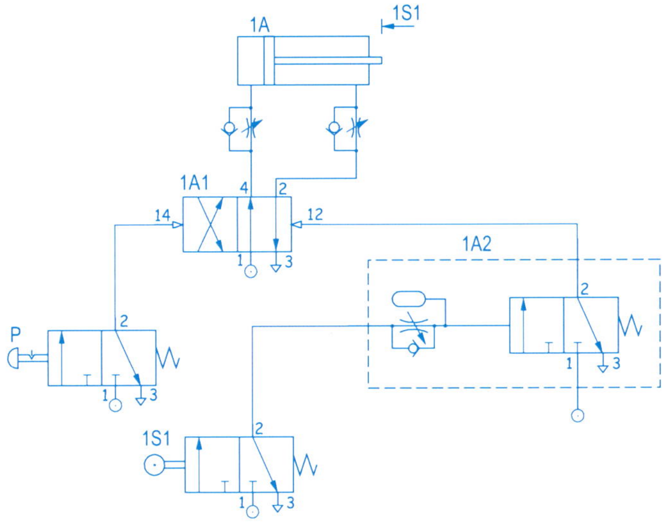

26. Responde a las siguientes cuestiones que hacen referencia al siguiente circuito:

a) Identifica los diferentes componentes y explica cómo funciona.

b) ¿Qué carrera regula la válvula 1.01?

c) ¿Qué misión tiene la válvula 1.5?

d) ¿Cómo se consigue que el circuito realice un ciclo automático?

e) ¿Qué ocurre si se cambia la válvula 1.6 por otra selectora de circuito?

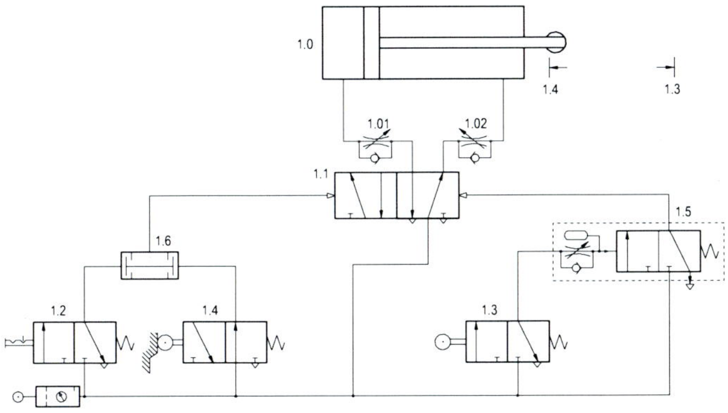

a) 1.0: Cilindro de doble efecto.

1.1: Válvula distribuidora 5/2.

1.2: Válvula 3/2 con enclavamiento.

1.3, 1.4: Válvula 3/2 con accionamiento mecánico por rodillo.

1.5: Temporizador neumático normalmente cerrado.

1.6: Válvula de simultaneidad (AND).

1.0.1, 1.02: Regulador de caudal unidireccional.

b) El retroceso del émbolo.

c) Que el vástago se mantenga en la posición extrema de avance desde que se activa el final de carrera 1.3 hasta que pasada la temporización fijada por el temporizador 1.5 retroceda el vástago.

d) Dado que la válvula 1.4 se encuentra activada (abierta), al pulsar 1.2 se activa la válvula 1.6 y el vástago avanza hasta accionar el final de carrera 1.3, momento en el cual pasados unos segundos (temporizador 1.5) el vástago retrocederá y dejará accionada de nuevo la válvula 1.4, repitiéndose de nuevo el ciclo mientras el pulsador 1.2 se mantenga activo.

e) Mientras el pulsador 1.2 se mantenga activo (abierto) el vástago no retrocederá; en el momento en que se desactive de nuevo la válvula 1.2 el ciclo se repetirá indefinidamente.

27. Responde a las siguientes cuestiones que hacen referencia al siguiente circuito:

a) Identifica cada uno de los elementos del circuito.

b) ¿Explica la lógica de mando?

c) ¿Dibuja el diagrama espacio-fase?

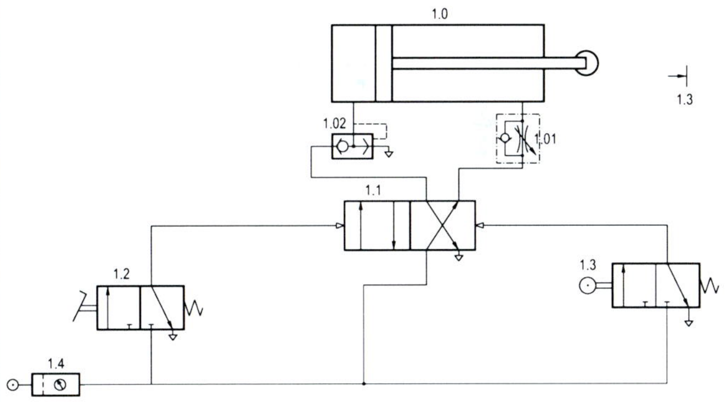

a) Identificación de los componentes:

1.0: Cilindro de doble efecto.

1.01: Regulador unidireccional.

1.02: Válvula de escape rápido.

1.1: Válvula distribuidora 4/2 biestable accionada neumáticamente.

1.2: Válvula 3/2 monoestable accionada por pedal y retorno por muelle.

1.3: Válvula 3/2 monoestable accionada por rodillo y retorno por muelle.

b) Funcionamiento: en el momento de accionar la válvula 1.2, la válvula 1.1 cambia de posición (a la izquierda) y el vástago del cilindro sale lentamente debido al regulador 1.01 (50%). Una vez que ha llegado al final de su recorrido (+), activa el final de carrera 1.3 y regresa rápidamente a su posición inicial (-)

hasta volver a pulsar de nuevo la válvula 1.2. En este caso, la válvula 1.02 permite que el aire que expulsamos al exterior al retroceder el cilindro lo haga rápidamente a través de ella.

c) El diagrama espacio-fase del circuito el siguiente:

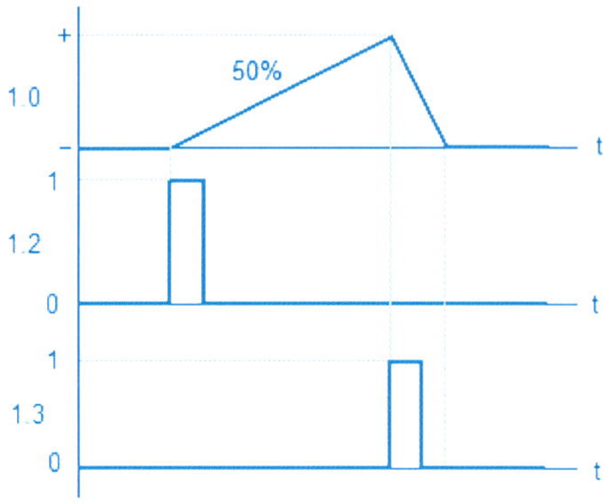

28. Para el circuito hidráulico de la figura se pide:

a) Explicación del funcionamiento del circuito.

b) Identificación de sus componentes.

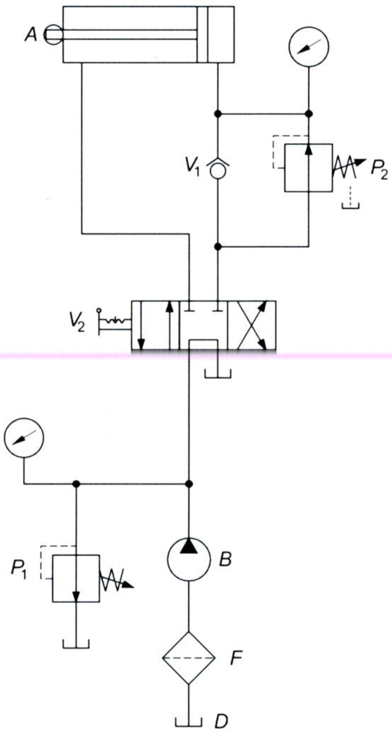

a) Identificación de los diferentes elementos:

A: Cilindro hidráulico de doble efecto.

V_1: Válvula antirretorno.

V_2: Válvula distribuidora 4/3 accionada por palanca.

P_1: Válvula reductora de presión con descarga.

P_2: Válvula reductora de presión con descarga.

B: Bomba de caudal fijo.

F: Filtro.

F: Depósito.

b) Funcionamiento: el aceite procedente del depósito (D) es aspirado por la bomba (B) que pasa a través de un filtro (F) y es enviado hacia la válvula selectora (V_2), la cual al encontrarse en posición de reposo impide que el aceite pueda ascender hacia el cilindro, permaneciendo inmóvil el vástago del cilindro.

En este tipo de circuitos hidráulicos, al tratarse de presiones de trabajo relativamente altas, se utilizan reguladores de presión de manera que si la presión de la tubería alcanza un determinado valor, la válvula reductora de seguridad (P_1) se abre y devuelve el fluido hacia el depósito.

Cuando la válvula 4/3 pasa a la pasa a la posición de la derecha, el fluido se hace pasar (gracias a la válvula antirretorno V_1) por el regulador P_2, el vástago sale lentamente y el aceite de la cámara opuesta va de nuevo hacia el depósito. Por el contrario, cuando la válvula 4/3 pasa a la posición de la izquierda, el cilindro retrocede libremente.

29. Mediante un cilindro hidráulico se desea desplazar una carga de 11.781 kg a una velocidad máxima de 30 cm/s. Sabiendo que el elemento de la instalación que menos presión soporta es el cilindro, el cual se encuentra diseñado para una presión máxima de 150 kg/cm² y que las pérdidas de presión entre el cilindro y la bomba son de 10 kg/cm², calcula:

a) El diámetro del cilindro (cm) despreciando las pérdidas por rozamiento.

b) El caudal (litros/min) que debe suministrar la bomba.

c) La potencia de consumo (kW) del motor de accionamiento de la bomba si su rendimiento es del 75%.

a) Teniendo en cuenta el concepto de presión:

$$S = \frac{F}{P} = \frac{11.781\ \text{kg}}{150\ \frac{\text{kg}}{\text{cm}^2}} = 78{,}54\ \text{cm}^2$$

$$D = \sqrt{\frac{4 \cdot S}{\pi}} = \sqrt{\frac{4 \cdot 78{,}54}{\pi}} = 10\ \text{cm}$$

b) Teniendo en cuenta ahora el concepto de potencia mecánica:

$$P_u = F \cdot v = 11{,}78\ \text{kg} \cdot 9{,}8 \frac{\text{N}}{\text{kg}} \cdot 0{,}3 \frac{\text{m}}{\text{s}} = 34.636{,}14\ \text{W}$$

$$P_u = P(\text{presión}) \cdot \text{Caudal}(Q)$$

$$34.636{,}14\ \text{W} = 160 \frac{\text{kg}}{\text{cm}^2} 10^5 \frac{\text{Pa}}{\frac{\text{kg}}{\text{cm}^2}} \cdot Q$$

$$Q = 0{,}00216 \frac{\text{m}^3}{\text{s}} = 2{,}16 \frac{l}{\text{s}} = 130 \frac{l}{\text{min}}$$

c) Teniendo en cuenta el concepto de rendimiento:

$$P_{\text{consumida}} = \frac{P_u}{\eta} = \frac{34.636{,}14\ \text{W}}{0{,}75} = 46.181{,}52\ \text{W} \approx 46{,}2\ \text{kW}$$

30. Determinar el caudal del fluido hidráulico que circula por una tubería con un diámetro interior de 30 mm sabiendo que la velocidad es de 4 m/s. ¿Qué régimen de circulación lleva el fluido? Densidad del fluido: 850 kg/m³; Viscosidad: 0,00055 N × s/m².

Calculamos en primer lugar la sección de la tubería:

$$S = \frac{\pi \cdot D^2}{4} = \frac{\pi \cdot 30^2}{4} = 706{,}85\ \text{mm}^2 = 7{,}068 \cdot 10^{-4}\ \text{m}^2$$

Calculamos ahora el caudal:

$$Q = S \cdot v = 7{,}068 \cdot 10^{-4}\ \text{m}^2 \cdot 4 \frac{\text{m}}{\text{s}} = 2{,}83 \cdot 10^{-3} \frac{\text{m}^3}{\text{s}} = 169{,}8 \frac{l}{\text{min}}$$

Para determinar si el flujo lleva régimen laminar o turbulento, calculamos el número de Reynolds, siendo "ρ" la densidad, "v" la velocidad, "μ" la viscosidad y "D" el diámetro:

$$R_e = \frac{v \cdot r \cdot D}{4} = \frac{4 \frac{\text{m}}{\text{s}} \cdot 850 \frac{\text{kg}}{\text{m}^3} \cdot 0{,}03\ \text{m}}{0{,}55 \cdot 10^{-3} \frac{\text{N} \cdot \text{s}}{\text{m}^2}} = 185.454{,}5$$

Por tanto, al ser en número de Reynolds mayor de 2.000, el régimen del fluido es turbulento.

SISTEMAS DIGITALES

SISTEMAS DE NUMERACIÓN

Generalmente utilizamos el sistema decimal (base 10) para contar; sin embargo, existen otros sistemas de numeración, como el **sistema binario** de base 2, basado únicamente en dos estados o niveles lógicos: **1** (estado alto) y **0** (estado bajo); o el **sistema hexadecimal** (base 16), basado en los diez números (del cero al nueve) y en cinco letras (A, B, C, D, E, F).

De esta forma, cualquier número decimal se puede expresar en sistema binario, dividiendo entre 2 sucesivamente hasta que el último cociente sea inferior a 2, o en sistema hexadecimal haciendo lo propio entre 16. Así, por ejemplo, el número 23 en base 10 (23_{10}) será el número 10111 en base 2 (10111_2), mientras que en hexadecimal será el número 17 (17_{16}).

Igualmente, también se puede expresar un número en base 10 o en base 16 partiendo del número en base 2:

$$10111_2 = (1 \cdot 2^4) + (0 \cdot 2^3) + (1 \cdot 2^2) + (1 \cdot 2^1) + (1 \cdot 2^0) = 23_{10} = 17_{16}$$

Generalmente, los circuitos digitales utilizan para su funcionamiento sistemas de numeración binario, de ahí que cualquier información haya de ser codificada previamente a un sistema entendible, como es el código binario o base 2 (0 y 1). A cada uno de estos símbolos se los denomina **bit**, siendo un **byte** igual a 8 bits y 1 **kilobyte** igual a $2^{10} = 1.024$ bytes (grupos de 8 bits).

Sistemas de numeración					
Decimal	**Binario**				**Hexadecimal**
	a (2^3)	**b** (2^2)	**c** (2^1)	**d** (2^0)	**H**
	0	0	0	0	0
1	0	0	0	1	1
2	0	0	1	0	2
3	0	0	1	1	3
4	0	1	0	0	4
5	0	1	0	1	5
6	0	1	1	0	6
7	0	1	1	1	7
8	1	0	0	0	8
9	1	0	0	1	9
10	1	0	1	0	A
11	1	0	1	1	B
12	1	1	0	0	C
13	1	1	0	1	D
14	1	1	1	0	E
15	1	1	1	1	F

Sistemas de numeración.

	Cociente	**Resto**
23 : 2	11	1(2^0)
11 : 2	5	1(2^1)
5 : 2	2	1(2^2)
2 : 2	1(2^4)	0(2^3)

	Cociente	**Resto**
23 : 16	1(16^1)	7(16^0)

Conversión de códigos.

OPERACIONES, PROPIEDADES, LEYES Y TEOREMAS BÁSICOS

En la siguiente tabla se describen las operaciones más importantes a realizar con las puertas lógicas, las cuales serán de suma importancia sobre todo a la hora de simplificar una función lógica para posteriormente implementarla (realizarla) con puertas lógicas.

Operación	Forma de representarla	Postulados básicos
Suma	$S = a + b$	$a + 0 = a$ $a + 1 = 1$ $a + a = a$ $a + \bar{a} = 1$
Multiplicación	$S = a \cdot b$	$a \cdot 0 = 0$ $a \cdot 1 = a$ $a \cdot a = a$ $a \cdot \bar{a} = 0$
Complementación o inversión	$S = \bar{a}$	$\bar{\bar{a}} = a$

Postulados de la suma, el producto y la complementación.

Propiedades:

- Propiedad conmutativa

  $a + b = b + a$ $\qquad$ $a \cdot b = b \cdot a$

- Propiedad asociativa

  $a + b + c = a + (b + c)$ $\qquad$ $a \cdot b \cdot c = a \cdot (b \cdot c)$

- Propiedad distributiva

  $a\,(b + c) = a \cdot b + a \cdot c$ $\qquad$ $a + b \cdot c = (a + b) \cdot (a + c)$

- Ley de absorción

  $a + a \cdot b = a$ $\qquad$ $a\,(a + b) = a$

Teoremas de Morgan

$\overline{a \cdot b \cdot c} = \bar{a} + \bar{b} + \bar{c}$ $\qquad$ $\overline{a + b + c} = \bar{a} \cdot \bar{b} \cdot \bar{c}$

Leyes importantes

$a + \bar{a}b = (a + \bar{a}) \cdot (a + b) = a + b$

$\bar{a} + ab = (\bar{a} + a) \cdot (\bar{a} + b) = \bar{a} + b$

PUERTAS LÓGICAS

TIPO	SIMBOLO	FUNCIÓN	CIRCUITO EQUIVALENTE
NOT	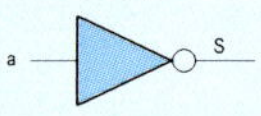	$S = \bar{a}$	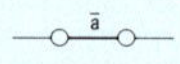
OR	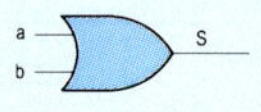	$S = a + b$	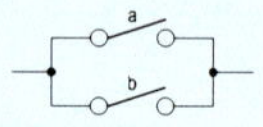
AND	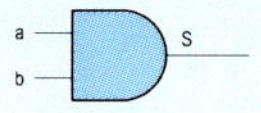	$S = a \cdot b$	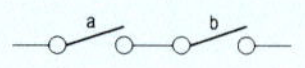
NOR	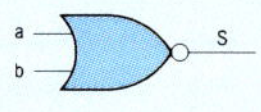	$S = \overline{a+b} = \bar{a} \cdot \bar{b}$	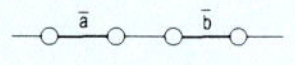
NAND		$S = \overline{a \cdot b} = \bar{a} + \bar{b}$	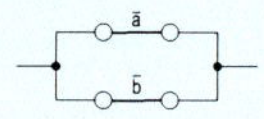
OR-EXCLUSIVA	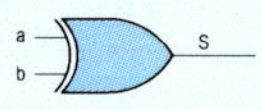	$S = \bar{a} \cdot b + a \cdot \bar{b}$	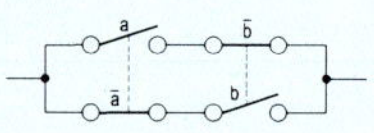
NOR-EXCLUSIVA	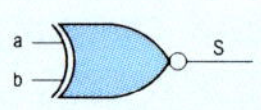	$S = a \cdot b + \bar{a} \cdot \bar{b}$	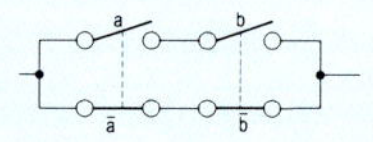

MULTIPLEXORES

Poseen 2^n entradas o canales de información (D_0, D_1,...) y "n" entradas de control o de selección (S_0, S_1,...), de manera que al seleccionar una de las entradas (a), la información de éstas pasa a la salida (F).

bcd	F
000	0
001	1
010	0
011	0
100	1
101	1
110	0
111	0

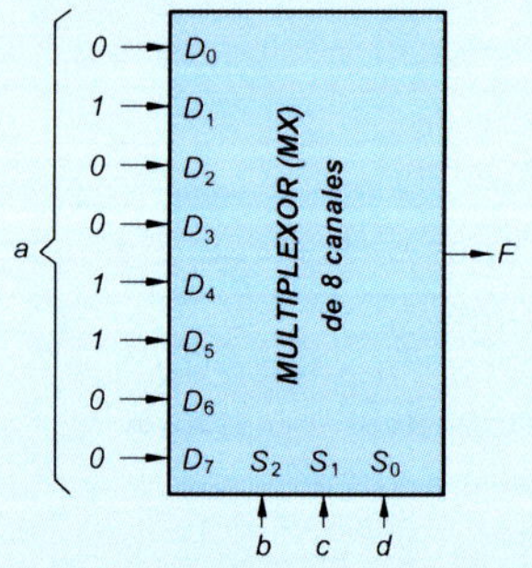

DECODIFICADORES

Son circuitos combinacionales que admiten a la entrada una información codificada en binario con "n" bits, y tienen tantas salidas como posibles configuraciones binarias distintas de entrada, es decir "2^n", de tal manera que para cada configuración binaria de entrada se activa una sola de las salidas (la correspondiente a dicha combinación binaria). Se clasifican por tanto en función del número de entradas, y se nombran como *decodificadores de n a 2^n*.

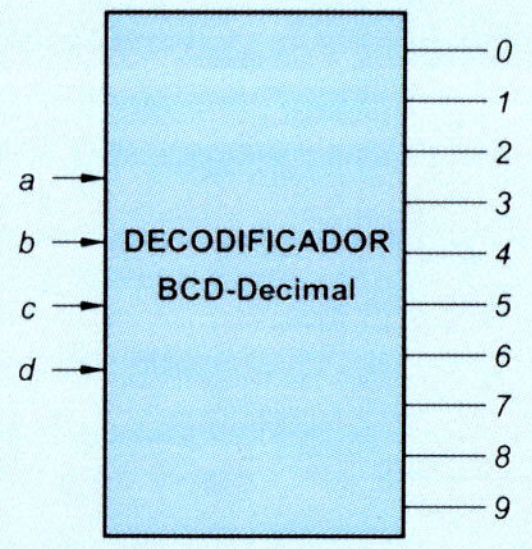

Podemos decir por tanto que los *decodificadores* realizan la función inversa a los *codificadores*, es decir, la salida activa es el valor decodificado del código binario de entrada.

BIESTABLES

También llamados "flip-flops" básculas, caracterizados porque pueden adoptar dos estados estables, es decir, el estado que alcancen perdura en el tiempo indefinidamente aunque haya desaparecido la señal que lo originó. Los dos estados estables son el "1" lógico o nivel alto y el "0" lógico o nivel bajo. Según el sincronismo de disparo, éstos pueden ser síncronos (con entrada de reloj) o asíncronos (sin entrada de reloj). Según el tipo de entradas de disparo, tenemos cuatro tipos de biestables:

a) Biestable RS

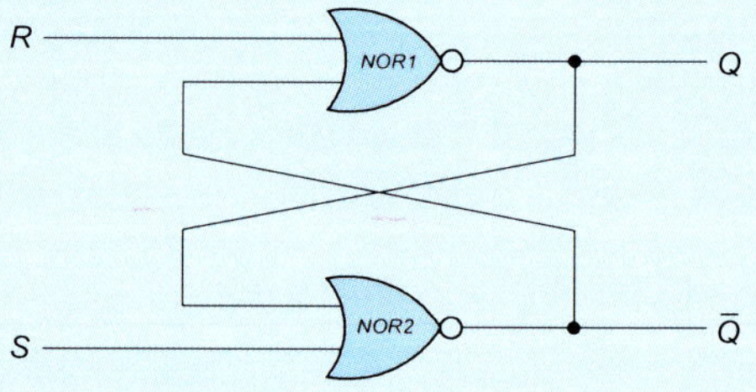

R	S	Q_t	Q_{t+1}	Comentario
0	0	0	0	No cambia
0	1	0	1	Set
1	0	0	0	Reset
1	1	0	I	Indeterminado
0	0	1	1	No cambia
0	1	1	1	Set
1	0	1	0	Reset
1	1	1	I	Indeterminado

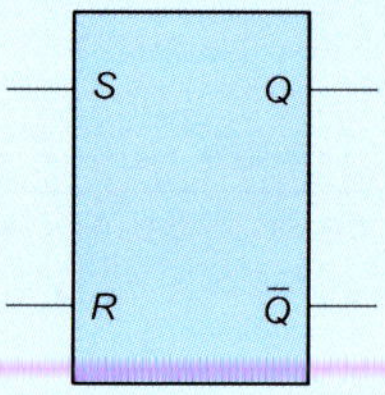

b) Biestable JK

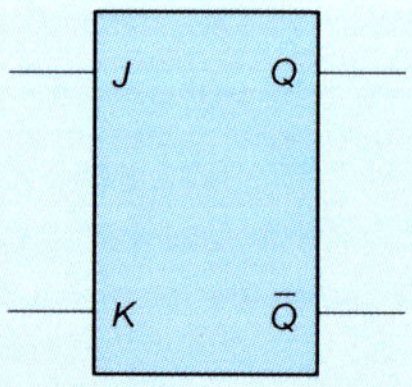

J	K	Q_{t+1}	$\overline{Q_{t+1}}$
0	0	Q_t	$\overline{Q_t}$
0	1	1	0
1	0	0	1
1	1	$\overline{Q_t}$	Q_t

c) Biestable T

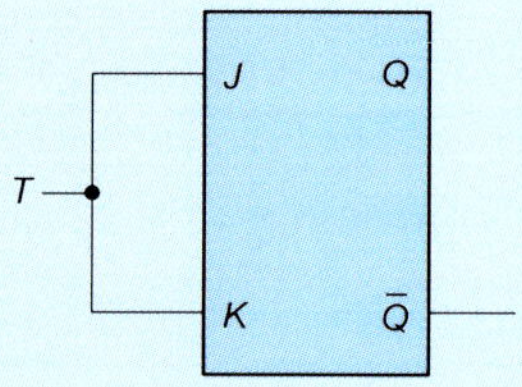

T	Q_{t+1}	$\overline{Q_{t+1}}$
0	Q_t	$\overline{Q_t}$
1	$\overline{Q_t}$	Q_t

d) Biestable D

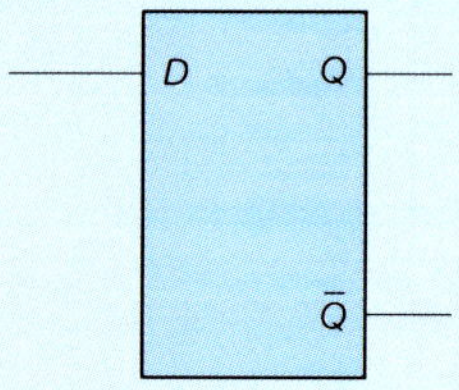

D	Q_{t+1}
0	0
1	1

1. Expresa en base decimal y hexadecimal los siguientes números binarios:

a) 1.0111_2

b) $1001.1011,11_2$

a) Lo pasamos en primer lugar a base decimal:

$$1 \cdot 2^4 + 0 \cdot 2^3 + 1 \cdot 2^2 + 1 \cdot 2^1 + 1 \cdot 2^0 = 16 + 4 + 2 + 1 = 23_{10}$$

Teniendo en cuenta el equivalente entre binario y hexadecimal (base 16):

$$0001.0111_2 = 17_{16}$$

b) Repitiendo el mismo procedimiento que en el apartado anterior:

$$1 \cdot 2^7 + 0 \cdot 2^6 + 0 \cdot 2^5 + 1 \cdot 2^4 + 1 \cdot 2^3 + 0 \cdot 2^2 + 1 \cdot 2^1 + 1 \cdot 2^0 + 1 \cdot 2^{-1} + 1 \cdot 2^{-2} = 128 + 16 + 8 + 2 + 1 + 0,5 + 0,25 = 155,75_{10}$$

$$1001.1011,\ 1100_2 = 9B,C_{16}$$

2. Expresa en base dos (binario) y decimal los siguientes números hexadecimales:

a) $F3_{16}$

b) $B5D,A_{16}$

a) Teniendo en cuenta el equivalente entre hexadecimal y decimal:

$$F3_{16} = 15 \cdot 16^1 + 3 \cdot 16^0 = 243_{10}$$

A continuación teniendo en cuenta el equivalente entre hexadecimal y binario:

$$F3_{16} = 1111.0011_2$$

b) Repitiendo el mismo procedimiento que en el apartado anterior:

$$B5D,A_{16} = 11 \cdot 16^2 + 5 \cdot 16^1 + 13 \cdot 16^0 + 10 \cdot 16^{-1} = 2.909,625_{10}$$

$$B5D,A_{16} = 1011.0101.1101,1010_2$$

3. Expresa en binario y hexadecimal los siguientes números decimales:

a) 49_{16}

b) $231,1875_{10}$

a) Para pasar de decimal a binario dividimos sucesivamente entre dos el número en decimal hasta que el cociente sea "1", siendo este último cociente el bit de mayor peso:

$$\left.\begin{array}{lll} \frac{49}{2} = 24 & \text{resto:} & 1 \\ \frac{24}{2} = 12 & \text{resto:} & 0 \\ \frac{12}{2} = 6 & \text{resto:} & 0 \\ \frac{6}{2} = 3 & \text{resto:} & 0 \\ \frac{3}{2} = (1) & \text{resto:} & 1 \end{array}\right\} \Rightarrow 11.0001_2$$

Agrupando los bits de cuatro en cuatro y teniendo en cuenta el equivalente entre binario y hexadecimal:

$$11.0001_2 = 0011.0001_2 = 31_{16}$$

b) Repetimos el mismo procedimiento que en el apartado anterior:

$$\left.\begin{array}{lll} \frac{231}{2} = 115 & \text{resto:} & 1 \\ \frac{115}{2} = 57 & \text{resto:} & 1 \\ \frac{57}{2} = 28 & \text{resto:} & 1 \\ \frac{28}{2} = 14 & \text{resto:} & 1 \\ \frac{14}{2} = 7 & \text{resto:} & 0 \\ \frac{7}{2} = 3 & \text{resto:} & 1 \\ \frac{3}{2} = 1 & \text{resto:} & 1 \end{array}\right\} \Rightarrow 1110.0111_2$$

Con la parte decimal multiplicamos sucesivamente ésta por dos hasta que el resultado del producto sea "1":

$$\left.\begin{array}{lll} 0,1875 \times 2 = 0,375 & \Rightarrow & (0) \\ 0,375 \times 2 = 0,75 & \Rightarrow & 0 \\ 0,75 \times 2 = 1,5 & \Rightarrow & 1 \\ 0,5 \times 2 = 1,0 & \Rightarrow & 1 \end{array}\right\} \Rightarrow 0011_2$$

Por tanto el número completo en binario y en hexadecimal será:

$$1110.0111,0011_2 = E7,3_{16}$$

4. Realiza las siguientes operaciones binarias. Realizar las comprobaciones oportunas con sus equivalentes decimales:

a) $1011,10 + 10,01$

b) $1111 - 100$

a) Realizamos la suma bit a bit y obtenemos:

$$\left.\begin{array}{r} 1011,10_2 \\ + \\ 0010,01_2 \\ \hline 1101,11_2 \end{array}\right\} 11,5_{10} + 2,25_{10} = 13,75_{10}$$

b) Por lo que respecta a la resta, el procedimiento es el siguiente:

$$\left.\begin{array}{r} 1110_2 \\ - \\ 0101_2 \\ \hline 1001_2 \end{array}\right\} 14_{10} - 5_{10} = 9_{10}$$

5. Simplificar las siguientes expresiones utilizando las leyes y propiedades del Álgebra de Boole:

a) $F = \bar{a}\bar{b}c + ad + \bar{b}c\bar{d}$

b) $F = a\bar{b}\bar{c} + a\bar{b}\bar{c}d + a\bar{b}$

c) $F = \bar{a} + \bar{b} + \bar{c} + \overline{abc}$

d) $F = \overline{a\bar{b}c + a\bar{c} + b}$

e) $F = ab(c + \bar{a}\bar{b} + \bar{a})$

a) $F = \bar{a}\bar{b}c + ad + \bar{b}c\bar{d} = \bar{b}c(\bar{a} + \bar{d}) + ad = \bar{b}c(\overline{ad}) + ad$

Llamando: $\bar{b}c = x$; $ad = y$

$F = x \cdot \bar{y} + y = (x + y) \cdot (\bar{y} + y) = x + y = \bar{b}c + ad$

b) $F = a\bar{b}\bar{c} + a\bar{b}\bar{c}d + a\bar{b} = a\bar{b}\bar{c}(1 + d) + a\bar{b} = a\bar{b}\bar{c} + a\bar{b} = a\bar{b}(\bar{c} + 1)$
$= a\bar{b}$

c) $F = \bar{a} + \bar{b} + \bar{c} + \overline{abc} = \overline{abc} + \overline{abc} = \overline{abc}$

d) $F = \overline{a\bar{b}c + a\bar{c} + b} = \overline{a(\bar{b}c + \bar{c}) + b}$

Teniendo en cuenta que: $\bar{b}c + \bar{c} = (\bar{b} + \bar{c}) \cdot (c + \bar{c}) = (\bar{b} + \bar{c})$

$F = \overline{a(\bar{b} + \bar{c}) + b} = \overline{a\bar{b} + a\bar{c} + b}$

Teniendo en cuenta que: $a\bar{b} + b = (b + a) \cdot (b + \bar{b}) = (b + a)$

$F = \overline{a + b + a\bar{c}} = \overline{a \cdot (1 + \bar{c}) + b} = \overline{a + b} = \bar{a} \cdot \bar{b}$

e) $F = ab(c + \bar{a}\bar{b} + \bar{a}) = abc + ab\bar{a}\bar{b} + ab\bar{a} = abc + 0 + 0 = abc$

6. A partir de la siguiente función simplificada en forma de MINTERMS (sumas de productos) obtener la función completa:

$F = \bar{a}\bar{b} + ac$

Teniendo en cuenta que: $(c + \bar{c}) = 1$ y $(b + \bar{b}) = 1$

$F = \bar{a}\bar{b} + ac = \bar{a}\bar{b}(c + \bar{c}) + a(b + \bar{b})c = \bar{a}\bar{b}c + \bar{a}\bar{b}\bar{c} + abc + a\bar{b}c =$

$= 001 + 000 + 111 + 101 = \sum_3(0,1,5,7)$

7. Establece un circuito eléctrico con interruptores y con puertas lógicas que responda a las siguientes expresiones lógicas:

a) $F = (a + b) \cdot c + (d \cdot e)$

b) $F = [(\bar{a} \cdot c) + b] \cdot d$

a) Primera función:

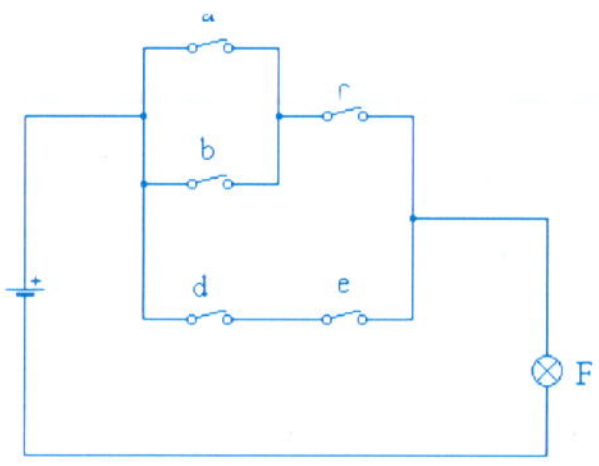

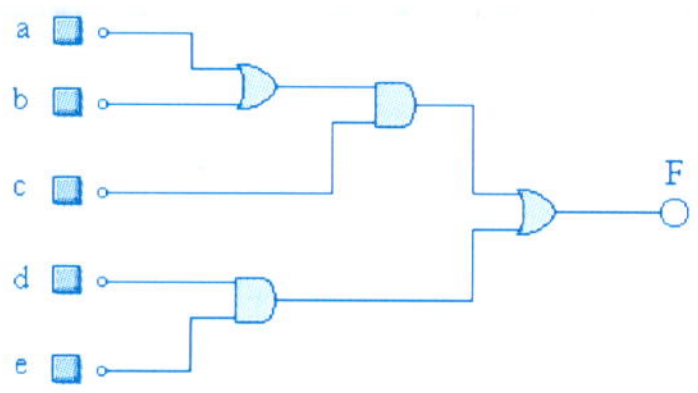

b) Segunda función:

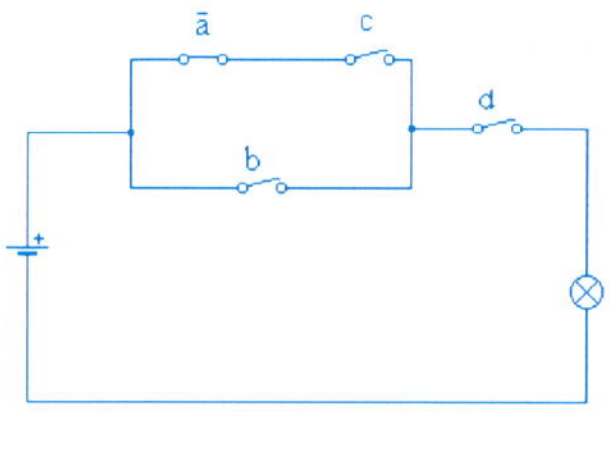

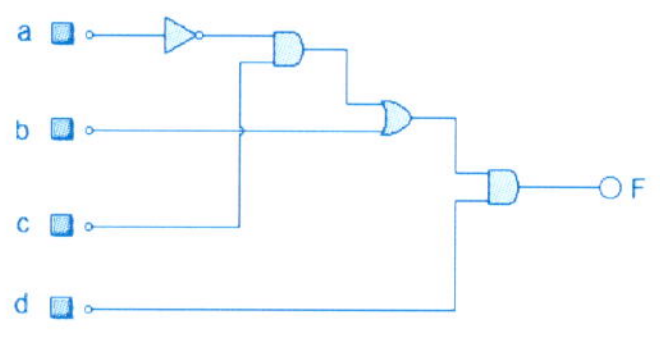

8. Dado el siguiente circuito con puertas lógicas, se pide:

a) Función de salida F.

b) Obtener la función completa de salida (F) en forma de MINTERMS.

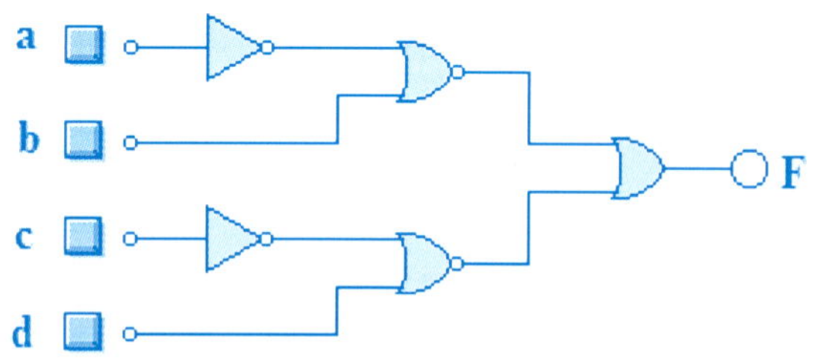

a) Teniendo en cuenta la función lógica que realiza cada una de las puertas, la función de salida será:

$F = \overline{\bar{a} + b} + \overline{\bar{c} + d} = \bar{\bar{a}} \cdot \bar{b} + \bar{\bar{c}} \cdot \bar{d} = a \cdot \bar{b} + c \cdot \bar{d}$

b) Para obtener la función completa añadimos las variables que faltan:

$F = a \cdot \bar{b} + c \cdot \bar{d} = a \cdot \bar{b} \cdot (c + \bar{c}) \cdot (d + \bar{d}) + (a + \bar{a}) \cdot (b + \bar{b}) \cdot c \cdot \bar{d} = a\bar{b}cd + a\bar{b}c\bar{d} + a\bar{b}\bar{c}d + a\bar{b}\bar{c}\bar{d} + abc\bar{d} + \bar{a}bc\bar{d} + a\bar{b}c\bar{d} + \bar{a}\bar{b}c\bar{d} = \sum_4(14,11,10,9,8,6,2)$

9. Dado el siguiente circuito con puertas lógicas, obtener la función de salida e implementarla de nuevo con puertas NOR de dos entradas.

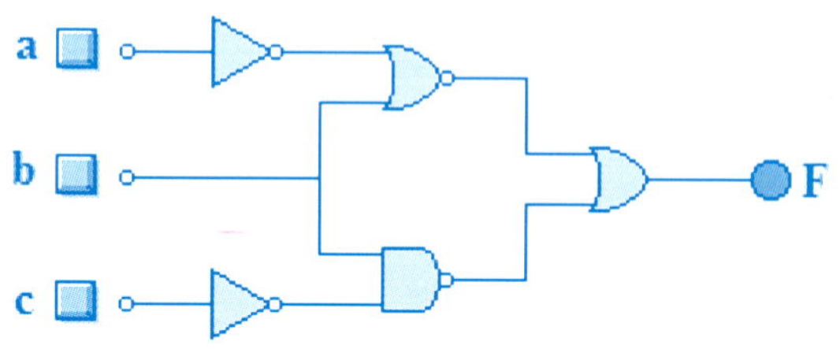

Teniendo en cuenta la función lógica que realiza cada una de las puertas, la función de salida será:

$F = \overline{\bar{a} + b} + \overline{b\bar{c}} = \bar{\bar{a}} \cdot \bar{b} + \bar{b} + c = a \cdot \bar{b} + \bar{b} + c = \bar{b}(a + 1) + c$

teniendo en cuenta que $a + 1 = 1$:

$F = \bar{b}(a + 1) + c = \bar{b} + c = \overline{\overline{\bar{b} + c}}$

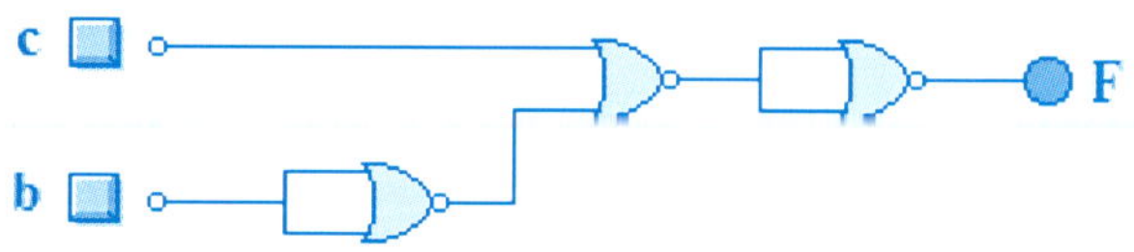

10. Dado el siguiente circuito con puertas lógicas, obtener la función de salida e implementarla de nuevo con puertas NAND de dos entradas.

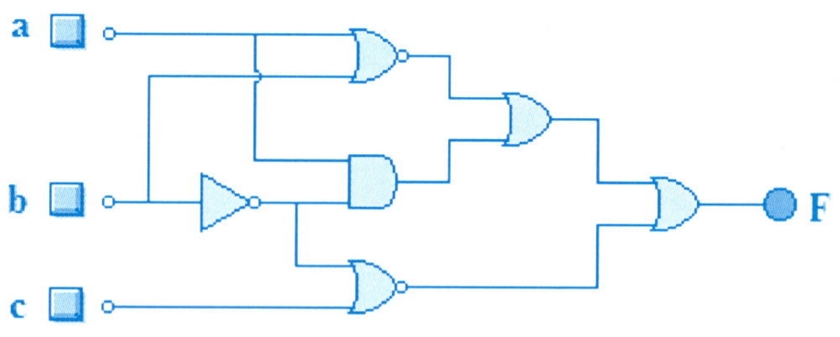

Teniendo en cuenta la función lógica que realiza cada una de las puertas, la función de salida será:

Recuerda que: $a + \bar{a} = 1$

$F = \overline{a + b} + a\bar{b} + \overline{\bar{b} + c} = \bar{a}\bar{b} + a\bar{b} + \bar{\bar{b}}\bar{c} = \bar{a}\bar{b} + a\bar{b} + b\bar{c} = \bar{b}(\bar{a} + a)$
$+ b\bar{c} = \bar{b} + b\bar{c} = (\bar{b} + b) \cdot (\bar{b} + \bar{c}) = (\bar{b} + \bar{c})$

$F = \overline{\overline{\bar{b} + \bar{c}}} = \overline{\bar{\bar{b}} \cdot \bar{\bar{c}}} = \overline{b \cdot c}$

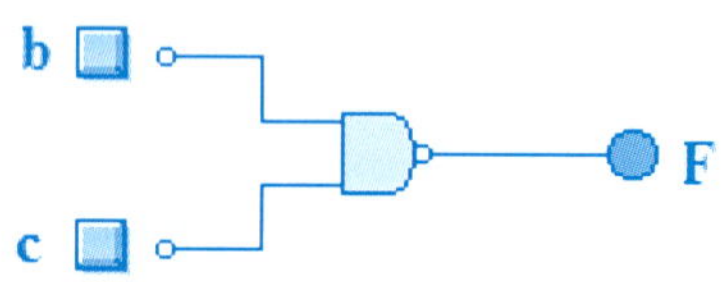

11. Dado el siguiente circuito con puertas lógicas, obtener la función de salida e implementarla de nuevo con puertas NAND de dos entradas.

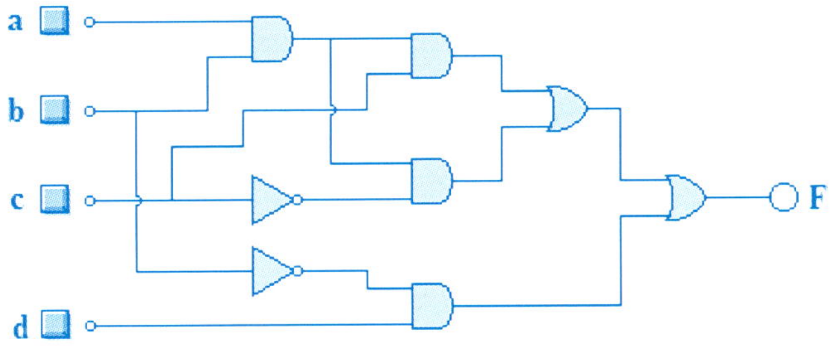

Teniendo en cuenta la función lógica que realiza cada una de las puertas, la función de salida será:

Recuerda que: $c + \bar{c} = 1$

$F = abc + ab\bar{c} + \bar{b}d = ab(c + \bar{c}) + \bar{b}d = ab + \bar{b}d$

Negamos la función dos veces, aplicamos MORGAN e implementamos con puertas NAND de dos entradas:

$F = \overline{\overline{ab + \bar{b}d}} = \overline{\overline{ab} \cdot \overline{\bar{b}d}}$

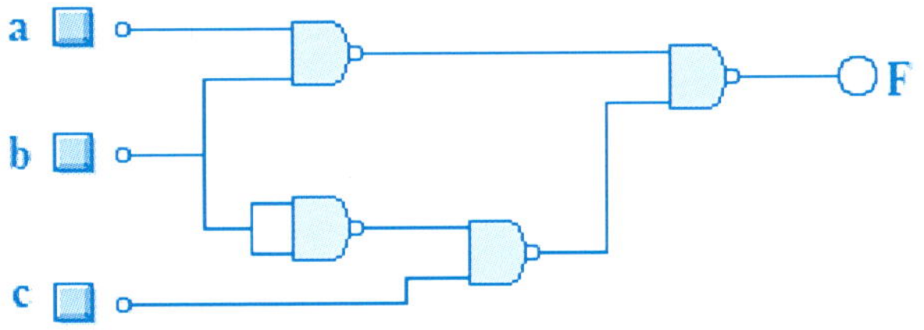

12. Diseñar un *semisumador* de dos entradas "a" y "b" y dos salidas "S"(suma) y "C"(acarreo). Utilizar para ello una puerta AND y otra OR-EXCLUSIVA de dos entradas.

La tabla de verdad del semisumador será:

Dec.	a	b	S	C
0	0	0	0	0
1	0	1	1	0
2	1	0	1	0
3	1	1	0	1

De la propia tabla de verdad obtenemos las dos funciones:

$C = ab$

$S = \bar{a}b + a\bar{b} = a \oplus b$

Implementando con puertas lógicas:

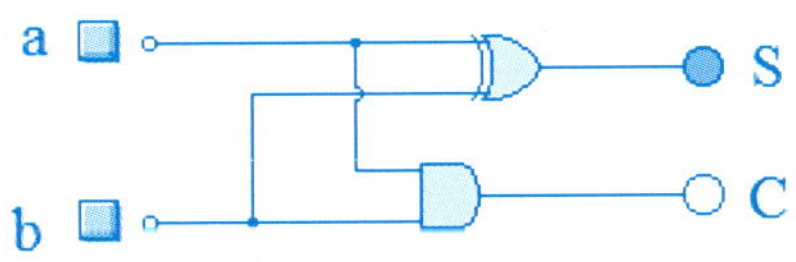

13. Dada la siguiente función de tres variables en forma de MINTERMS:

$$F = \sum_3 (0,2,3,7)$$

se pide:

a) Simplificación por Karnaugh.

b) Implementación con puertas NAND de dos entradas e inversoras.

c) Pasar la función inicial a MAXTERMS y simplificarla de nuevo por Karnaugh.

d) Implementación con puertas NOR de dos entradas e inversoras.

a) Del propio mapa de Karnaugh obtenemos que:

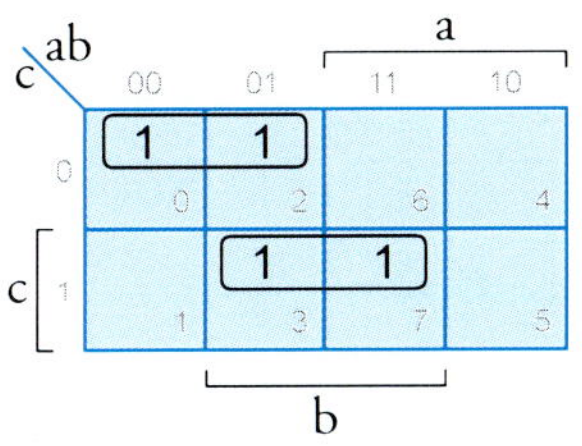

$F = \bar{a}\bar{c} + bc = \overline{\overline{\bar{a}\bar{c} + bc}} = \overline{\overline{\bar{a}\bar{c}} \cdot \overline{bc}}$

b) Si implementamos la función anterior con puertas NAND e inversoras tenemos:

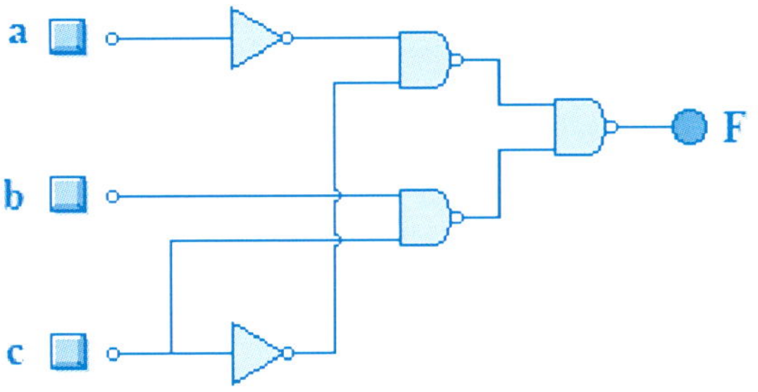

c) Para pasar la función a MAXTERMS (productos de sumas) realizamos las siguientes operaciones:

$F = \sum_3 (0,2,3,7) = \sum_3 \overline{\overline{(0,2,3,7)}} = \sum_3 \overline{(1,4,5,6)} = \prod_3 (\bar{1},\bar{4},\bar{5},\bar{6}) =$
$\prod_3 (6,3,2,1)$

Simplificando de nuevo por Karnaugh: $F = (b + \bar{c}) \cdot (\bar{a} + c)$

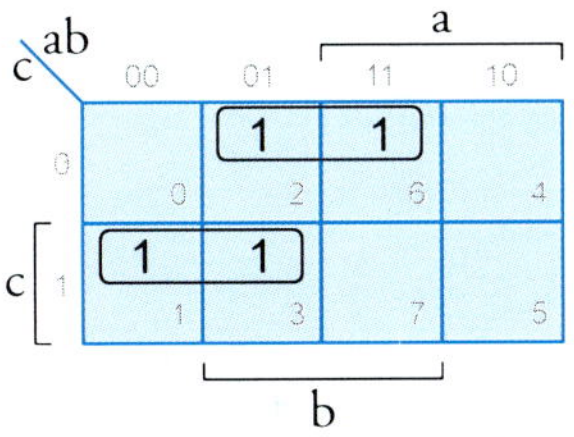

Implementando con puertas NOR de dos entradas:

$F = (b + \bar{c}) \cdot (\bar{a} + c) = \overline{\overline{(b + \bar{c}) \cdot (\bar{a} + c)}} = \overline{\overline{(b + \bar{c})} + \overline{(\bar{a} + c)}}$

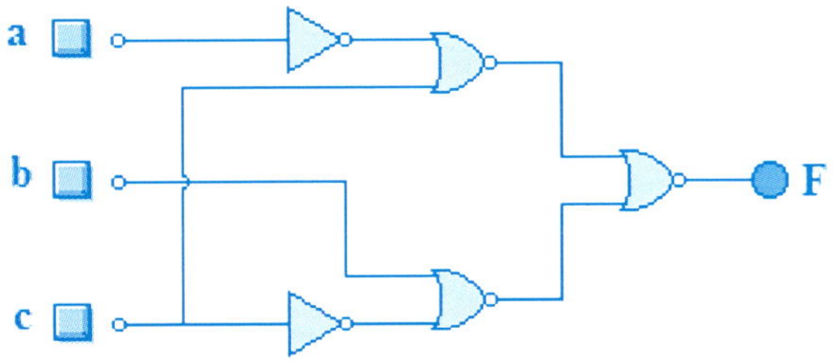

14. Un zumbador debe accionarse para dar una señal de alarma (F) cuando cuatro relés (a, b, c, d) cumplan las siguientes condiciones:

- "a" y "b" excitados, "c" y "d" en reposo.
- "a" excitado, "b", "c" y "d" en reposo.
- "c" excitado, "a", "b" y "d" en reposo.
- "a" y "c" excitados, "b" y "d" en reposo.

se pide:

a) Tabla de verdad y función simplificada.

b) Esquema con puertas lógicas.

a) La tabla de verdad será cambiando las variables por minúsculas:

Dec.	a	b	c	d	F
0	0	0	0	0	0
1	0	0	0	1	0
2	0	0	1	0	1
3	0	0	1	1	0
4	0	1	0	0	0
5	0	1	0	1	0
6	0	1	1	0	0
7	0	1	1	1	0
8	1	0	0	0	1
9	1	0	0	1	0
10	1	0	1	0	1
11	1	0	1	1	0
12	1	1	0	0	1
13	1	1	0	1	0
14	1	1	1	0	0
15	1	1	1	1	0

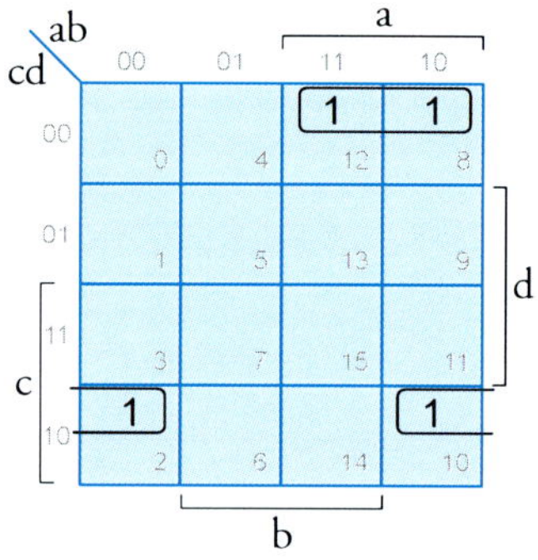

Del propio diagrama de Karnaugh, se obtiene la función simplificada:

$F = \bar{b}c\bar{d} + a\bar{c}\bar{d} = \bar{d}(\bar{b}c + a\bar{c})$

Implementando ahora con cualquier tipo de puertas tenemos:

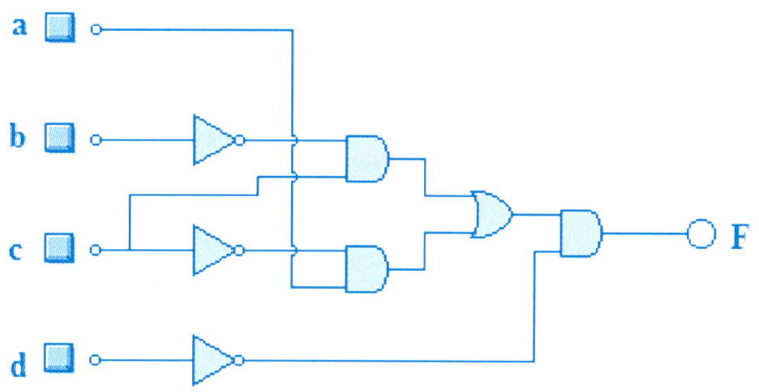

15. Dada la siguiente función en forma de MAXTERMS:

$F = \prod_4(0,2,4,6,8,9,10,11,12,14)$, se pide:

a) Simplificación por Karnaugh.

b) Implementar la función con puertas NOR de dos entradas.

c) Pasar la función a MINTERMS y simplificarla de nuevo por Karnaugh.

d) Implementar la función anterior con puertas NAND.

a) Simplificando por Karnaugh obtenemos la siguiente función en forma de MINTERMS:

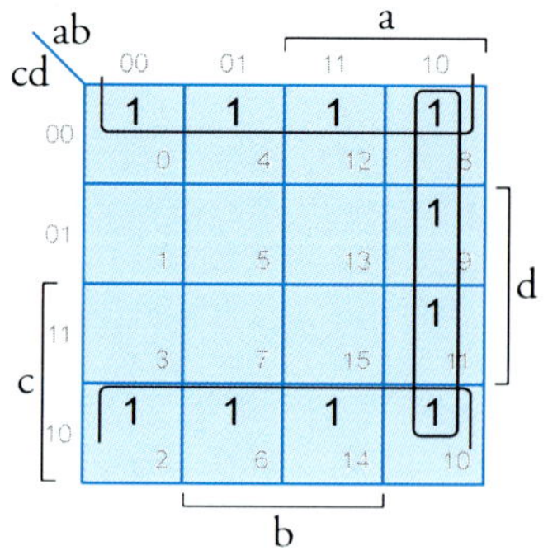

$F = \bar{d}\cdot(a+\bar{b}) = \overline{\overline{\bar{d}\cdot(a+\bar{b})}} = \overline{\bar{\bar{d}} + \overline{(a+\bar{b})}} = \overline{d + \overline{(a+\bar{b})}}$

b) El circuito con puertas NOR será:

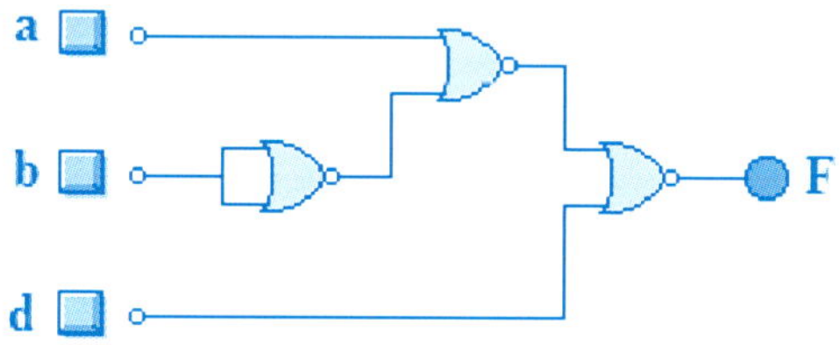

c) A continuación pasamos en primer lugar la función inicial a MINTERMS:

$F = \prod_4(0,2,4,6,8,9,10,11,12,14) = \overline{\overline{\prod_4(0,2,4,6,8,9,10,11,12,14)}}$

$= \overline{\prod_4(1,3,5,7,13,15)} = \sum_4(\overline{1},\overline{3},\overline{5},\overline{7},\overline{13},\overline{15}) = \sum_4(14,12,10,8,2,0)$

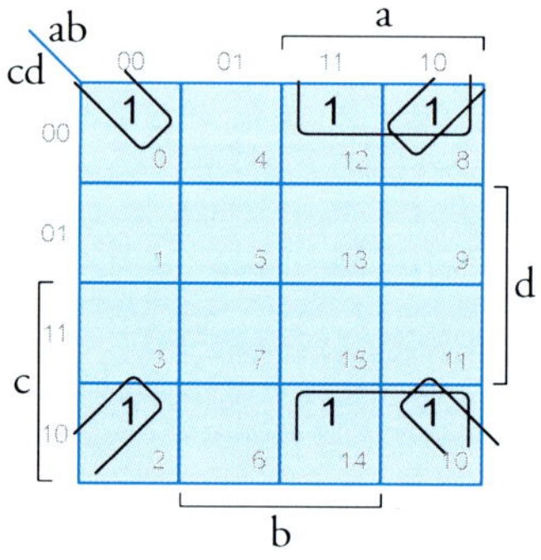

$F = a\bar{d} + \bar{b}\bar{d} = \overline{\overline{a\bar{d}}\cdot\overline{\bar{b}\bar{d}}}$

d) El circuito con puertas NAND será:

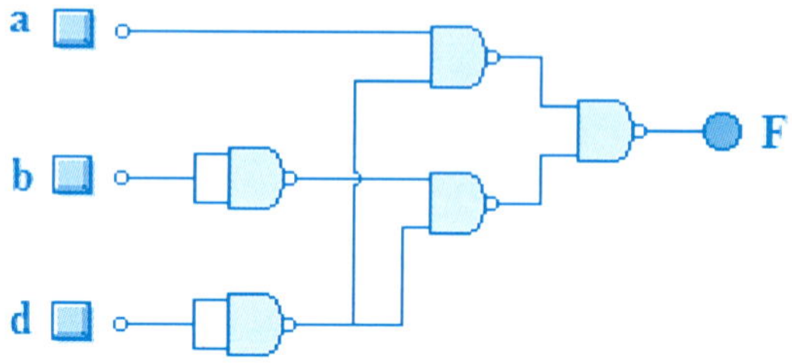

16. Dada la siguiente función en forma de MINTERMS:

$F = \sum_4 (3,7,8,9,10,11,12,13,15)$, se pide:

a) Simplificación por Karnaugh e implementación con puertas NAND de dos entradas.

b) Implementación de la función por medio de un multiplexor.

a) Simplificando por Karnaugh obtenemos la siguiente función en forma de MINTERMS:

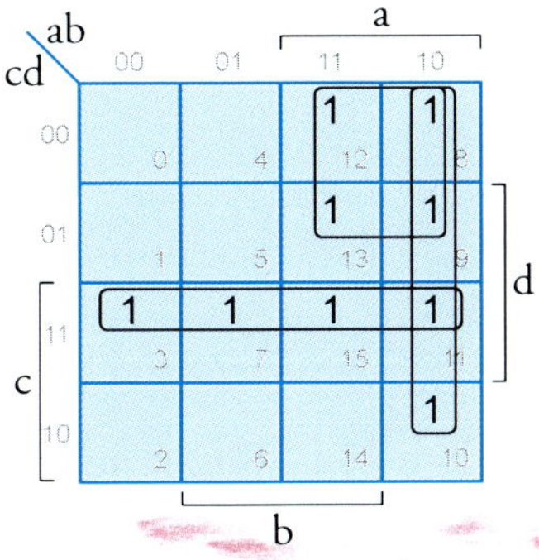

$F = cd + a\bar{c} + a\bar{b}$

Sacando factor común "a" en los dos últimos términos y aplicando Morgan obtenemos:

$F = cd + a(\bar{b} + \bar{c})$

$F = \overline{\overline{cd + a(\bar{b} + \bar{c})}} = \overline{\overline{cd + a(\overline{bc})}} = \overline{\overline{cd} \cdot \overline{a(\overline{bc})}}$

Implementando ahora con puertas NAND de dos entradas tenemos:

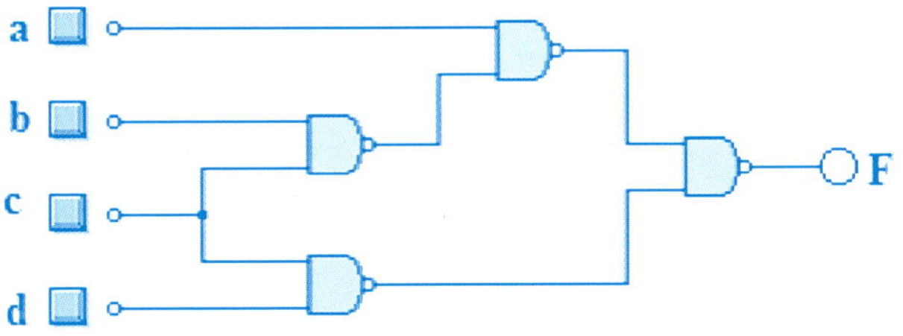

b) Si implementamos la función mediante un multiplexor de ocho canales de entrada (D_0... D_7) y tres entradas de selección (S_2, S_1, S_0), obtenemos a partir del diagrama:

a \ bcd	000	001	010	011	100	101	110	111
0	0 (0)	0 (1)	0 (2)	1 (3)	0 (4)	0 (5)	0 (6)	1 (7)
1	1 (8)	1 (9)	1 (10)	1 (11)	1 (12)	1 (13)	0 (14)	1 (15)
	D0	D1	D2	D3	D4	D5	D6	D7

$D_0 = D_1 = D_2 = D_4 = D_5 = a$

$D_3 = D_7 = 1(+U)$

$D_6 = 0$

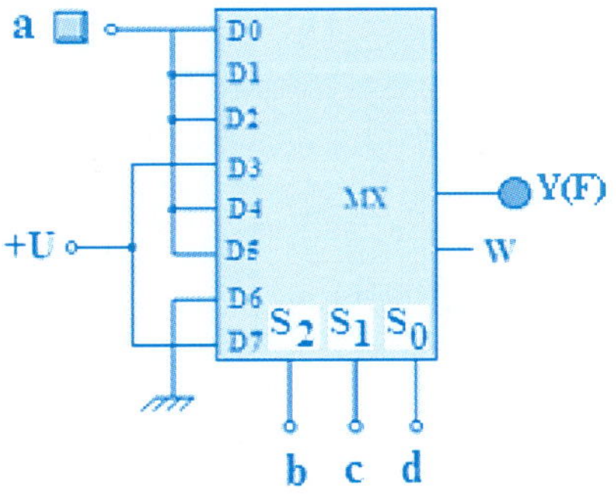

17. Obtener el circuito optimizado (mínimo número de puertas lógicas) que represente la siguiente función en forma de MINTERMS:

$F = \sum_4 (3,8,13,15) + \sum_\emptyset (5,7,9,10,11,12)$, se pide:

a) Implementación del circuito con puertas NAND de dos entradas.

b) Implementación del circuito con puertasNOR de dos entradas.

c) Mediante un multiplexor de ocho canales de de entrada.

a) Simplificando por Karnaugh obtenemos la siguiente función en forma de MINTERMS:

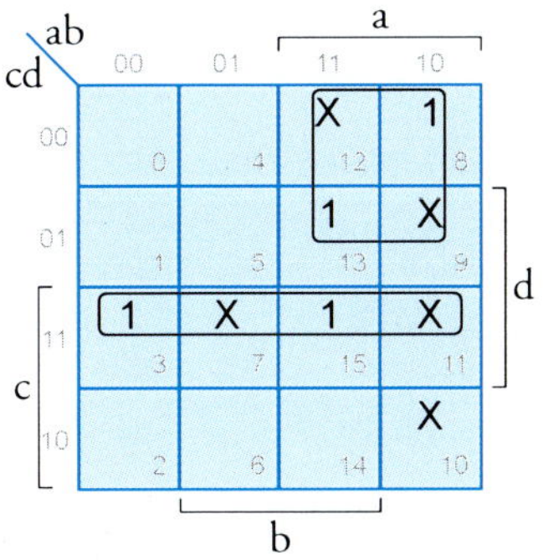

$F = a\bar{c} + cd = \overline{\overline{a\bar{c} + cd}} = \overline{\overline{a\bar{c}} \cdot \overline{cd}}$

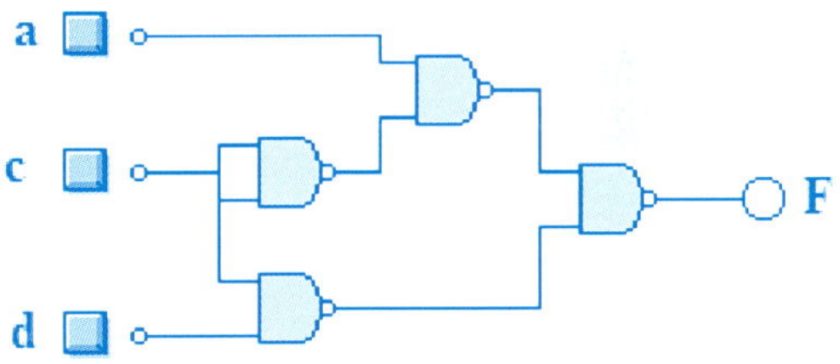

b) Si simplificamos de nuevo por Karnaugh los ceros e invertimos las variables obtenemos la función simplificada en forma de MAXTERMS:

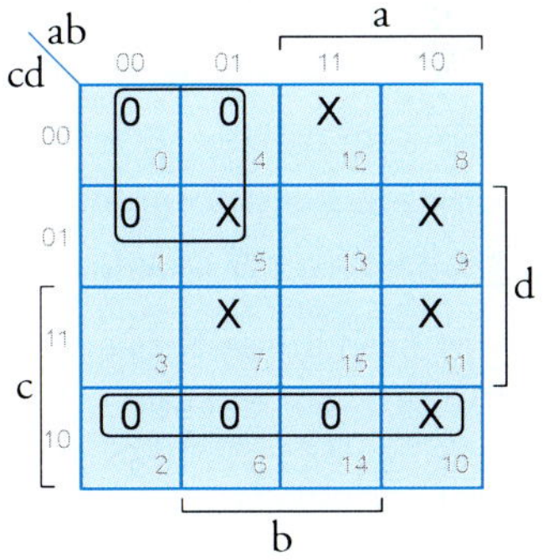

$F' = (\bar{a} + \bar{c}) \cdot (c + \bar{d})$

$F = (a + c) \cdot (\bar{c} + d) = \overline{\overline{(a + c) \cdot (\bar{c} + d)}} = \overline{\overline{(a + c)} + \overline{(\bar{c} + d)}}$

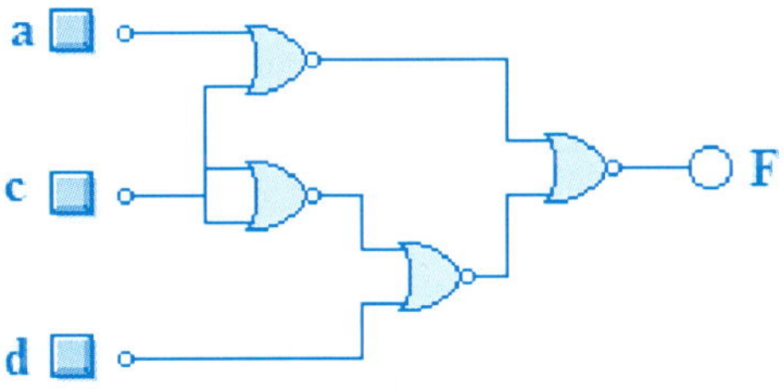

Otra forma de hacerlo sería la siguiente:

$F = \sum_4 \overline{\overline{(3,8,13,15)}} + \sum_\emptyset \overline{\overline{(5,7,9,10,11,12)}} = \sum_4 \overline{(0,1,2,4,6,14)} + \sum_\emptyset \overline{(5,7,9,10,11,12)}$

$F = \prod_4(\overline{0},\overline{1},\overline{2},\overline{4},\overline{6},\overline{14}) = \prod_{\emptyset}(\overline{5},\overline{7},\overline{9},\overline{10},\overline{11},\overline{12}) =$

$= \prod_4(15,14,13,11,9,1) \times \prod_{\emptyset}(10,8,6,5,4,3)$

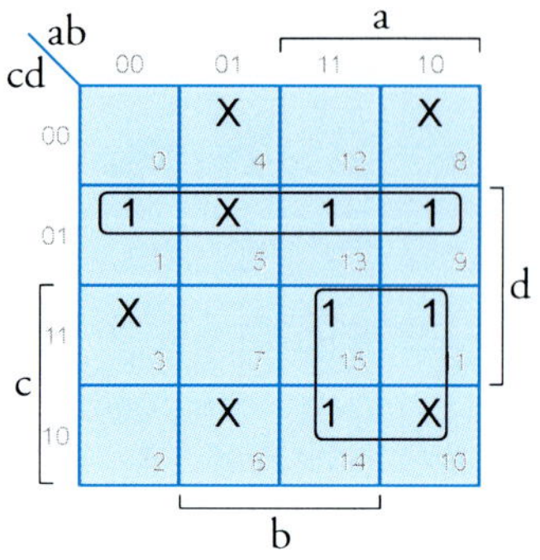

$F = (a + c) \cdot (\overline{c} + d)$

c) Mediante un multiplexor:

$D_1 = D_2 = D_4 = D_6 = 0$

$D_3 = D_5 = D_7 = 1(+U)$

$D_0 = a$

a \ bcd	000	001	010	011	100	101	110	111
0	0 (0)	0 (1)	0 (2)	1 (3)	0 (4)	X (5)	0 (6)	X (7)
1	1 (8)	X (9)	X (10)	X (11)	X (12)	1 (13)	0 (14)	1 (15)
	D0	D1	D2	D3	D4	D5	D6	D7

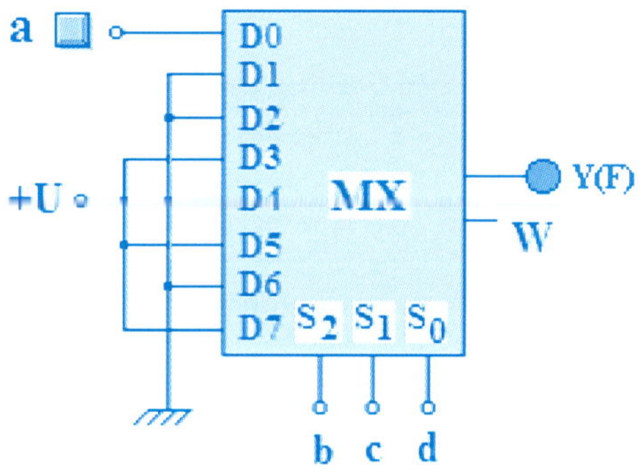

18. Dada la siguiente función en forma de MINTERMS:

$F = \sum_4(0,1,2,3,5,7,8,9,10,11)$, se pide:

a) Simplificar la función por Karnaugh e implementarla con puertas NAND de dos entradas.

b) Pasar la función a MAXTERMS y simplificarla de nuevo por Karnaugh.

c) Implementar la función anterior con puertas NOR de dos entradas.

d) Implementar la función inicial mediante un MULTIPLEXOR.

a) Simplificando por Karnaugh obtenemos:

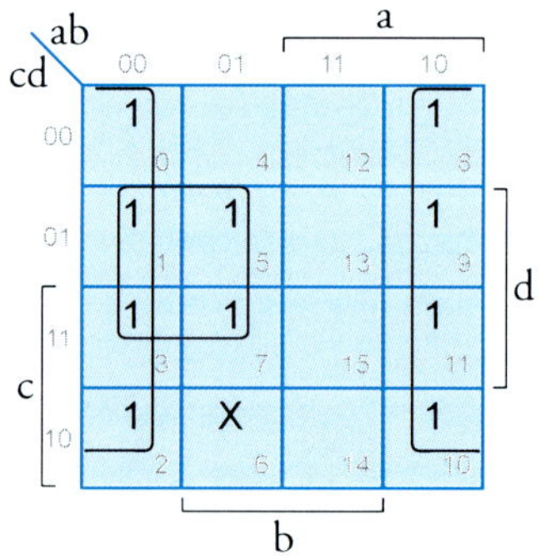

$F = \overline{b} + \overline{a}d = \overline{\overline{\overline{b} + \overline{a}d}} = \overline{\overline{\overline{b}} \cdot \overline{\overline{a}d}} = \overline{b \cdot \overline{\overline{a}d}}$

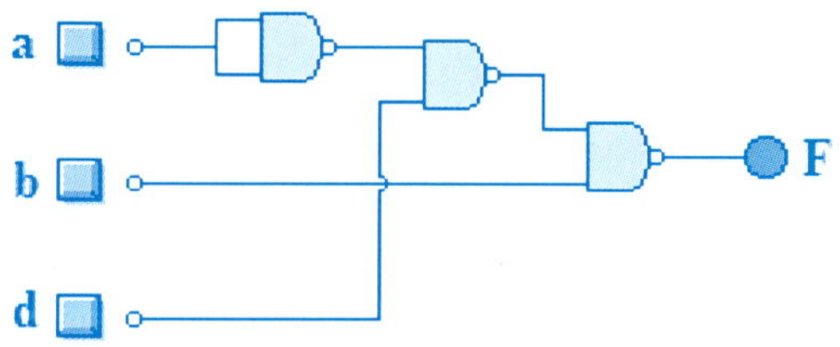

b) Si pasamos la función a MAXTERMS obtenemos:

$F = \sum_4(0,1,2,3,5,7,8,9,10,11) = \sum_4\overline{\overline{(0,1,2,3,5,7,8,9,10,11)}} =$

$= \sum_4\overline{(4,6,12,13,14,15)} = \prod_4(\overline{4},\overline{6},\overline{12},\overline{13},\overline{14},\overline{15}) = \prod_4(11,9,3,2,1,0)$

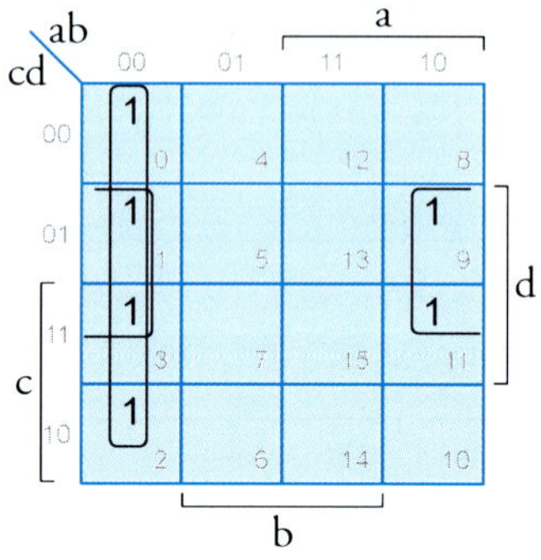

$F = (\overline{a} + \overline{b}) \cdot (\overline{b} + d) = \overline{\overline{(\overline{a} + \overline{b}) \cdot (\overline{b} + d)}} = \overline{\overline{(\overline{a} + \overline{b})} + \overline{(\overline{b} + d)}}$

c) El circuito con puertas NOR será el siguiente:

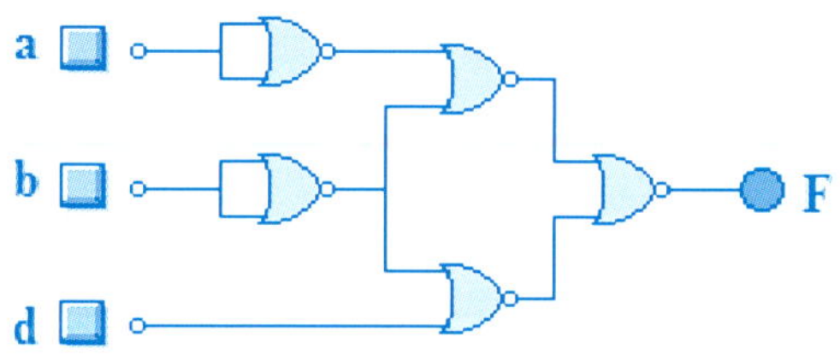

d) Completamos en primer lugar la tabla para el multiplexor:

$D_0 = D_1 = D_2 = D_3 = 1(+U)$

$D_4 = D_6 = 0$

$D_5 = D_7 = \overline{a}$

a \ bcd	000	001	010	011	100	101	110	111
0	1 (0)	1 (1)	1 (2)	1 (3)	0 (4)	1 (5)	0 (6)	1 (7)
1	1 (8)	1 (9)	1 (10)	1 (11)	0 (12)	0 (13)	0 (14)	0 (15)
	D0	D1	D2	D3	D4	D5	D6	D7

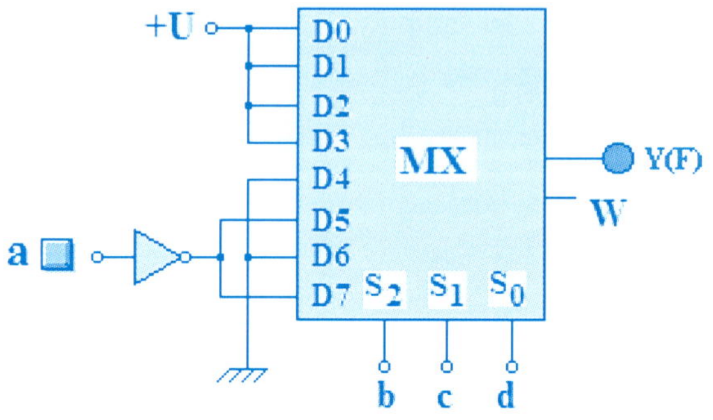

19. Dado el circuito lógico cuyo esquema de bloques se representa a continuación, determinar la función que realiza en forma de MINTERMS si las entradas y salidas se comportan de acuerdo con el siguiente diagrama de tiempos. Implementar el circuito lógico con puertas NAND de dos entradas.

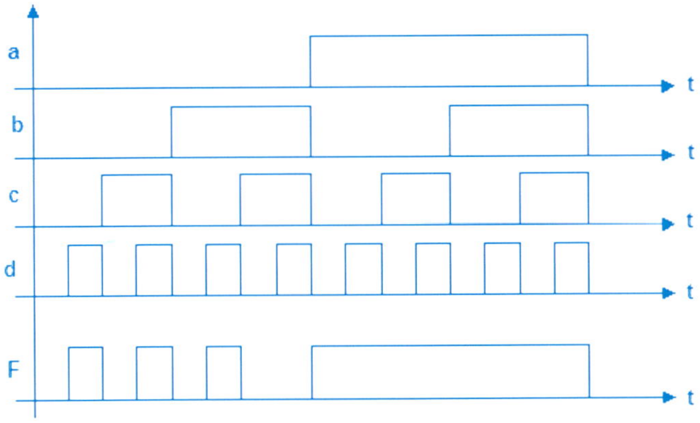

Del propio diagrama de tiempos se obtiene que la función de salida en forma de MINTERMS es la siguiente:

$F = \sum_{4}(1,3,5,8,9,10,11,12,13,14,15)$

Si simplificamos por Karnaugh y aplicamos "Morgan" para implementar posteriormente con puertas NAND obtenemos:

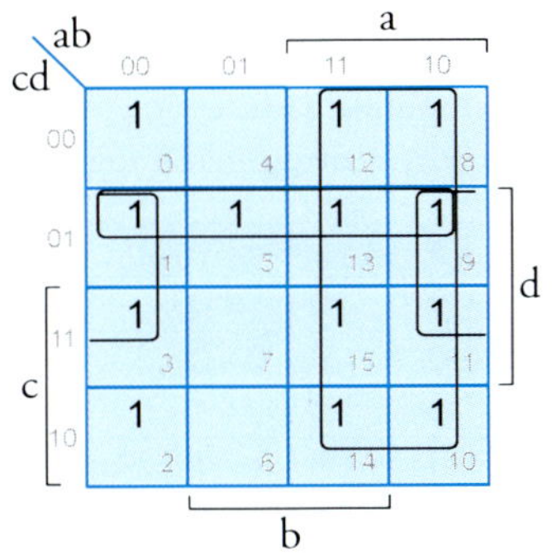

$F = a + \bar{b}d + \bar{c}d = a + d(\bar{b} + \bar{c}) = a + d(\overline{\overline{\bar{b} + \bar{c}}})$

$F = a + d(\overline{\bar{\bar{b}} \cdot \bar{\bar{c}}}) = a + d(\overline{b \cdot c}) = \overline{\overline{a + d(\overline{b \cdot c})}} = \overline{\bar{a} \cdot \overline{d(\overline{b \cdot c})}}$

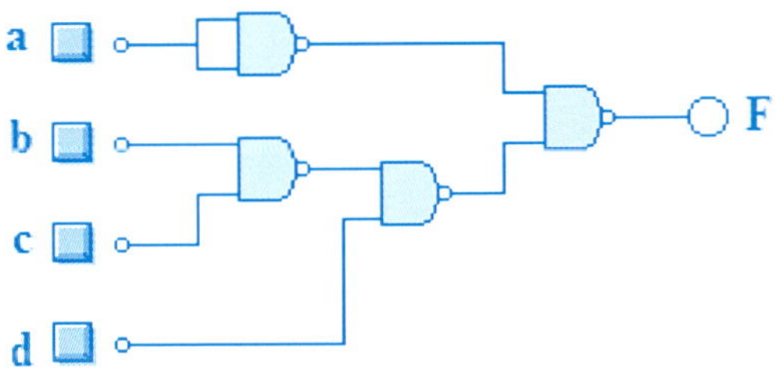

20. En un automóvil de dos puertas (a, b) se enciende la luz interior (L) cuando se desactiva alguno de los dos actuadores existentes en cada puerta, o cuando el conductor activa el pulsador manual (c) situado cerca del retrovisor. Se pide la tabla de verdad, el mapa de Karnaugh y el circuito lógico con puertas NAND de dos entradas. Suponer los actuadores activados como "*uno*" lógico y desactivados como "*cero*" lógico.

Dec.	a	b	c	L
0	0	0	0	1
1	0	0	1	1
2	0	1	0	1
3	0	1	1	1
4	1	0	0	1
5	1	0	1	1
6	1	1	0	0
7	1	1	1	1

$L = \bar{a} + \bar{b} + c = \overline{\overline{\bar{a} + \bar{b} + c}} = \overline{\bar{\bar{a}} \cdot \bar{\bar{b}} \cdot \bar{c}} = \overline{a \cdot b \cdot \bar{c}}$

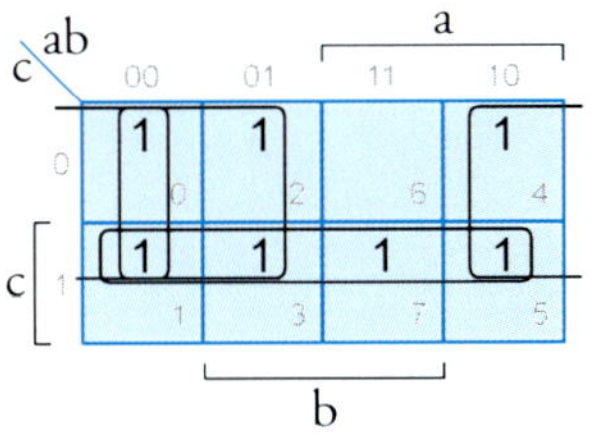

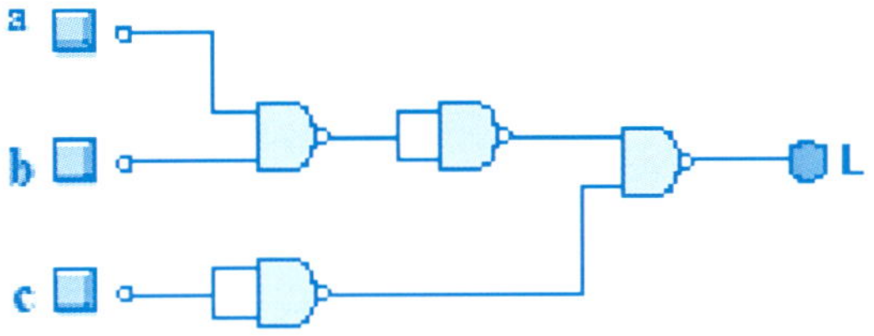

21. El funcionamiento de un montacargas (M) está regulado mediante tres captadores (a, b, c) situados debajo del mismo. Debe funcionar en vacío (ningún captador accionado) y con cargas entre 10 y 100 kg (captadores "a" y "b" accionados), y debe estar parado para cargas menores de 10 kg (captador "a" accionado) o superiores a 100 kg (los tres captadores accionados). El captador "a" está accionado siempre que lo esté el "b". Además los captadores "a" y "b" están accionados cuando lo está el "c". Se pide:

a) Obtener la tabla de verdad e implementar la función simplificada con puertas NAND de dos entradas.

b) Pasar la función a MAXTERMS e implementar la función simplificada con puertas NOR de dos entradas.

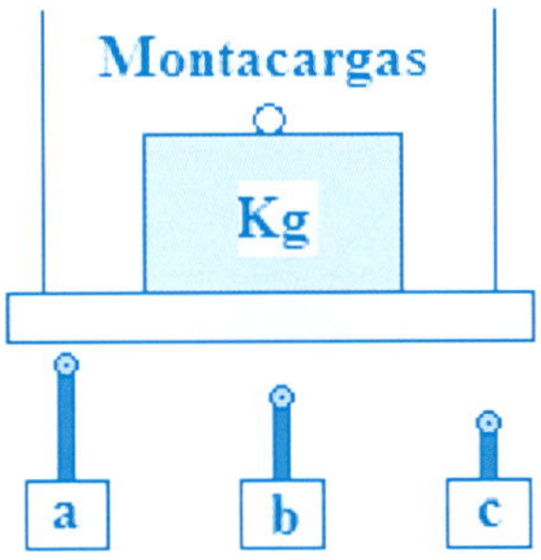

a) En primer lugar obtenemos la tabla de verdad y simplificamos por Karnaugh:

Dec	a	b	c	M
0	0	0	0	1
1	0	0	1	X
2	0	1	0	X
3	0	1	1	X
4	1	0	0	0
5	1	0	1	X
6	1	1	0	1
7	1	1	1	0

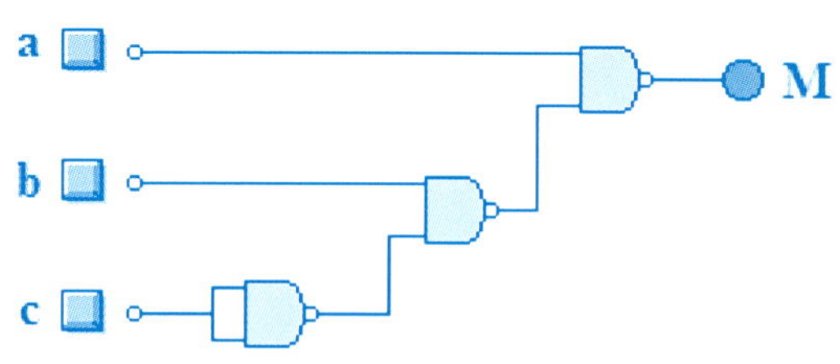

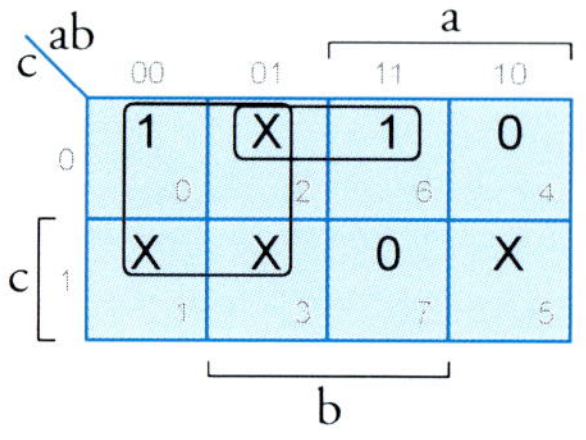

$F = \sum_{3}(0,6) + \sum_{\varnothing}(1,2,3,5)$

$M = \bar{a} + b\bar{c} = \overline{\overline{\bar{a} + b\bar{c}}} = \overline{\bar{\bar{a}} \cdot \overline{b\bar{c}}} = \overline{a \cdot \overline{b\bar{c}}}$

b) Si pasamos la función a MAXTERMS obtenemos:

$M = \sum_{3}(0,6) = \sum_{\varnothing}(1,2,3,5) = \sum_{3}\overline{\overline{(0,6)}} + \sum_{\varnothing}\overline{\overline{(1,2,3,5)}} = \sum_{3}\overline{(\bar{4},\bar{7})} = \sum_{\varnothing}\overline{(\bar{1},\bar{2},\bar{3},\bar{5})}$

$M = \prod_{3}(\bar{4},\bar{7}) \cdot \prod_{\varnothing}(\bar{1},\bar{2},\bar{3},\bar{5}) = \prod_{3}(3,0) \cdot \prod_{\varnothing}(6,5,4,2) = \prod_{3}(3,0) \cdot \prod_{\varnothing}(6,5,4,2)$

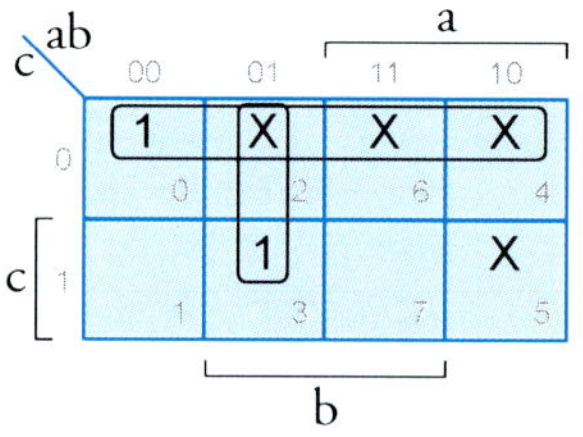

$M = \bar{c} \cdot (\bar{a} + b) = \overline{\overline{\bar{c} \cdot (\bar{a} + b)}} = \overline{\bar{\bar{c}} + \overline{(\bar{a} + b)}} = \overline{c + \overline{(\bar{a} + b)}}$

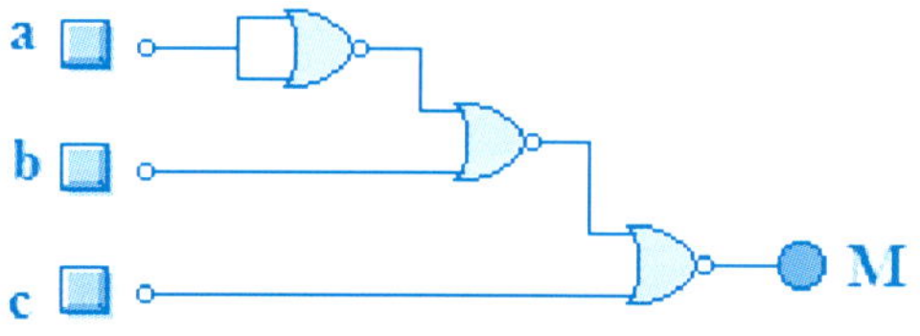

22. Un proceso químico posee tres indicadores de temperatura del punto, cuyas salidas adoptan dos niveles de tensión bien diferenciados según la temperatura sea menor, igual o mayor que t_1, t_2 o t_3 respectivamente ($t_1 < t_2 < t_3$). Se asigna el valor "*cero*" a un nivel de tensión correspondiente a una temperatura inferior a "t" y el valor "*uno*" al nivel correspondiente a una temperatura superior o igual a "t". Se desea generar una señal (F) que adopte un nivel de tensión "*uno lógico*", si la temperatura está comprendida entre t_1 y t_2 o si es superior o igual a t_3 y el nivel "*cero lógico*", en caso contrario. Obtener la tabla de verdad e implementar el circuito con puertas NAND de dos entradas. Considerar $a = t_3$, $b = t_2$ y $c = t_1$.

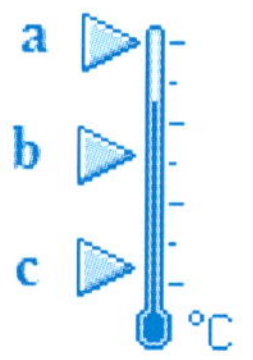

Dec	$a = t_3$	$b = t_2$	$c = t_1$	F
0	0	0	0	0
1	0	0	1	1
2	0	1	0	X
3	0	1	1	0
4	1	0	0	X
5	1	0	1	X
6	1	1	0	X
7	1	1	1	1

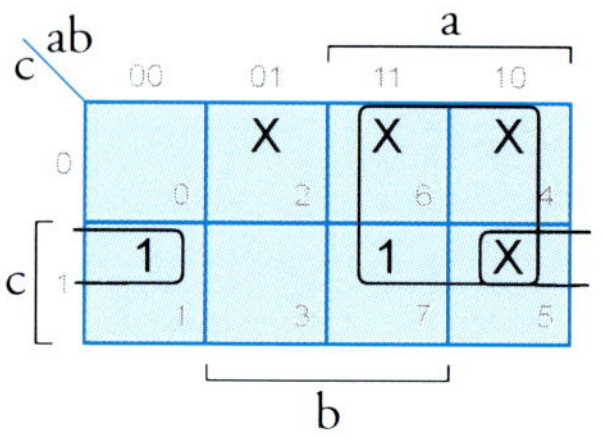

$F = a + \bar{b}c = \overline{\overline{a + \bar{b}c}} = \overline{\bar{a} \cdot \overline{\bar{b}c}}$

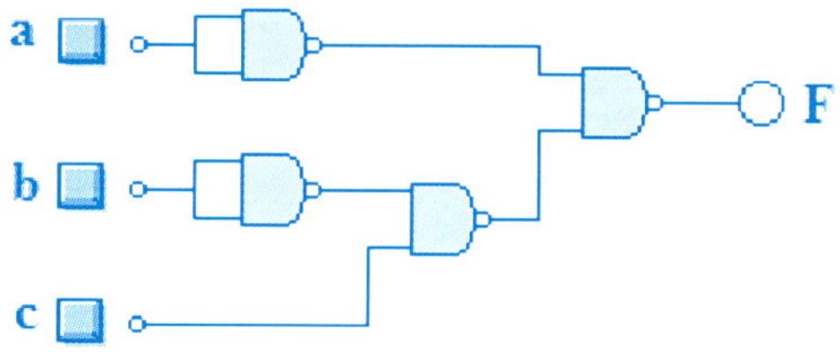

23. La parada de emergencia de un carro se efectúa por medio de un circuito lógico que controla: "a" objeto de proximidad que lo detiene siempre y, tres entradas más (b, c, d) que activan el STOP (S) cuando estando "d" a nivel alto, alguna de las otras dos entradas están a nivel bajo. Se trata de confeccionar la tabla de verdad, simplificar la función e implementar el circuito utilizando solamente cuatro puertas lógicas de dos entradas.

Dec.	a	b	c	d	S
0	0	0	0	0	0
1	0	0	0	1	1
2	0	0	1	0	0
3	0	0	1	1	1
4	0	1	0	0	0
5	0	1	0	1	1
6	0	1	1	0	0
7	0	1	1	1	0
8	1	0	0	0	1
9	1	0	0	1	1
10	1	0	1	0	1
11	1	0	1	1	1
12	1	1	0	0	1
13	1	1	0	1	1
14	1	1	1	0	1
15	1	1	1	1	1

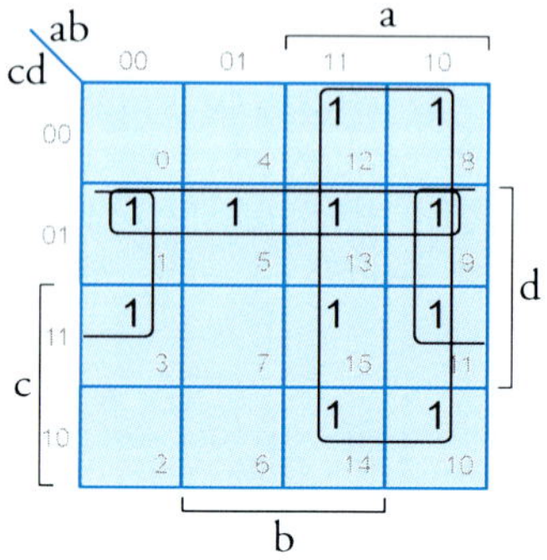

$S = a + \overline{c}d + \overline{b}d = a + d(\overline{c} + \overline{b}) = a + d(\overline{b \cdot c}) = \overline{\overline{a} \cdot \overline{d(\overline{b \cdot c})}}$

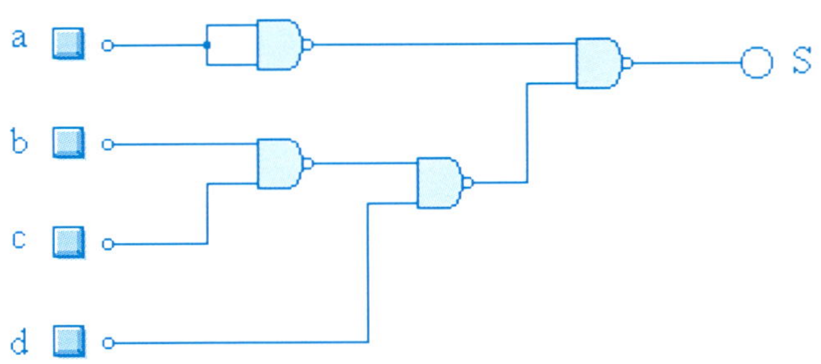

24. Para subir agua desde un pozo hasta un depósito se utiliza una motobomba eléctrica (M). El accionamiento de la bomba está gobernado automáticamente por un sensor de nivel mínimo de pozo (a) y los sensores de nivel mínimo y máximo del depósito (b, c). El arranque se produce si "a" y "b" están excitados y si "c" no lo está. La parada se produce si "a" no está excitado o si "c" está excitado. Se considera que los sensores (a, b, c) están activados cuando el nivel de agua actúa sobre ellos. Se pide la tabla de verdad del circuito combinacional, la función simplificada y el diagrama lógico de la función de arranque con puertas NAND de tres entradas.

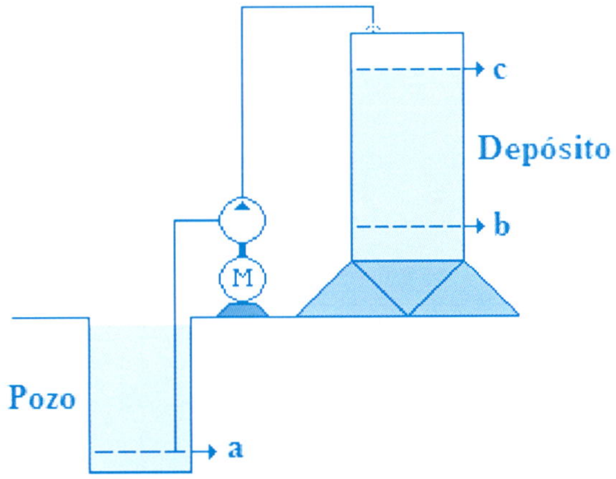

Dec	a	b	c	M
0	0	0	0	0
1	0	0	1	X
2	0	1	0	0
3	0	1	1	0
4	1	0	0	0
5	1	0	1	X
6	1	1	0	1
7	1	1	1	0

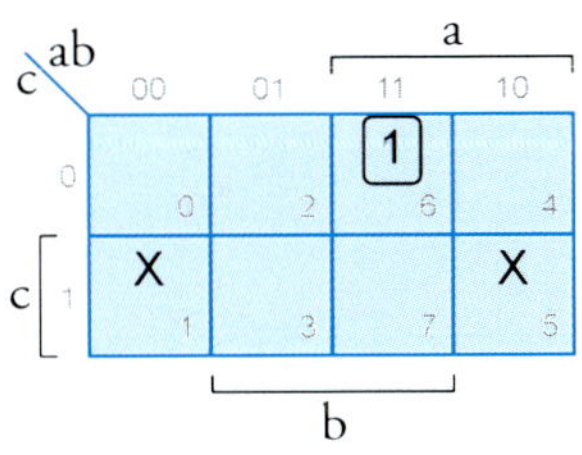

$M = ab\overline{c} = \overline{\overline{ab\overline{c}}}$

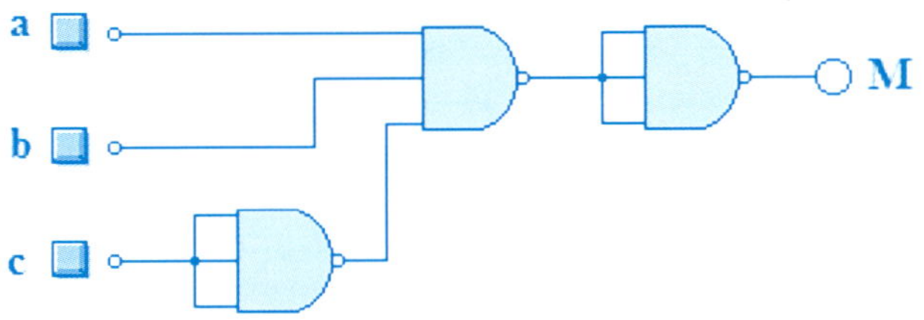

25. Se pretende diseñar un circuito electrónico digital capaz de abrir una caja fuerte controlada por cuatro sensores:

a: sensor de voz para el presidente

b: sensor de voz para el secretario

c: detector de personal merodeante

d: interruptor horario

La caja fuerte sólo se abrirá en las siguientes condiciones:

- Que esté el presidente y no haya nadie más en la zona.
- Que estén presentes el presidente y el secretario y la hora esté comprendida entre las 9 horas y las 22 horas.
- Que estén presentes el presidente y el secretario, la hora esté comprendida entre las 22 horas y las 9 horas, y no haya nadie más en la zona.

Considerar que el interruptor horario se pondrá a "1" lógico a las 22 horas y a "0" lógico a las 9 horas. El resto de los sensores se pondrán a "1" lógico cuando detecten alguna persona a su alrededor.

Resolver el problema mediante puertas lógicas y mediante multiplexor.

$F = \sum_3(8,9,12,13,14) = a\overline{c} + ab\overline{d} = a(\overline{c} + b\overline{d})$

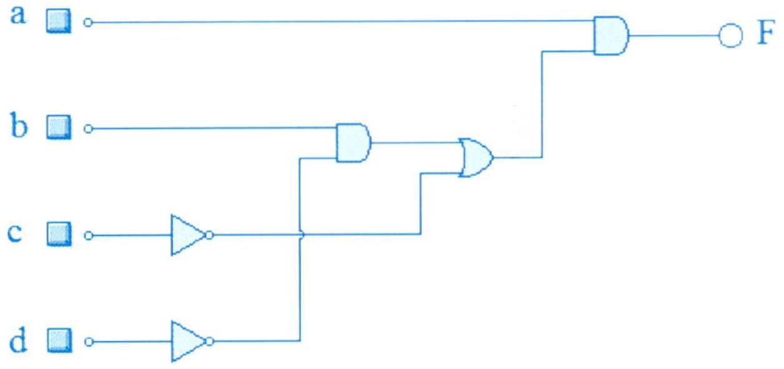

La solución más viable es mediante multiplexor de ocho canales de entrada:

$D_0 = D1 = D_4 = D_5 = D_6 = a$; $D_2 = D_3 = D_7 = 0$

26. Obtener la siguiente función lógica utilizando para ello un decodificador y una puerta "OR" de cuatro entradas:

$$F(a,b,c) = \sum_3(1,3,5,7)$$

Al ser una función con tres variables de entrada, utilizaremos un decodificador 3 a 8. Las salidas que se han de activar a 1 (utilizaremos un decodificador con lógica positiva de salida) son las correspondientes a las combinaciones de entrada 1, 3, 5 y 7; tomaremos esas salidas y las llevaremos a una puerta OR.

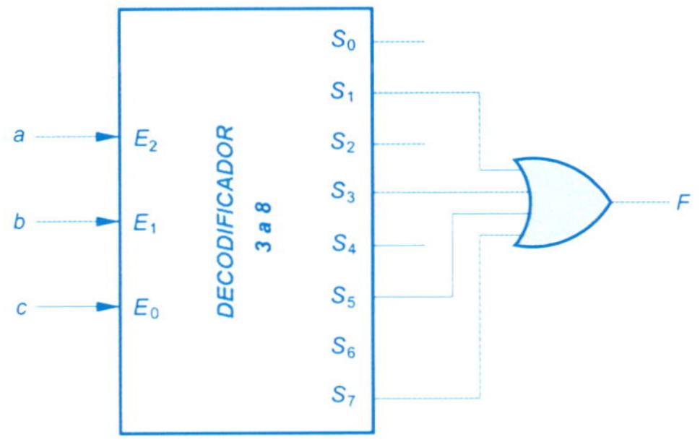

27. Utilizando biestables "JK" y puertas AND diseñar un contador síncrono que realice la siguiente secuencia de conteo: 0,1,7,3,0...

A partir de la tabla de excitación del biestable "JK" construimos la tabla de estados:

Q(t)	Q(t+1)	J	K
0	0	0	X
0	1	1	X
1	0	X	1
1	1	X	0

Dec.	Q_2	Q_1	Q_0	$Q_2(t+1)$	$Q_1(t+1)$	$Q_0(t+1)$	J_2	K_2	J_1	K_1	J_0	K_0
0	0	0	0	0	0	1	0	X	0	X	1	X
1	0	0	1	1	1	1	1	X	1	X	X	0
2	0	1	0	X	X	X	X	X	X	X	X	X
3	0	1	1	0	0	0	0	X	X	1	X	1
4	1	0	0	X	X	X	X	X	X	X	X	X
5	1	0	1	X	X	X	X	X	X	X	X	X
6	1	1	0	X	X	X	X	X	X	X	X	X
7	1	1	1	0	1	1	X	1	X	0	X	0

De la propia tabla de estados obtenemos los siguientes resultados: $K_2 = J_0 = 1$

Simplificamos por Karnaugh el resto de variables: J_2, J_1, K_1 y K_0:

J_2

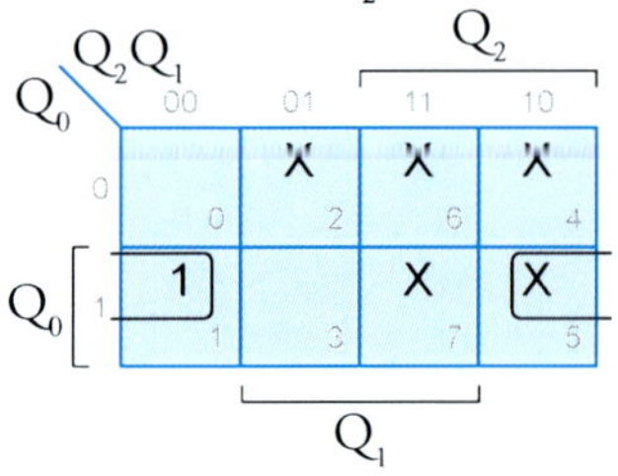

J_1

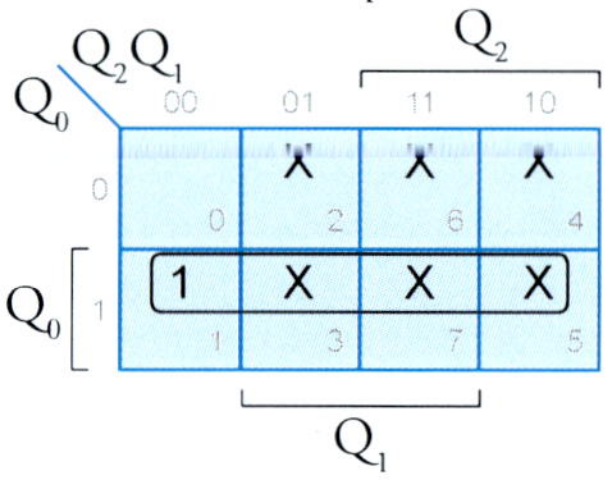

K_1

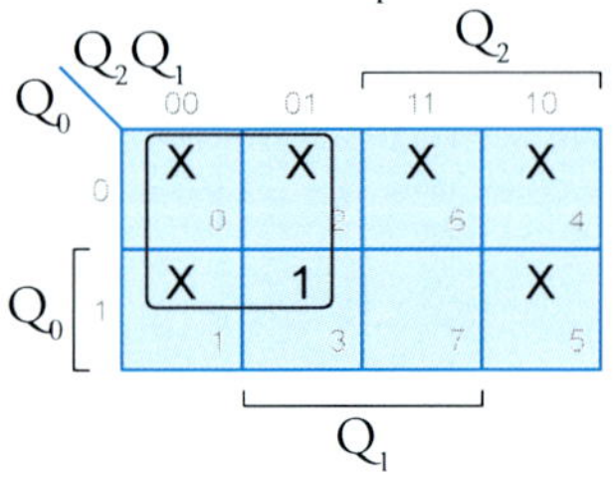

K_0

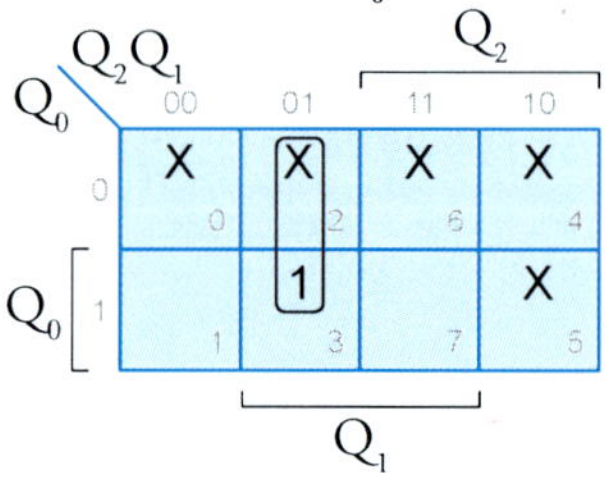

$$J_2 = \overline{Q_1} \cdot Q_0$$

$$J_1 = Q_0$$

$$K_1 = \overline{Q_2}$$

$$K_0 = \overline{Q_2} \cdot Q_1$$

Finalmente implementamos el circuito con los tres biestables y una puerta AND:

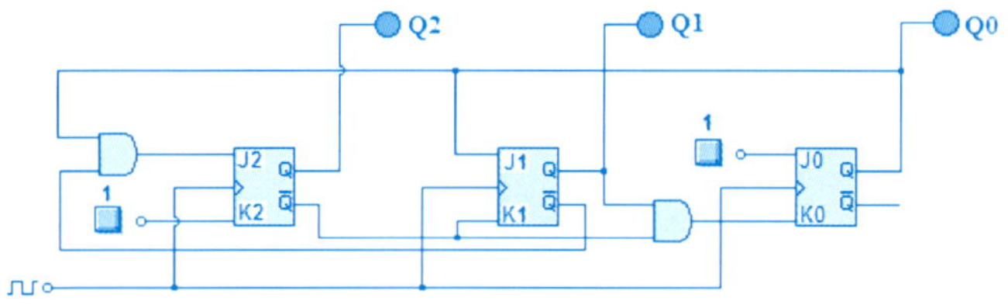

28. Utilizando biestables "RS" y puertas AND diseñar un contador síncrono que realice la siguiente secuencia de conteo: 0,2,4,6,0...

A partir de la tabla de excitación del biestable "RS" construimos la tabla de estados:

Q(t)	Q(t+1)	R	S
0	0	X	0
0	1	0	1
1	0	1	0
1	1	0	X

Dec.	Q_2	Q_1	Q_0	$Q_2(t+1)$	$Q_1(t+1)$	$Q_0(t+1)$	R_2	S_2	R_1	S_1	R_0	S_0
0	0	0	0	0	1	0	X	0	0	1	X	0
1	0	0	1	X	X	X	X	X	X	X	X	X
2	0	1	0	1	0	0	0	1	1	0	X	0
3	0	1	1	X	X	X	X	X	X	X	X	X
4	1	0	0	1	1	0	0	X	0	1	X	0
5	1	0	1	X	X	X	X	X	X	X	X	X
6	1	1	0	0	0	0	1	0	1	0	X	0
7	1	1	1	X	X	X	X	X	X	X	X	X

De la propia tabla de estados obtenemos los siguientes resultados: $R_0 = S_0 = 0$

Simplificamos por Karnaugh el resto de variables: R_2, S_2, R_1 y S_1:

R_2

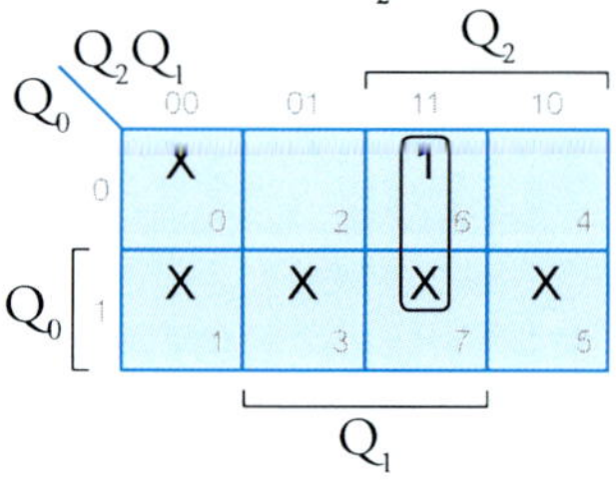

S_2

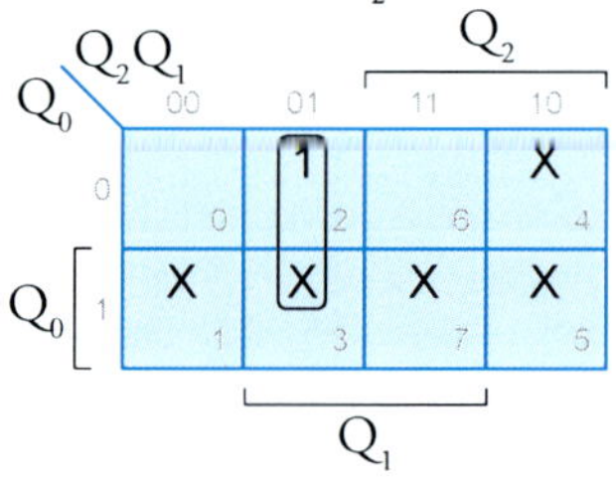

R_1

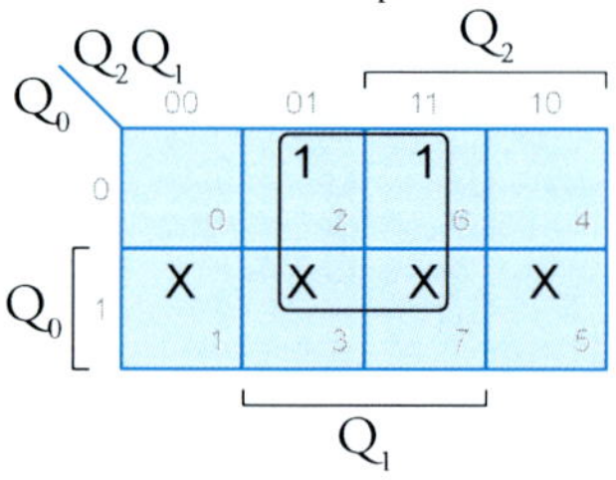

S_1

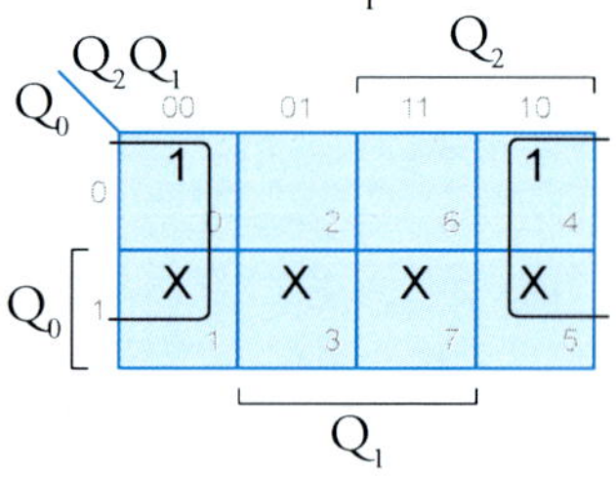

$$R_2 = Q_2 \cdot Q_1$$

$$S_2 = \overline{Q_2} \cdot Q_1$$

$$R_1 = Q_1$$

$$S_1 = \overline{Q_1}$$

Finalmente implementamos el circuito con los tres biestables y una puerta AND:

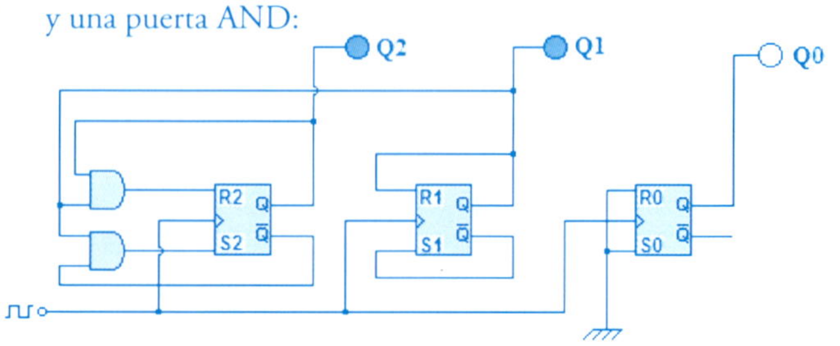

29. Utilizando biestables "JK" y puertas NOR de dos entradas diseñar un dado digital de manera que al accionar un pulsador (NC) aparezca en el visualizador (display) un número comprendido entre uno y seis. Utilizar un decodificador de "BCD a siete segmentos" para convertir el número de binario (BCD) a los siete segmentos del display.

A partir de la tabla de excitación del biestable "JK" construimos la tabla de estados:

Q(t)	Q(t+1)	J	K
0	0	0	X
0	1	1	X
1	0	X	1
1	1	X	0

Dec.	Q_2	Q_1	Q_0	$Q_2(t+1)$	$Q_1(t+1)$	$Q_0(t+1)$	J_2	K_2	J_1	K_1	J_0	K_0
0	0	0	0	X	X	X	X	X	X	X	X	X
1	0	0	1	0	1	0	0	X	1	X	X	1
2	0	1	0	0	1	1	0	X	X	0	1	X
3	0	1	1	1	0	0	1	X	X	1	X	1
4	1	0	0	1	0	1	X	0	0	X	1	X
5	1	0	1	1	1	0	X	0	1	X	X	1
6	1	1	0	0	0	1	X	1	X	1	1	X
7	1	1	1	X	X	X	X	X	X	X	X	X

De la propia tabla de estados obtenemos los siguientes resultados: $J_0 = K_0 = 1$

Simplificamos por Karnaugh el resto de variables: J_2, K_2, J_1 y K_1:

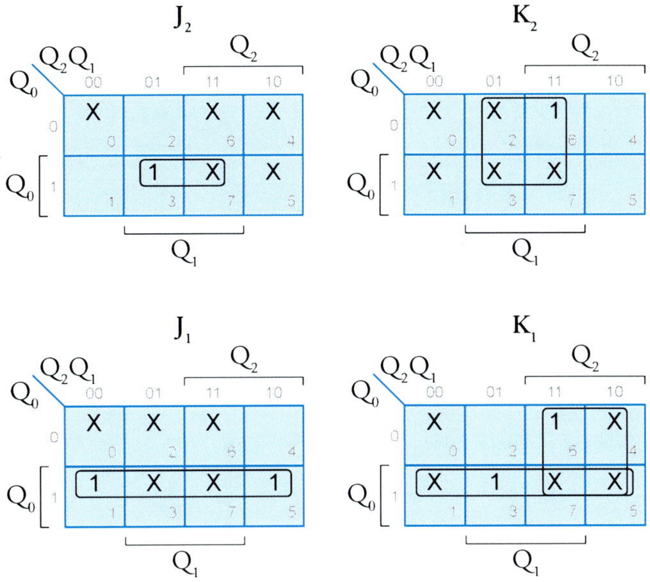

$$J_2 = Q_1 Q_0 = \overline{\overline{Q_1 Q_0}} = \overline{\overline{Q_1} + \overline{Q_0}}$$

$$K_2 = Q_1$$

$$J_1 = Q_0$$

$$K_1 = Q_2 + Q_0 = \overline{\overline{Q_2 + Q_0}} = \overline{\overline{Q_2 + J_1}}$$

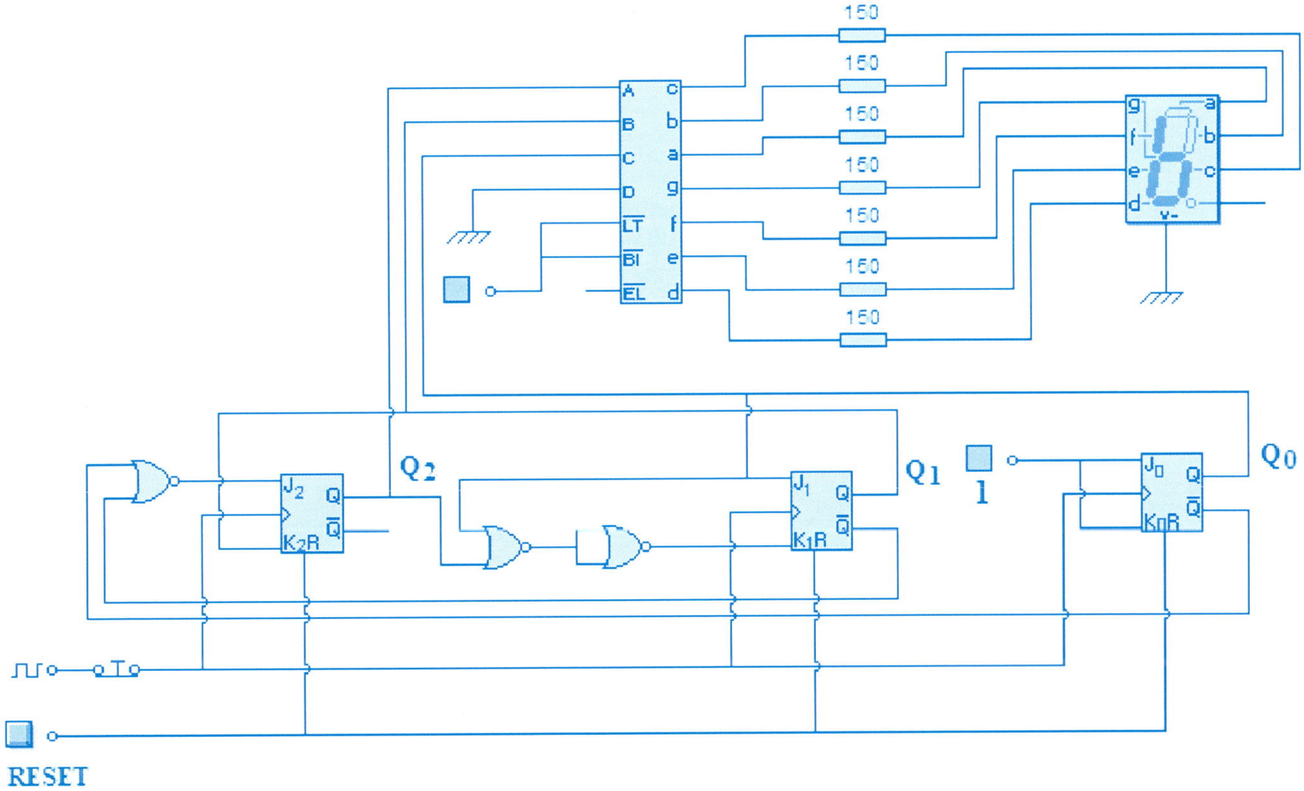

30. Utilizando biestables "D" y puertas lógicas diseñar un contador síncrono que realice la siguiente secuencia de conteo: 0,1,3,5, 2,7,4,0...

A partir de la tabla de excitación del biestable "D" construimos la tabla de estados:

Q(t)	Q(t+1)	D
0	0	0
0	1	1
1	0	0
1	1	1

Dec.	Q_2	Q_1	Q_0	$Q_2(t+1) = D_2$	$Q_1(t+1) = D_1$	$Q_0(t+1) = D_0$
0	0	0	0	0	0	1
1	0	0	1	0	1	1
3	0	1	0	1	0	1
5	0	1	1	0	1	0
2	1	0	0	1	1	1
7	1	0	1	1	0	0
4	1	1	0	0	0	0

Simplificando por Karnaugh obtenemos que:

$D_2 = Q_1$

$D_0 = \overline{Q_2}$

$D_1 = \overline{Q_1} \cdot Q_0 + Q_1 \cdot \overline{Q_0} = Q_1 \oplus Q_0$

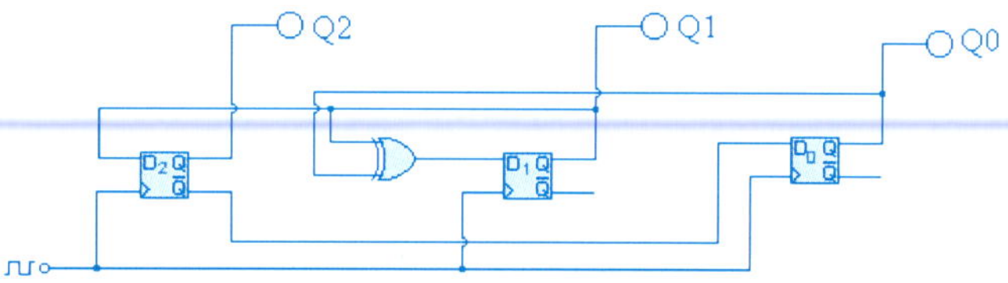

31. Un circuito digital consta de tres entradas: una de datos (a) y dos de selección (b,c). Los valores que toma la salida vienen dados por la siguiente tabla. Se pide:

a) Obtener la función lógica de salida.

b) Simplificar la función por Karnaugh e implementar con puertas NAND de dos entradas.

b	c	F
0	0	*0*
0	1	*ā*
1	0	*a*
1	1	*1*

a) La función (F) de salida será en este caso:

Dec	a	b	c	F
0	0	0	0	0
1	0	0	1	1
2	0	1	0	0
3	0	1	1	1
4	1	0	0	0
5	1	0	1	0
6	1	1	0	1
7	1	1	1	1

$F = \sum_4 (1,3,6,7)$

b) La función simplificada por Karnaugh será:

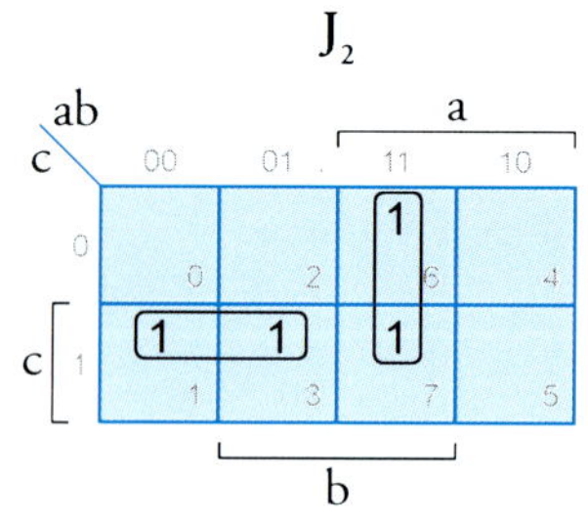

$F = ab + \bar{a}c = \overline{\overline{ab} \cdot \overline{\bar{a}c}}$

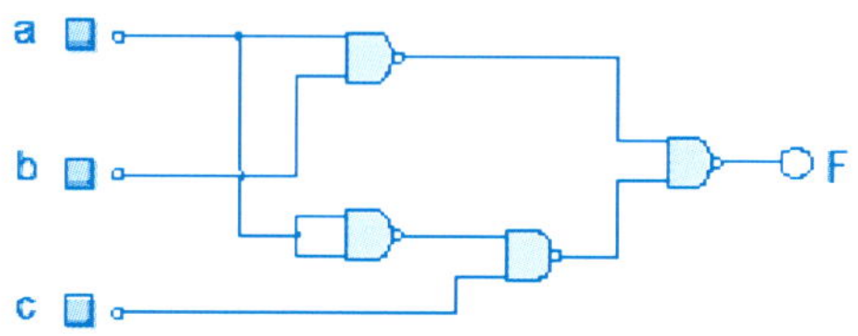

32. Un circuito digital posee dos entradas de señal "a" y "b", una entrada de selección "c" y una salida "F", siendo su funcionamiento el siguiente:

- Si c = 0; F = a.
- Si c = 1; F = b.

Implementar con puertas lógicas el circuito que realice dicha función.

Realizamos en primer lugar su tabla de verdad:

Dec	a	b	c	F
0	0	0	0	0
1	0	0	1	0
2	0	1	0	0
3	0	1	1	1
4	1	0	0	1
5	1	0	1	0
6	1	1	0	1
7	1	1	1	1

Simplificando la función por Karnaugh, obtenemos:

$F = a\bar{c} + bc$

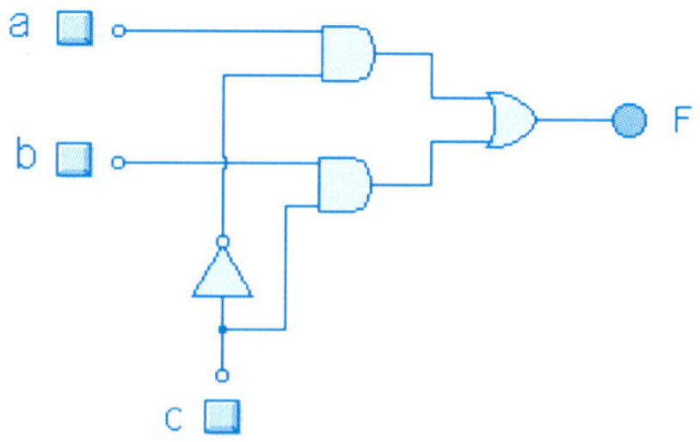

33. Obtener la tabla de verdad de la función lógica que realiza el circuito con "multiplexor" mostrado a continuación. Simplificar la función e implementar con el menor número de puertas lógicas.

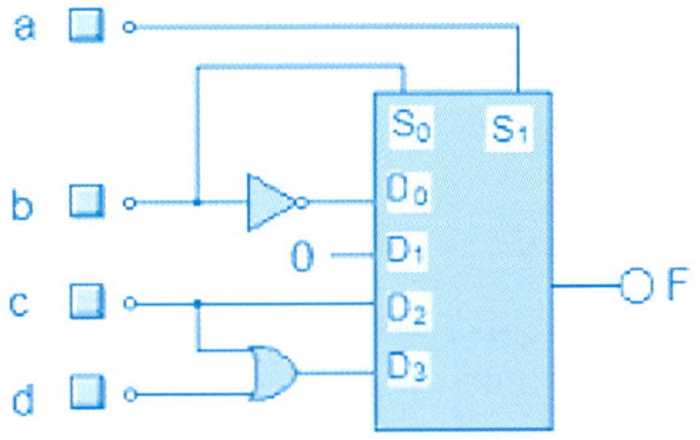

Dec.	$a = S_1$	$b = S_0$	c	d	$D_3 = (c + d)$	$D_2 = c$	$D_1 = 0$	$D_0 = \bar{b}$	F
0	0	0	0	0	0	0	0	1	1
1	0	0	0	1	1	0	0	1	1
2	0	0	1	0	1	1	0	1	1
3	0	0	1	1	1	1	0	1	1
4	0	1	0	0	0	0	0	0	0
5	0	1	0	1	1	0	0	0	0
6	0	1	1	0	1	1	0	0	0
7	0	1	1	1	1	1	0	0	0
8	1	0	0	0	0	0	0	1	0
9	1	0	0	1	1	0	0	1	0
10	1	0	1	0	1	1	0	1	1
11	1	0	1	1	1	1	0	1	1
12	1	1	0	0	0	0	0	0	0
13	1	1	0	1	1	0	0	0	1
14	1	1	1	0	1	1	0	0	1
15	1	1	1	1	1	1	0	0	1

Por tanto, la función de salida en forma de Minterms será:

$$F = \sum_4 (0,1,2,3,10,11,13,14,15)$$

Simplificando ahora por Karnaugh obtenemos:

$$F = \bar{a}\bar{b} + ac + abd = \overline{a + b} + a(c + bd)$$

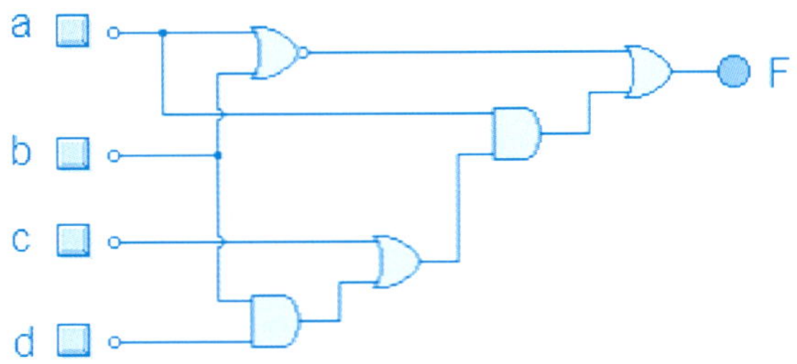

34. Obtener la tabla de verdad de la función lógica que realiza el circuito con "decodificador" mostrado a continuación. Simplificar la función e implementar con puertas NOR de dos entradas.

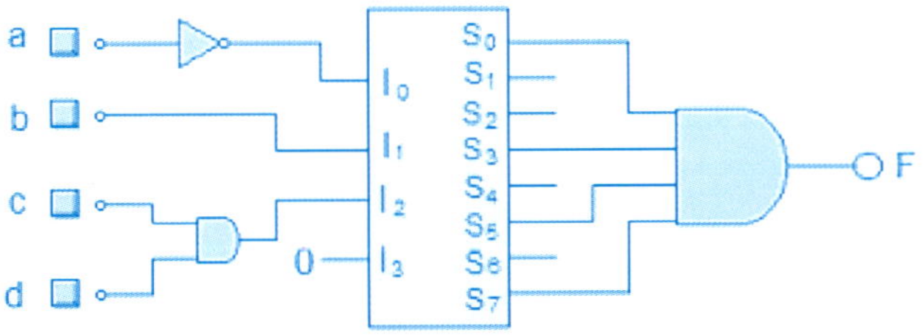

Dec.	a	b	c	d	$I_2 = (c + d)$	$I_1 = b$	$I_0 = \bar{a}$	$F = S_0 + S_3 + S_5 + S_7$
0	0	0	0	0	0	0	1	0
1	0	0	0	1	1	0	1	1
2	0	0	1	0	1	0	1	1
3	0	0	1	1	1	0	1	1
4	0	1	0	0	0	1	0	0
5	0	1	0	1	1	1	0	0
6	0	1	1	0	1	1	0	0
7	0	1	1	1	1	1	0	0
8	1	0	0	0	0	0	1	0
9	1	0	0	1	1	0	1	1
10	1	0	1	0	1	0	1	1
11	1	0	1	1	1	0	1	1
12	1	1	0	0	0	1	0	0
13	1	1	0	1	1	1	0	0
14	1	1	1	0	1	1	0	0
15	1	1	1	1	1	1	0	0

Por tanto, la función de salida en forma de Minterms y la función simplificada serán

$$F = \sum_4 (1,2,3,9,10,11)$$

$$F = \bar{b}\bar{c} + \bar{b}d = \bar{b}(\bar{c} + d) = \overline{\bar{\bar{b}} + \overline{(\bar{c} + d)}}$$

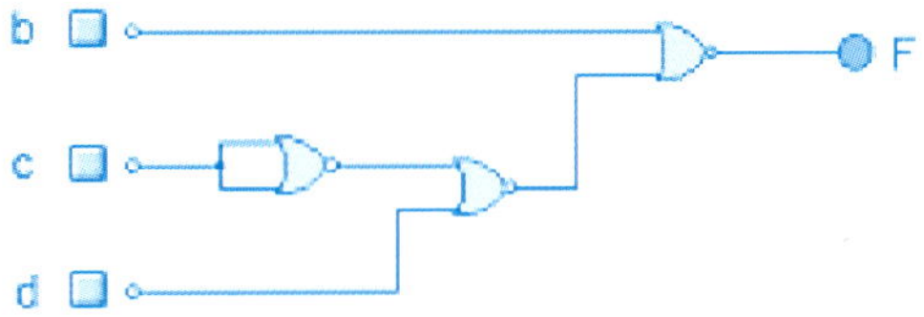

35. Un circuito combinacional tiene dos entradas de datos "a" y "b", dos entradas de selección de operación "c" y "d" y una salida (F). El funcionamiento es tal que, mediante las señales "c" y "d", puede seleccionarse la función lógica F(a, b) según la tabla adjunta. Obtén la función lógica correspondiente simplificada: F (a, b, c, d). Implementarla con puertas lógicas.

c	d	F
0	0	$a + b$
0	1	$\overline{a \cdot b}$
1	0	$a \oplus b$
1	1	$\bar{b}$

La tabla de verdad del circuito combinacional será:

Dec.	a	b	c	d	F
0	0	0	0	0	0
1	0	0	0	1	1
2	0	0	1	0	0
3	0	0	1	1	1
4	0	1	0	0	1
5	0	1	0	1	1
6	0	1	1	0	1
7	0	1	1	1	0
8	1	0	0	0	1
9	1	0	0	1	1
10	1	0	1	0	1
11	1	0	1	1	1
12	1	1	0	0	1
13	1	1	0	1	0
14	1	1	1	0	0
15	1	1	1	1	0

Simplificando la función por Karnaugh tenemos:

$$F = a\bar{b} + \bar{b}d + \bar{a}b\bar{d} + b\bar{c}\bar{d} + \bar{a}\bar{c}d = \bar{b}(a + d) + b\bar{d}(\bar{a} + \bar{c}) + \bar{a}\bar{c}d$$

$$F = \bar{b}(a + d) + b\bar{d}(\overline{a \cdot c}) + \bar{a}\bar{c}d$$

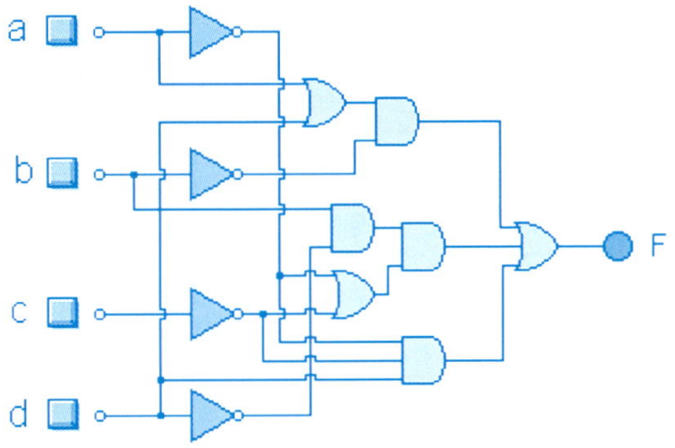

36. Un circuito digital acepta en su entrada un número binario "N" de cuatro bits y da a su salida dos señales "X" e "Y" , de manera que "X" se activa si $9 < N < 16$. Por su parte "Y" permanece desactivada si "N" es múltiplo de cero o múltiplo de 2. Obtén las funciones lógicas para cada salida y resuelva con puertas lógicas.

Las funciones de salida son, en este caso:

$$X = \sum_4 (10,11,12,13,14,15)$$

$$Y = \sum_4 (1,3,5,7,9,11,13,15)$$

Simplificando e implementando con puertas lógicas tenemos

$$X = ab + cd$$

$$Y = d$$

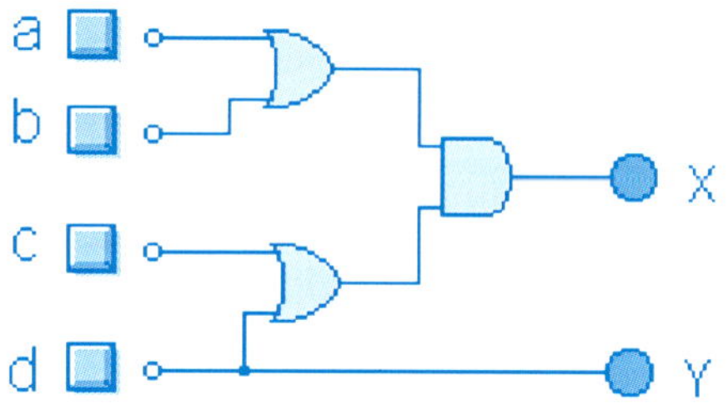

37. Una llave electrónica de seguridad elemental consta de: cuatro interruptores a, b, c y d, para introducir la clave; una salida, P, para la apertura de la puerta; otra salida, S, conectada a una sirena. Para que se abra la puerta es necesario accionar "a " y "b", simultáneamente, y ninguno más. Si se introduce cualquier otra combinación, se activa la sirena, permaneciendo bloqueada la puerta. Se pide:

a) La tabla de verdad y las funciones simplificadas.

b) Realizar el circuito lógico utilizando solamente puertas NAND.

a) La tabla de verdad para la puerta (P) y la sirena (S) será:

Dec.	a	b	c	d	P	S
0	0	0	0	0	0	1
1	0	0	0	1	0	1
2	0	0	1	0	0	1
3	0	0	1	1	0	1
4	0	1	0	0	0	1
5	0	1	0	1	0	1
6	0	1	1	0	0	1
7	0	1	1	1	0	1
8	1	0	0	0	0	1
9	1	0	0	1	0	1
10	1	0	1	0	0	1
11	1	0	1	1	0	1
12	1	1	0	0	1	0
13	1	1	0	1	1	0
14	1	1	1	0	1	0
15	1	1	1	1	1	0

$$P = ab = \overline{\overline{ab}}$$

$$S = \bar{a} + \bar{b} = \overline{a \cdot b}$$

b) El circuito con puertas NAND será el siguiente:

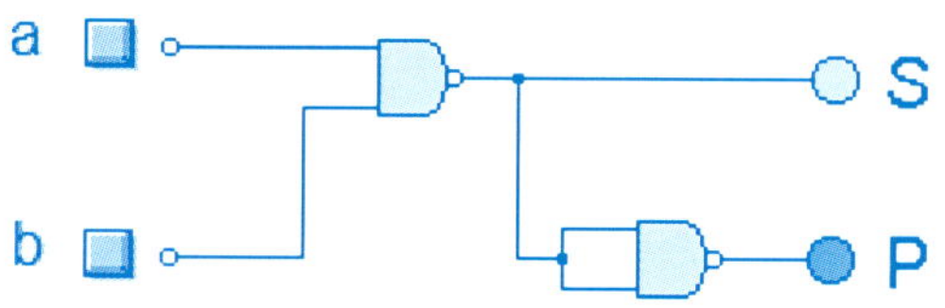

38. Para el circuito lógico mostrado en la figura, obtenga la función lógica de salida, simplifícala e impleméntala con el menor número de puertas lógicas posible.

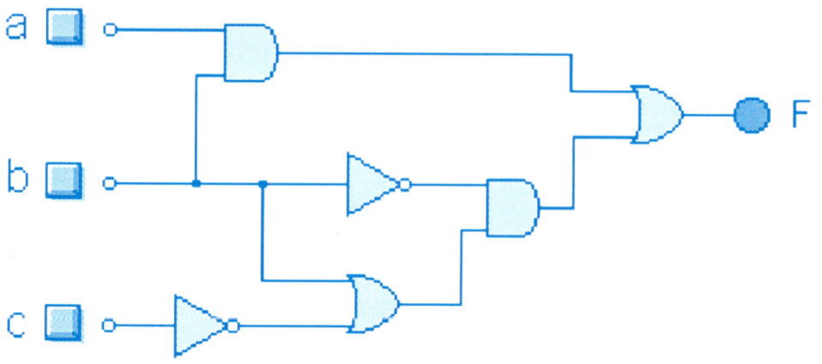

La función de salida será en este caso:

$$F = ab + \bar{b}(b + \bar{c}) = ab + \bar{b}b + \bar{b}\bar{c} = ab + 0 + \bar{b}\bar{c}$$

$$F = ab + 0 + \overline{b + c}$$

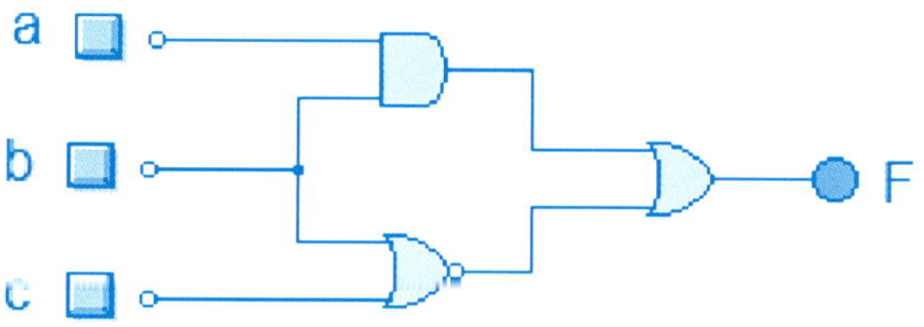

REGULACIÓN Y CONTROL

PRINCIPIPALES DEFINICIONES

- **Sistema o proceso:** es el conjunto de componentes que actúan de forma controlada para realizar una acción.
- **Proceso controlado:** cuando se actúa de forma manual o automática sobre un sistema para alcanzar un cierto fin.
- **Componentes pasivos:** son aquellos que no pueden alterar su estado o funcionamiento.
- **Componentes activos:** son aquellos cuyo estado puede manipularse. Ejemplo: una resistencia, un condensador, un transistor, etc.
- **Entrada o consigna:** causa que produce en el proceso el efecto deseado.
- **Salida:** componente que proporciona el resultado deseado.
- **Perturbación:** es una señal de entrada indeseable que afecta al valor de la salida.
- **Controlador o regulador:** es aquel que calcula en todo momento la acción sobre el actuador del proceso. Ejemplo: un amplificador.
- **Actuador del proceso:** es un componente activo que no es manipulable directamente por el operario. Ejemplo: un motor.
- **Sistema de control en lazo abierto:** son aquellos sistemas en los cuales la señal de salida no tienen ninguna influencia sobre la señal de entrada.
- **Sistema de control en lazo cerrado:** la señal de salida del sistema tiene efecto sobre la señal de entrada, se dice entonces que existe realimentación de la señal de salida sobre la entrada.
- **Sensor:** elemento que se encuentra en contacto directo con el proceso a medir y convierte la magnitud física a medir en otra generalmente eléctrica.
- **Transductor:** dispositivo que transforma la señal proporcionada por el sensor en otra más potente, cuya medida y tratamiento resultan más útiles.
- **Captador**: es el dispositivo empleado para convertir y adaptar la señal de salida a la entrada del sistema (realimentación). Ejemplo: una dinamo tacométrica.
- **Detector de error**: dispositivo que proporciona la señal que informa de la diferencia entre la señal de salida deseada y la que se obtiene exactamente (señal diferencia, activa o error).

DIAGRAMA DE BLOQUES

Es una representación gráfica de la relación causa-efecto existente entre la entrada (E) y la salida (S) de un sistema físico. El bloque se representa mediante un rectángulo que contiene el nombre del elemento y la operación matemática que realiza sobre la entrada para obtener la salida.

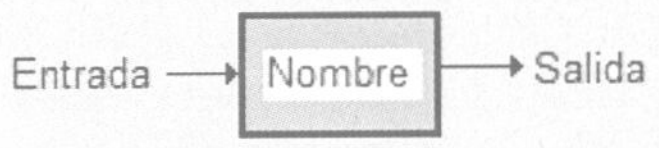

Consta fundamentalmente de las siguientes partes o elementos:

a) **Variables:** se suelen colocar al lado de las flechas para indicar el nombre de la variable que representan. Si son entradas se representan con las letras E, X, Y... y si son salidas con las letras C, Z, S...

b) **Operadores:** realizan una operación matemática determinada y pueden ser:

- **Sumador:**

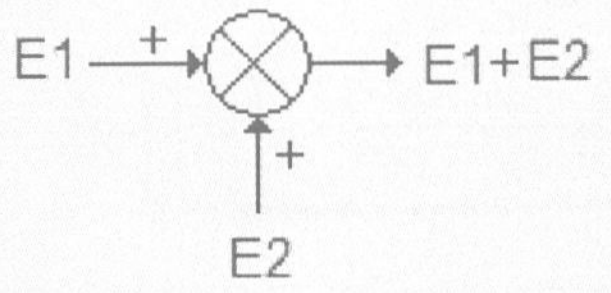

- **Restador:**

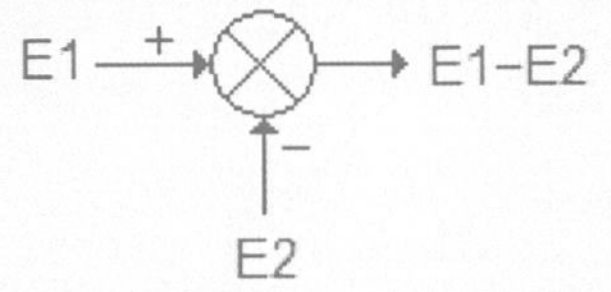

- **Ganancia (G):**

- **Punto de bifurcación o de reparto:** cuando se desea usar una misma señal como entrada de más de un bloque o punto de suma.

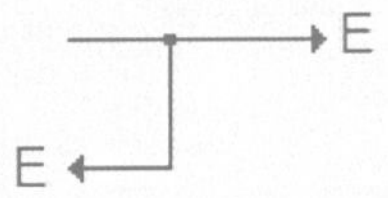

REGLAS DE SIMPLIFICACIÓN

a) Agrupación serie o en cascada:

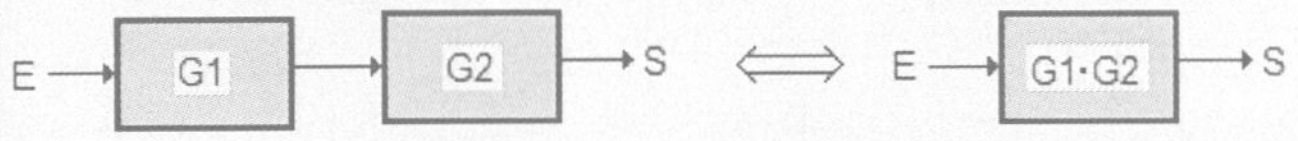

$$S = (G_1 \cdot G_2) \cdot E$$

b) Agrupación paralelo o en derivación:

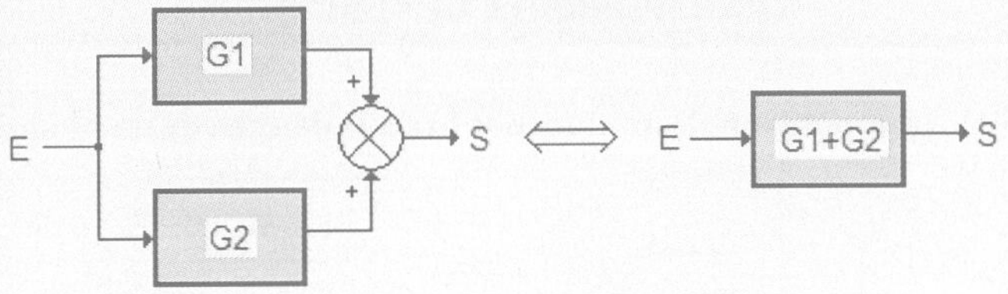

$$S = (G_1 + G_2) \cdot E$$

c) Bucle de realimentación negativa:

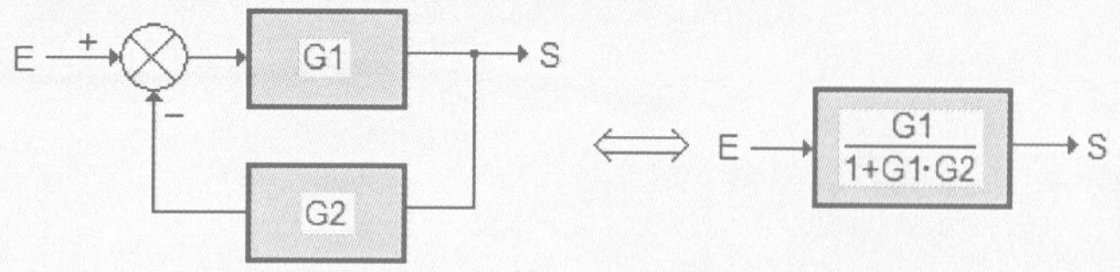

$$S = \frac{G_1}{1 + (G_1 \cdot G_2)} \cdot E$$

d) Bucle de realimentación positiva:

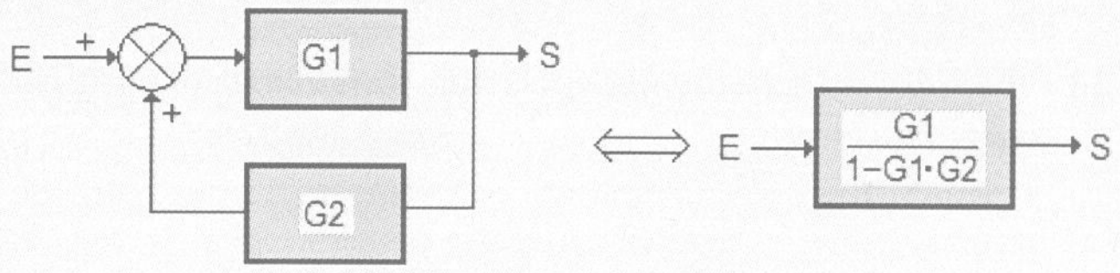

$$S = \frac{G_1}{1 - (G_1 \cdot G_2)} \cdot E$$

e) Bucle de realimentación directa (unidad) negativa:

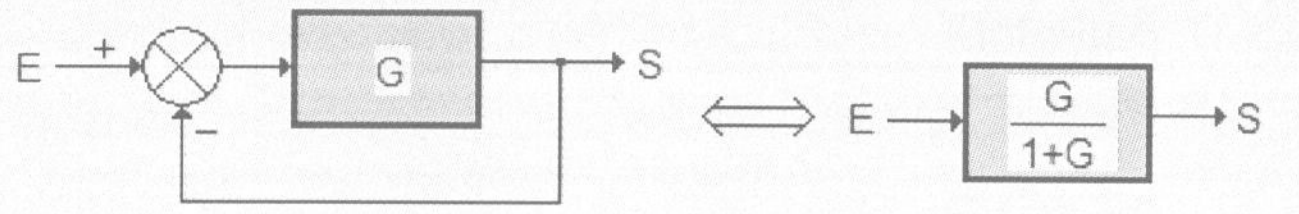

$$S = \frac{G}{1 + G} \cdot E$$

f) Bucle de realimentación directa (unidad) positiva:

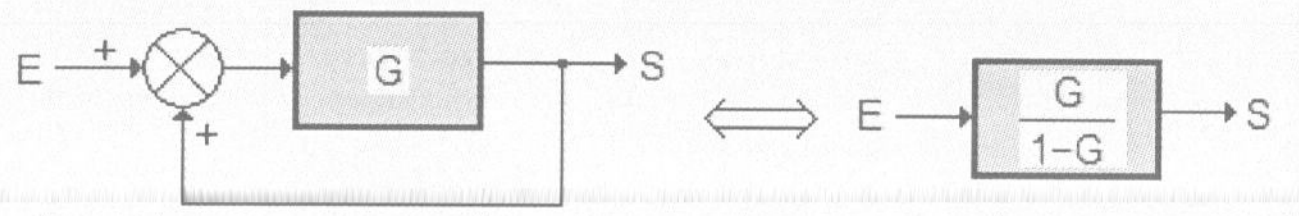

$$S = \frac{G}{1 - G} \cdot E$$

g) Sumador paralelo:

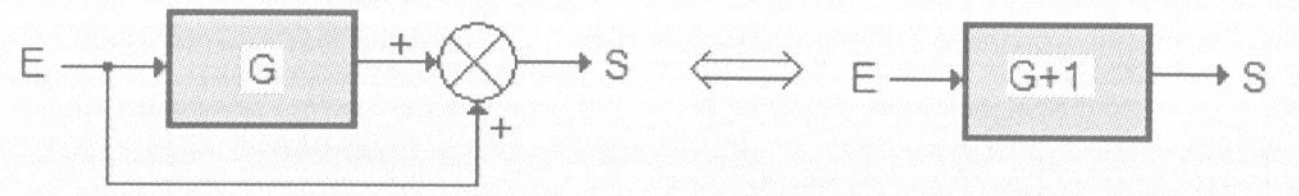

$$S = (G + 1) \cdot E$$

h) Restador paralelo:

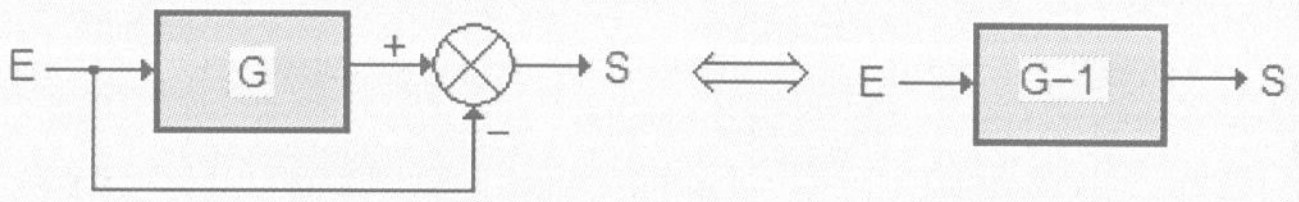

$$S = (G - 1) \cdot E$$

TRANSPOSICIÓN DE SUMADORES

a) Transposición de un sumador hacia la derecha de un bloque:

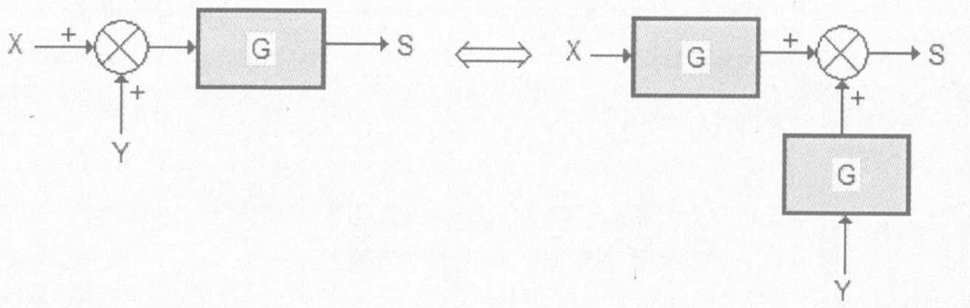

b) Transposición de un sumador hacia la izquierda de un bloque:

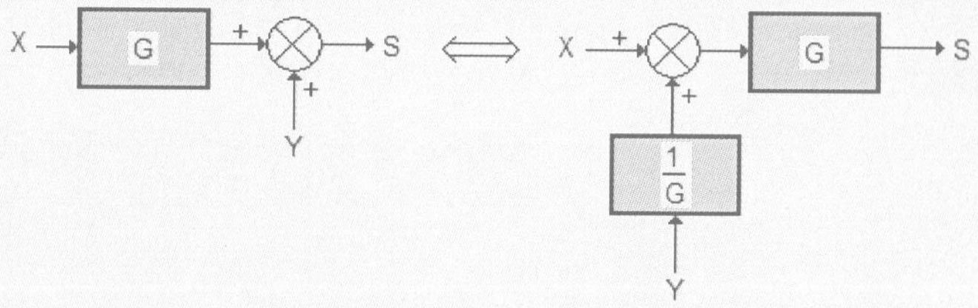

TRANSPOSICIÓN DE PUNTOS DE BIFURCACIÓN

a) Hacia la derecha de un bloque:

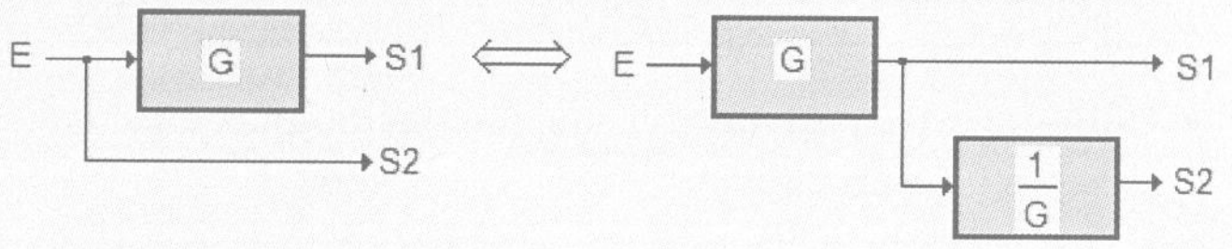

b) Hacia la izquierda de un bloque:

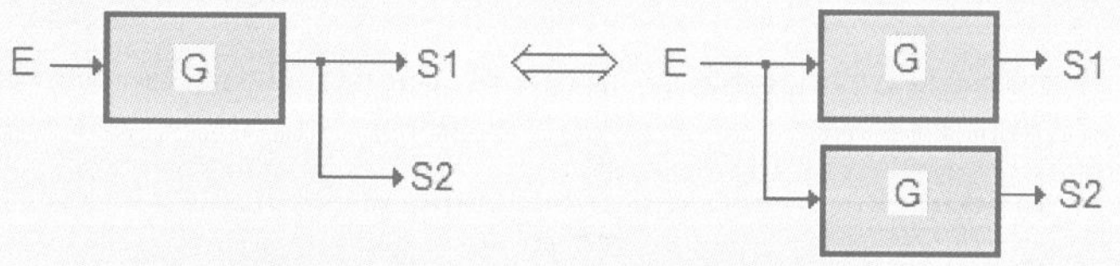

MODELADO DE SISTEMAS ELÉCTRICOS

ELEMENTO	F(t)	F(s)
Resistencia	$U = R \cdot i$	$U(S) = R \cdot i(S)$
Bobina	$U = L \cdot \frac{di}{dt}$	$U(S) = L \cdot S \cdot i(S)$
Condensador	$U = \frac{1}{C} \int i \cdot dt$	$U(S) = \frac{1}{CS} \cdot i(S)$

MODELADO DE SISTEMAS ELÉCTRICOS

La función de transferencia G(S) de un sistema representa la relación entre la *Transformada de Laplace* de la señal de salida y la de entrada. Dicha función es un cociente de polinomios, donde el denominador E(S) se denomina **ecuación característica** (E.C.). Se puede determinar también a partir de la ecuación diferencial del sistema.

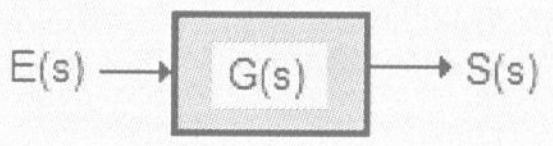

$$G(S) = \frac{S(S)}{E(S)}$$

Igualando la ecuación característica a cero, las **raíces** de dicha ecuación, determinan la estabilidad del sistema. Para que el sistema sea estable, las raíces de dicha ecuación deben estar todas situadas dentro de la región real negativa del plano "S", es decir, deben de tener las **partes reales negativas**.

A las raíces del numerador se les conoce como **polos** del sistema y a las raíces del denominador (ecuación característica) como **ceros** del sistema.

Una vez determinada la función de transferencia utilizando transformadas de Laplace G(S), la conversión de nuevo a funciones en el tiempo G(t) se realiza mediante unas tablas de conversión como la siguiente:

G(t) En el dominio del tiempo	G(S) En el dominio de Laplace
Impulso unitario $\delta(t)$	1
Escalón unitario 1*(t)*	$\frac{1}{S}$
t	$\frac{1}{S^2}$
sen (ωt)	$\frac{\omega}{S^2+\omega^2}$
cos (ωt)	$\frac{S}{S^2+\omega^2}$
e^{-at}	$\frac{1}{S+a}$

Tabla de translación entre el dominio del tiempo y el dominio de Laplace.

ESTABILIDAD DE UN SISTEMA DE CONTROL

Un sistema estable es aquel que permanece en reposo a no ser que se excite por una fuente externa, en cuyo caso alcanza de nuevo el reposo una vez que desaparezcan todas las excitaciones.

En un sistema estable, cada entrada acotada o limitada, produce una salida igualmente acotada, es decir, sus valores permanecen dentro de unos márgenes previamente determinables.

La estabilidad de un sistema de control queda determinada por la posición de los polos en el plano complejo, de manera que si están situados en el semiplano complejo de la parte real negativa el sistema será estable, pero si alguno de ellos se localiza en el semiplano positivo el sistema será inestable.

Dicho de otro modo, para que un sistema de regulación sea estable, las raíces de su ecuación característica (E.C.) o polos, deben estar situados en la parte negativa del plano complejo de Laplace.

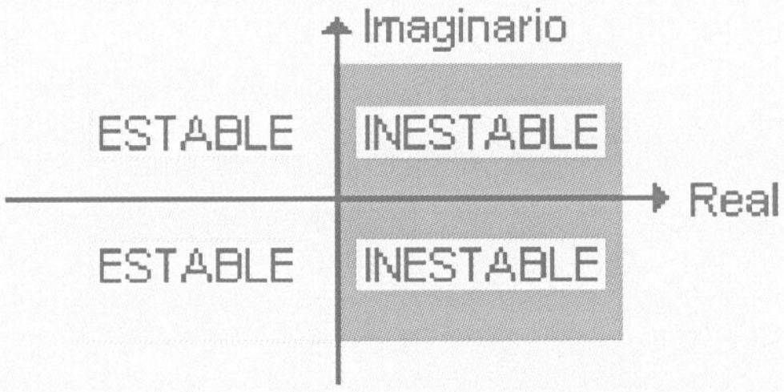

MÉTODO DE ROUTH: ESTABILIDAD

Este método proporciona información acerca de la **estabilidad absoluta** de un sistema lineal invariable con el tiempo. Dicho método comprueba si alguna de las raíces de la ecuación característica (denominador) está en la región positiva del plano "S". También indica el número de raíces que están en dicha parte y en el eje imaginario.

Ecuación característica:

$$a_0 \cdot s^n + a_1 \cdot s^{n-1} + a_2 \cdot s^{n-2} + \ldots + a_{n-1} \cdot s + a_n = 0$$

Para que no existan raíces con parte real positiva, es **condición necesaria** pero no suficiente que:

a) Todos los coeficientes del polinomio tengan el mismo signo.

b) Ninguno de los coeficientes sea nulo.

Si se cumple la condición necesaria, los coeficientes de la ecuación se disponen en filas y columnas de la siguiente forma:

s^n	$\mathbf{a^n}$	a^{n-2}	a^{n-4}	...
s^{n-1}	$\mathbf{a^{n-1}}$	a^{n-3}	a^{n-5}	...
s^{n-2}	**A**	B	C	...
s^{n-3}	**D**	E	F	...
...	**...**	...	...	...
s^0	**G**	0	0	0

donde a_n, a_{n-1}, a_{n-2},..., a_0 son los coeficientes de la ecuación característica. Los coeficientes A, B, C... se hallan de la siguiente forma:

$$A = \frac{a_{n-1} \cdot a_{n-2} - a_n \cdot a_{n-3}}{a_{n-1}} \; ; \quad B = \frac{a_{n-1} \cdot a_{n-4} - a_n \cdot a_{n-5}}{a_{n-1}} \; ; \text{ etc.}$$

$$D = \frac{A \cdot a_{n-3} - a_{n-1} \cdot B}{A} \; ; \quad E = \frac{A \cdot a_{n-5} - a_{n-1} \cdot C}{A} \; ; \text{ etc.}$$

La tabla se continúa hasta completar la enésima fila. Para simplificar los cálculos, cualquier fila se puede multiplicar o dividir por una constante positiva. El sistema será **estable**, si todos los términos de la primera columna de la tabla (negrita) tienen el **mismo signo**. El número de cambios que existan es igual al número de raíces con partes reales positivas.

1. Determina la función de transferencia G(S) del siguiente circuito:

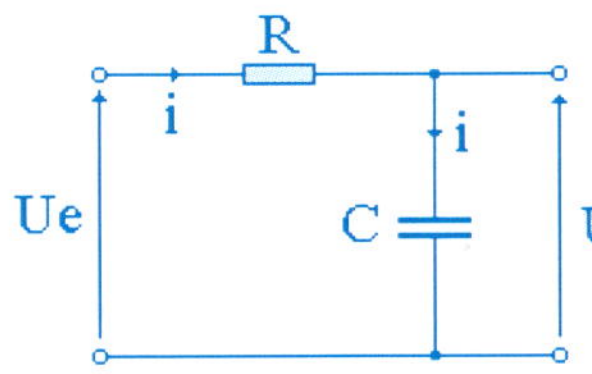

Calculamos en primer lugar el valor de la tensión de entrada (U_e):

$$U_e = U_R + U_C \Rightarrow U_e = R \cdot i + \frac{1}{C}\int i \cdot dt$$

Si pasamos la expresión anterior al dominio de Laplace, tenemos:

$$U_e = R \cdot i(S) + \frac{1}{Cs} i(S) = i(S)\left[R + \frac{1}{CS}\right]$$

Por su parte la tensión de salida (U_s) será:

$$U_0 = U_C = \frac{1}{C}\int i \cdot dt \Rightarrow U_0 = \frac{1}{CS} i(s)$$

Aplicando ahora la definición de función de transferencia:

$$G(s) = \frac{U_0(S)}{U_e(S)} = \frac{\frac{1}{CS} \cdot i(S)}{i(S)\left[R + \frac{1}{CS}\right]} = \frac{\frac{1}{CS}}{\frac{RCS + 1}{CS}} = \frac{1}{1 + RCS}$$

Llamando RC = T, obtenemos:

$$G(s) = \frac{1}{1 + TS}$$

Si deshacemos los cambios:

$$U_e(S) = U_0(S) \cdot [1 + RCS]$$

$$U_e(t) = U_0(t) + RC\frac{dU_0(t)}{dt}$$

2. Determina la función de transferencia G(S) del siguiente circuito:

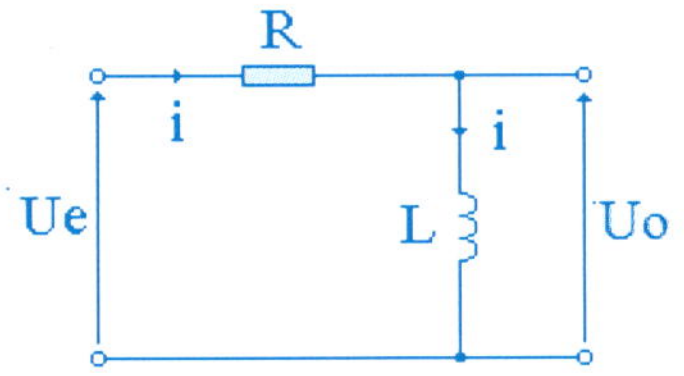

Calculamos en primer lugar el valor de la tensión de entrada (U_e):

$$U_e = U_R + U_L \Rightarrow U_e = R \cdot i + L\frac{di}{dt}$$

Si pasamos la expresión anterior al dominio de Laplace, tenemos:

$$U_e = R \cdot i(S) + LS \cdot i(S) = i(S)[R + LS]$$

Por su parte la tensión de salida (U_s) será:

$$U_0 = U_L = L\frac{di}{dt} \Rightarrow U_0 = LS \cdot i(S)$$

Aplicando ahora la definición de función de transferencia:

$$G(S) = \frac{U_0(S)}{U_e(S)} = \frac{LS \cdot i(S)}{i(S)[R + LS]} = \frac{LS}{R + LS}$$

3. Determina la función de transferencia G(S) del siguiente circuito:

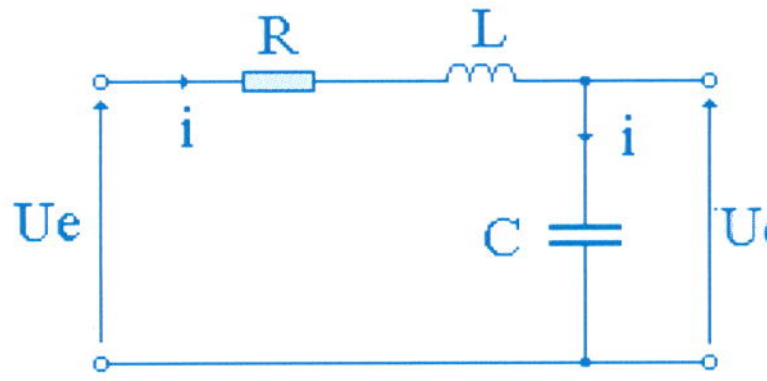

Calculamos en primer lugar el valor de la tensión de entrada (U_e):

$$U_e = U_R + U_L + U_C \Rightarrow U_e = R \cdot i + L\frac{di}{dt} + \frac{1}{C}\int i \cdot dt$$

Si pasamos la expresión anterior al dominio de Laplace, tenemos:

$$U_e = R \cdot i(S) + LS \cdot i(S) + \frac{1}{CS} i(S) = i(S)\left[R + LS + \frac{1}{CS}\right]$$

Por su parte la tensión de salida (U_s) será:

$$U_0 = U_C = \frac{1}{C}\int i \cdot dt \quad \Rightarrow \quad U_0 = \frac{1}{CS} i(S)$$

Aplicando ahora la definición de función de transferencia:

$$G(S) = \frac{U_0(S)}{U_e(S)} = \frac{\frac{1}{CS} i(S)}{i(S)\left[R + LS + \frac{1}{CS}\right]} = \frac{\frac{1}{CS}}{\frac{RCS + LCS^2 + 1}{CS}}$$

$$G(S) = \frac{1}{RCS + LCS^2 + 1}$$

4. Determina la función de transferencia G(S) del siguiente circuito:

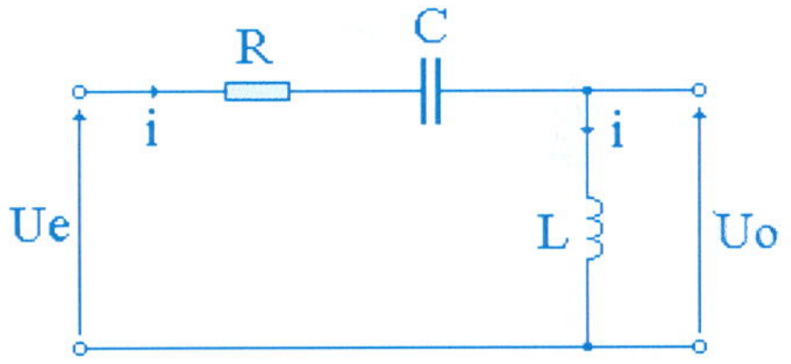

Calculamos en primer lugar el valor de la tensión de entrada (U_e):

$$U_e = U_R + U_C + U_L \Rightarrow U_e = R \cdot i + \frac{1}{C}\int i \cdot dt + L\frac{di}{dt}$$

Si pasamos la expresión anterior al dominio de Laplace, tenemos:

$$U_e = R \cdot i(S) + \frac{1}{CS} \cdot i(S) + LS \cdot i(S) = i(S)\left[R + LS + \frac{1}{CS}\right]$$

Por su parte la tensión de salida (U_s) será:

$$U_0 = U_L = L \cdot \frac{di}{dt} \quad \Rightarrow \quad U_0 = LS \cdot i(S)$$

Aplicando ahora la definición de función de transferencia:

$$G(S) = \frac{U_0(S)}{U_e(S)} = \frac{LS \cdot i(S)}{i(S)\left[R + \frac{1}{CS} + LS\right]} = \frac{LS}{\frac{RCS + LCS^2 + 1}{CS}}$$

$$G(S) = \frac{LCS^2}{RCS + LCS^2 + 1}$$

5. Determina la función de transferencia G(S) del siguiente circuito:

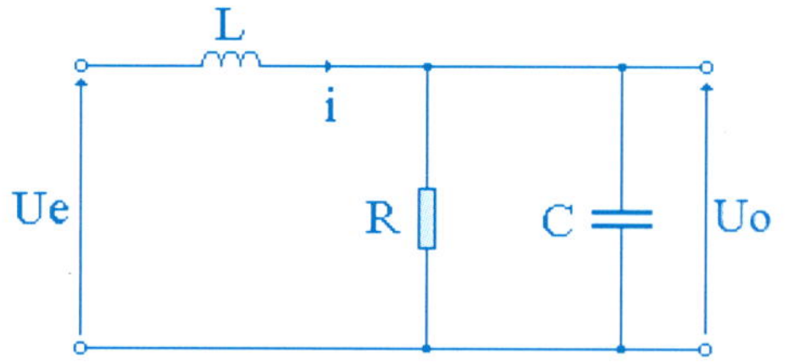

Calculamos en primer lugar el valor de la impedancia de salida Z(S):

$$Z(S) = \frac{\frac{R}{CS}}{R + \frac{1}{CS}} = \frac{\frac{R}{CS}}{\frac{RCS+1}{CS}} = \frac{R}{RCS+1}$$

La tensión de entrada (U_e) será igual a:

$$U_e = U_L + U_0 \Rightarrow U_e = LS \cdot i(S) + Z(S) \cdot i(S)$$

$$U_e = LS \cdot i(S) + \frac{R}{RCS+1} \cdot i(S) = i(S)\left[LS + \frac{R}{RCS+1}\right]$$

Por su parte la tensión de salida (U_0) será:

$$U_0(S) = i(S) \cdot Z(S) = i(S) \cdot \frac{R}{RCS+1}$$

Aplicando ahora la definición de función de transferencia:

$$G(S) = \frac{U_0(S)}{U_e(S)} = \frac{i(S) \cdot \frac{R}{RCS+1}}{i(S)\left[LS + \frac{R}{RCS+1}\right]}$$

$$G(S) = \frac{\frac{R}{RCS+1}}{LS + \frac{R}{RCS+1}} = \frac{\frac{R}{RCS+1}}{\frac{LS(1+RCS)+R}{RCS+1}} = \frac{R}{R + LS(1+RCS)}$$

6. Determina la función de transferencia G(S) del siguiente circuito:

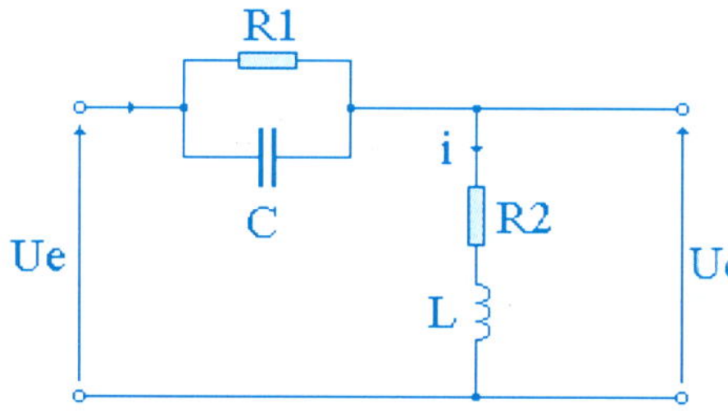

Calculamos en primer lugar el valor de la impedancia de salida Z(S):

$$Z(S) = \frac{\frac{R_1}{CS}}{R_1 + \frac{1}{CS}} = \frac{\frac{R_1}{CS}}{\frac{R_1CS+1}{CS}} = \frac{R_1}{R_1CS+1}$$

La tensión de entrada (U_e) será igual a:

$$U_e = i(S) \cdot Z(S) + i(S) \cdot [R_2 + LS]$$

$$U_e = i(S)\frac{R_1}{R_1CS+1} + i(S) \cdot [R_2 + LS]$$

$$U_e = i(S)\left[\frac{R_1}{R_1CS+1} + R_2 + LS\right]$$

Por su parte la tensión de salida (U_0) será:

$$U_0(S) = i(S) \cdot R_2 + i(S) \cdot LS = i(S)[R_2 + LS]$$

Aplicando ahora la definición de función de transferencia:

$$G(S) = \frac{U_0(S)}{U_e(S)} = \frac{i(S) \cdot [R_2 + LS]}{i(S)\left[\frac{R_1}{R_1CS+1} + R_2 + LS\right]}$$

$$G(S) = \frac{R + LS}{\frac{R_1 + R_2(1+R_1CS) + LS(1+R_1CS)}{1+R_1CS}}$$

$$G(S) = \frac{R_2 + LS(1+R_1CS)}{R_1 + R_2(1+R_1CS) + LS(1+R_1CS)}$$

$$G(S) = \frac{R_2 + LS + R_1LCS^2 + R_1R_2CS}{R_1 + R_2 + R_1R_2CS + LS + R_1LCS^2}$$

7. Simplifica el siguiente diagrama de bloques y calcula la función de transferencia G(S):

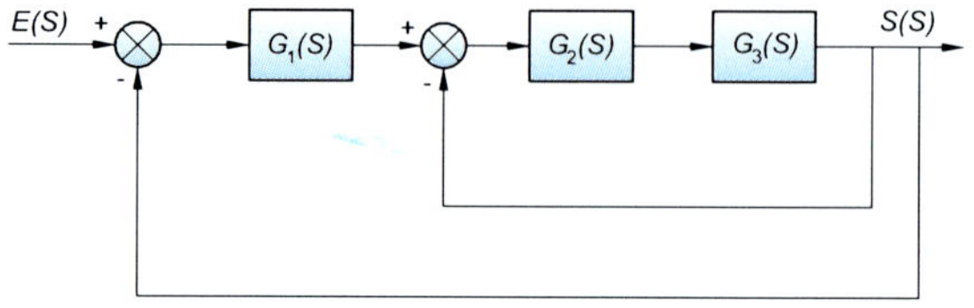

En los sucesivos diagramas obviaremos que todas las funciones de transferencia son funciones de Laplace G(S), utilizando solamente el nombre de las variables de entrada/salida y las funciones de transferencia de cada bloque.

En primer lugar unimos los dos bloques que están en serie:

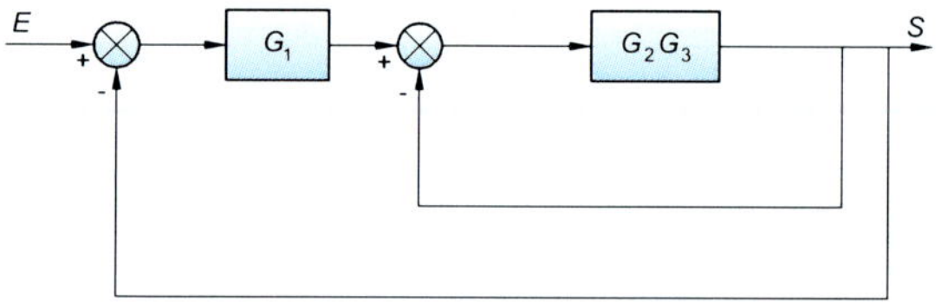

Resolveremos ahora el anillo formado por el segundo restador o comparador y el bloque G_2 y G_3:

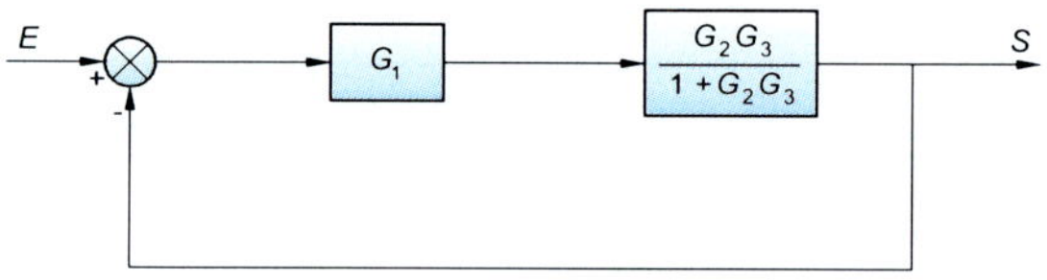

Los siguientes pasos consisten en unir los dos bloques en serie y resolver el anillo o realimentación existente:

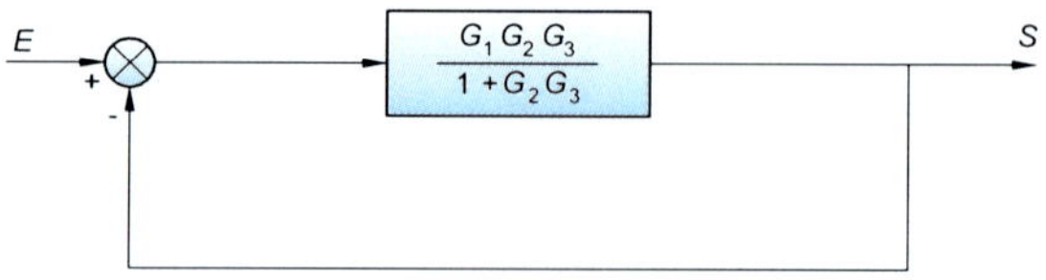

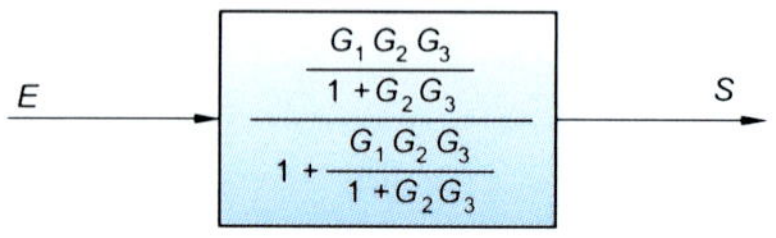

Una vez simplificado el diagrama de bloques, sólo queda simplificar la función de transferencia del bloque resultante:

$$G(S) = \frac{\dfrac{G_1G_2G_3}{1 + G_2G_3}}{1 + \dfrac{G_1G_2G_3}{1 + G_2G_3}} = \frac{\dfrac{G_1G_2G_3}{\cancel{1 + G_2G_3}}}{\dfrac{1 + G_2G_3 + G_1G_2G_3}{\cancel{1 + G_2G_3}}}$$

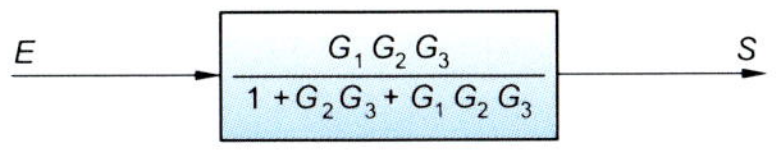

8. Determina la expresión de salida Z del diagrama de bloques, aplicando el principio de superposición que dice: "La salida de un sistema lineal, debido a varias entradas que actúan simultáneamente, es igual a la suma de las respuestas que tendría si actuara sola".

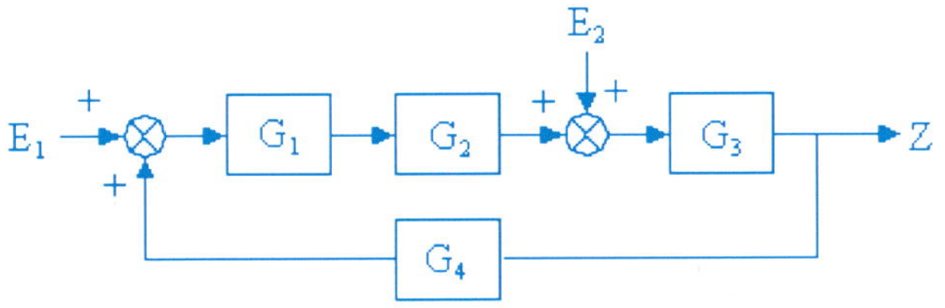

Simplificando "G_1" y "G_2" en un solo bloque ($G_1 \cdot G_2$), pasando el segundo sumador a la izquierda y agrupando los bloques en serie:

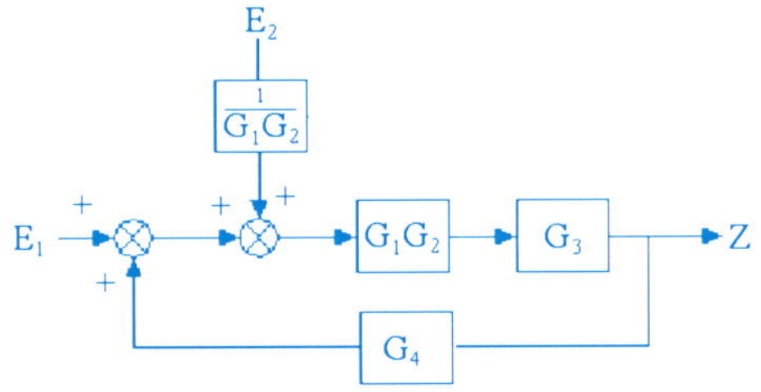

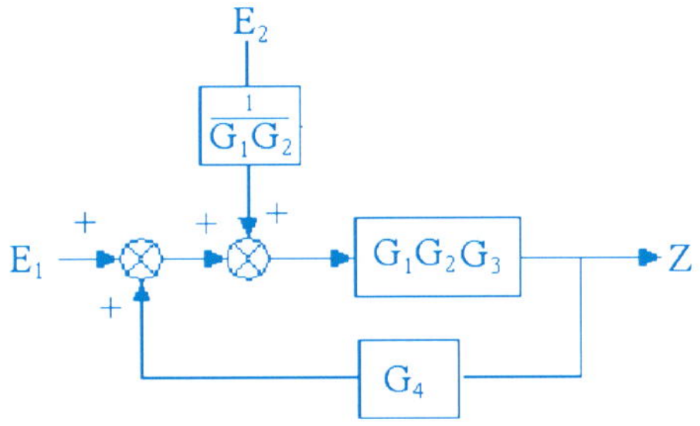

Operando obtenemos la función de salida:

$$Z = \left(\frac{E_2}{G_1 \cdot G_2} + E_1 + Z \cdot G_4\right) \cdot G_1 \cdot G_2 \cdot G_3$$

$$Z = E_2 \cdot G_3 + E_1 \cdot G_1 \cdot G_2 \cdot G_3 + Z \cdot G_1 \cdot G_2 \cdot G_3 \cdot G_4$$

$$Z = \frac{E_2 \cdot G_3 + E_1 \cdot G_1 \cdot G_2 \cdot G_3}{(1 - G_1 \cdot G_2 \cdot G_3 \cdot G_4)}$$

9. Simplifica el siguiente diagrama de bloques y calcula la función de transferencia (G):

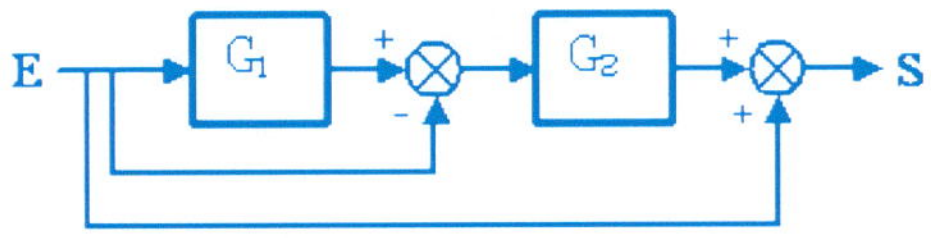

Simplificamos en primer lugar el primer sumador:

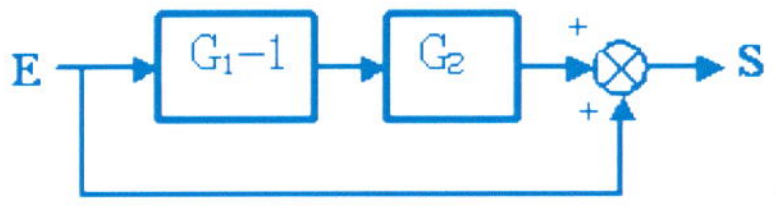

Agrupamos a continuación los dos bloques en serie o en cascada:

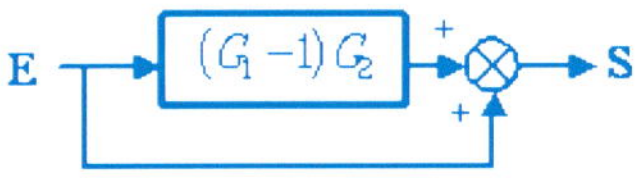

Finalmente simplificamos el último sumador:

$$S = E + E(G_1 - 1) \cdot G_2 = E \cdot [1 + (G_1 - 1) \cdot G_2]$$

$$G = \frac{S}{E} = [1 + (G_1 - 1) \cdot G_2] = 1 + G_1G_2 - G_2$$

10. Simplifica el siguiente diagrama de bloques y calcula la función de transferencia (G):

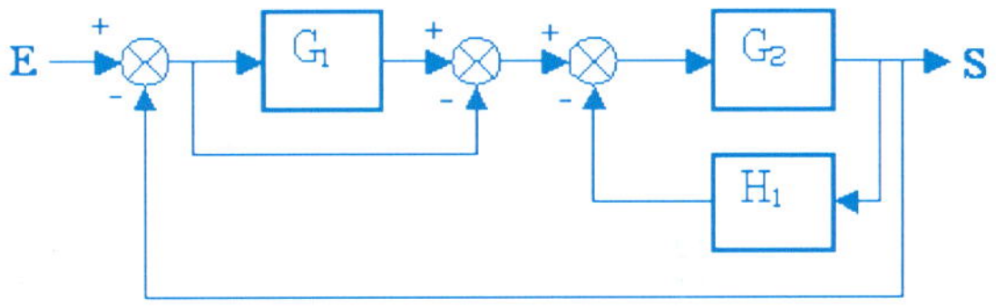

Simplificamos gráficamente el bloque G_1 y el segundo sumador:

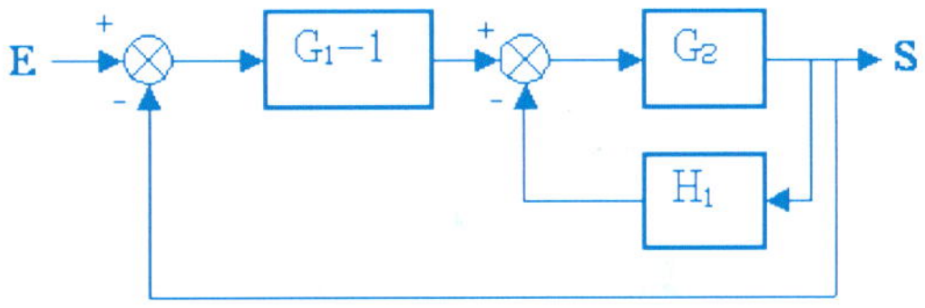

A continuación simplificamos el bucle de realimentación negativa formado por G_2, H_1 y el tercer sumador:

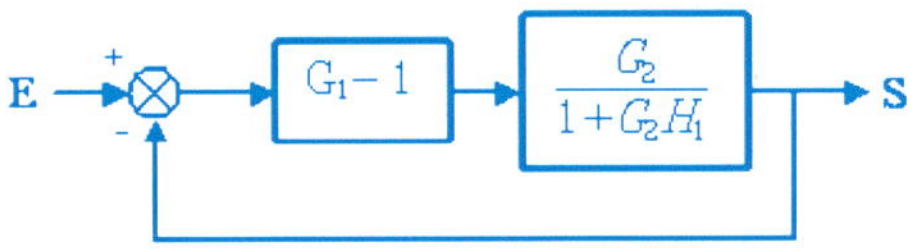

Seguidamente agrupamos los dos bloques que están en serie:

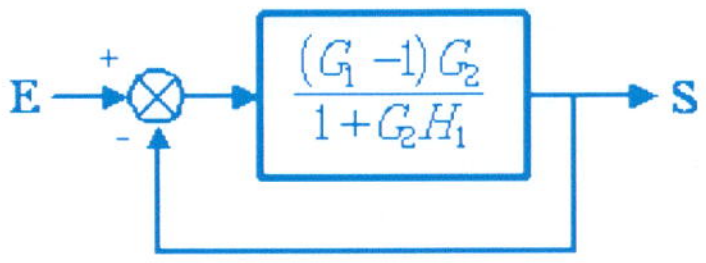

Finalmente, simplificamos este bucle de realimentación unidad:

$$G = \frac{S}{E} = \frac{\dfrac{(G_1 - 1)G_2}{1 + G_2H_1}}{1 + \dfrac{(G_1 - 1)G_2}{1 + G_2H_1}} = \frac{\dfrac{(G_1 - 1)G_2}{1 + G_2H_1}}{\dfrac{1 + G_2H_1 + (G_1 - 1)G_2}{1 + G_2H_1}}$$

$$G = \frac{(G_1 - 1)G_2}{1 + G_2H_1 + (G_1 - 1)G_2}$$

11. Calcula la función de transferencia total (G) del siguiente sistema cuyo diagrama de bloques se muestra a continuación

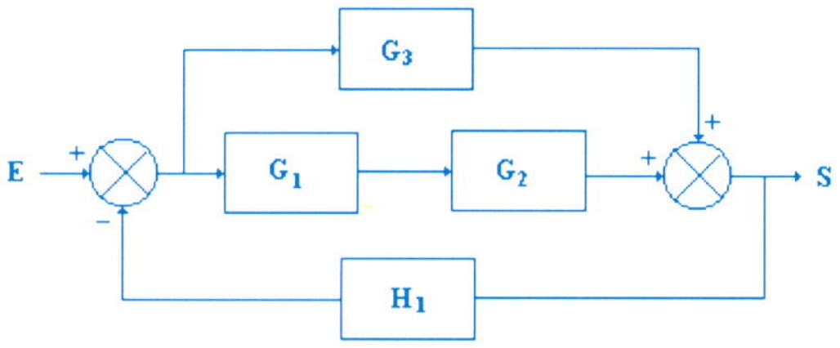

Simplificamos en primer lugar los dos bloques en serie (G_1 y G_2) y el segundo sumador:

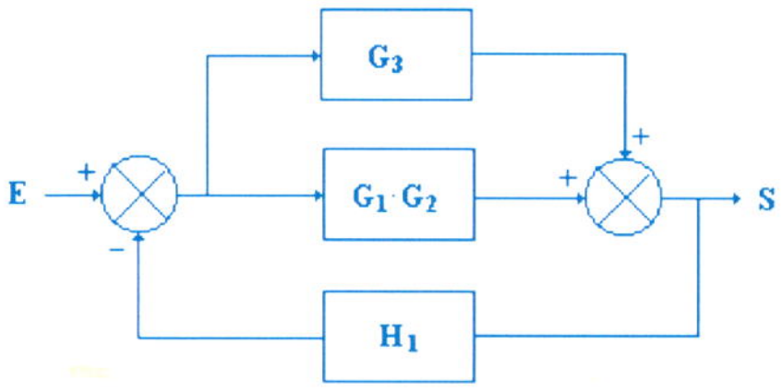

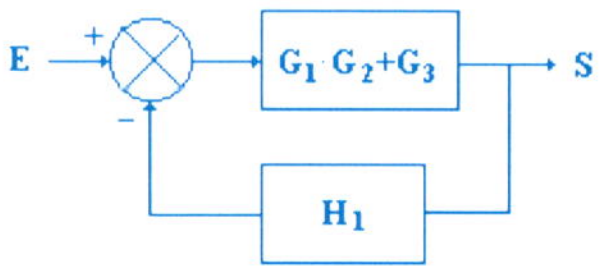

$$G = \frac{S}{E} = \frac{G_1 \cdot G_2 + G_3}{1 + (G_1 \cdot G_2 + G_3) \cdot H_1}$$

12. Simplifica el siguiente diagrama de bloques y calcula la función de transferencia (G):

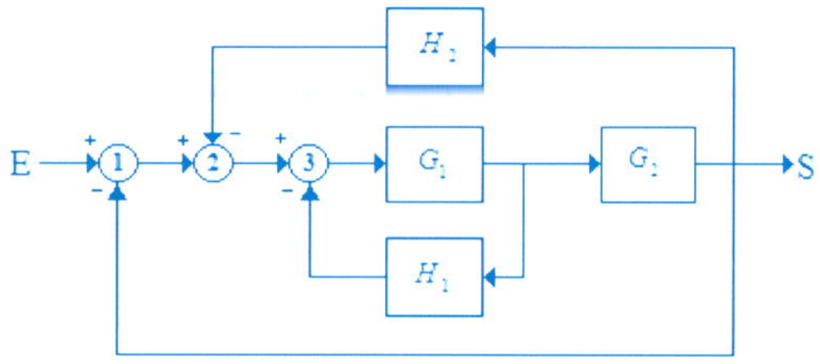

Simplificamos en primer lugar el bucle de realimentación negativa formado por los bloques G_1 y H_1 y el tercer sumador:

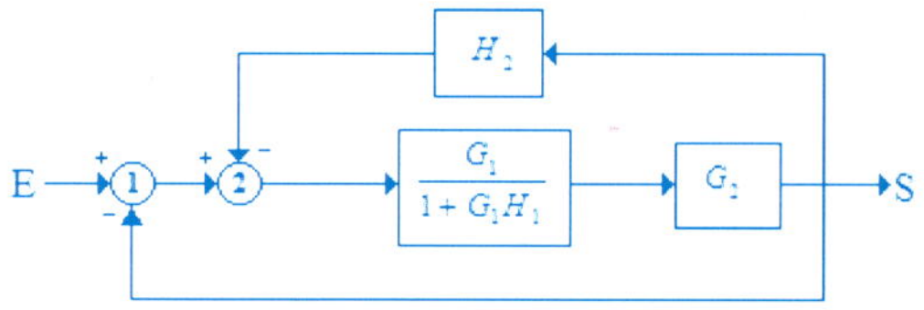

Seguidamente agrupamos los dos bloques que están en serie:

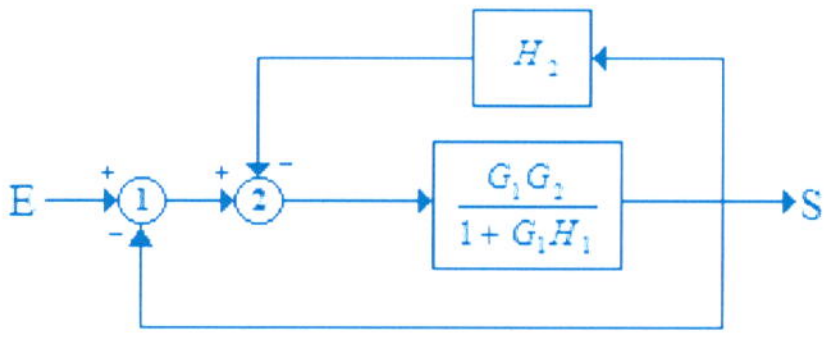

Simplificamos ahora el bucle de realimentación negativa formado por el segundo sumador:

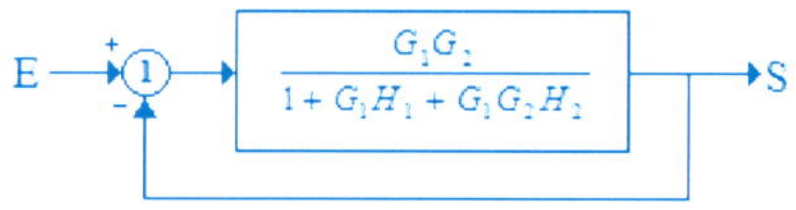

Finalmente simplificamos el bucle de realimentación unidad:

$$G = \frac{S}{E} = \frac{\dfrac{G_1G_2}{1 + G_1H_1 + G_1G_2H_2}}{1 + \dfrac{G_1G_2}{1 + G_1H_1 + G_1G_2H_2}}$$

$$G = \frac{S}{E} = \frac{\dfrac{G_1G_2}{1 + G_1H_1 + G_1G_2H_2}}{\dfrac{1 + G_1H_1 + G_1G_2H_2 + G_1G_2}{1 + G_1H_1 + G_1G_2H_2}}$$

$$G = \frac{G_1G_2}{1 + G_1H_1 + G_1G_2H_2 + G_1G_2}$$

13. Simplifica el siguiente diagrama de bloques y calcula la función de transferencia (G):

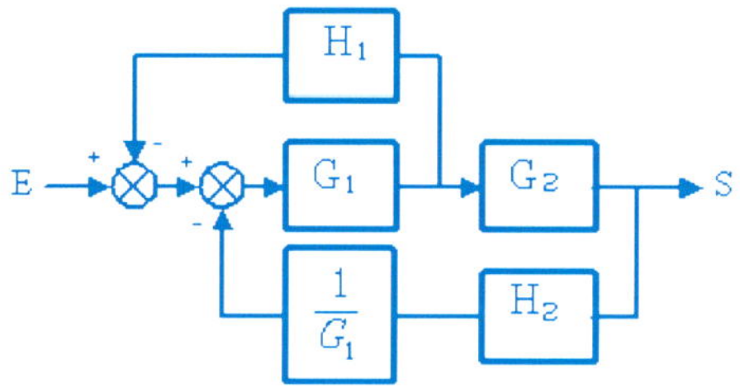

Agrupamos los dos bloques en serie:

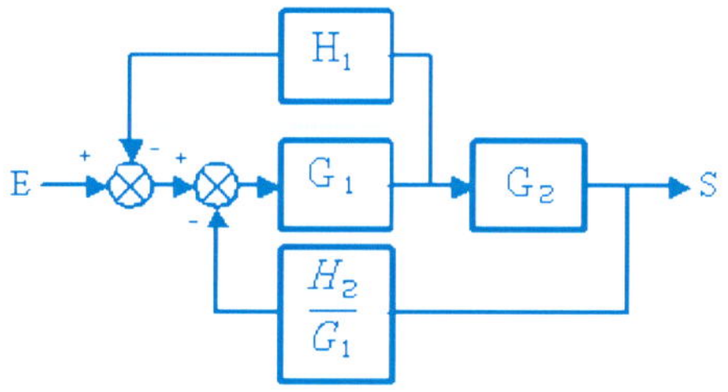

A continuación cambiamos los sumadores de orden y simplificamos el bucle de realimentación negativa formado por G_1 y H_1:

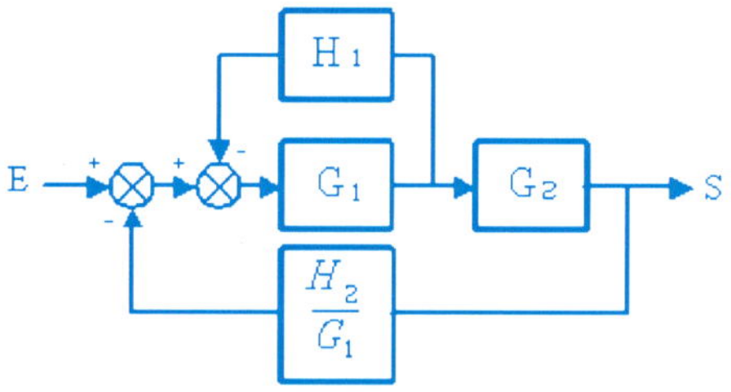

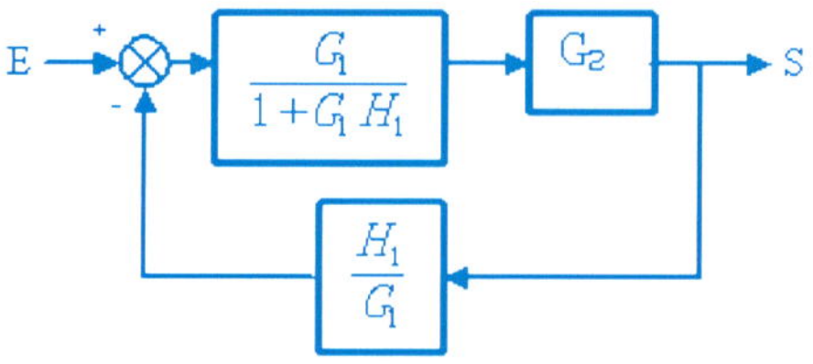

Finalmente, agrupamos los bloques que están en serie y simplificamos el bucle de realimentación negativa:

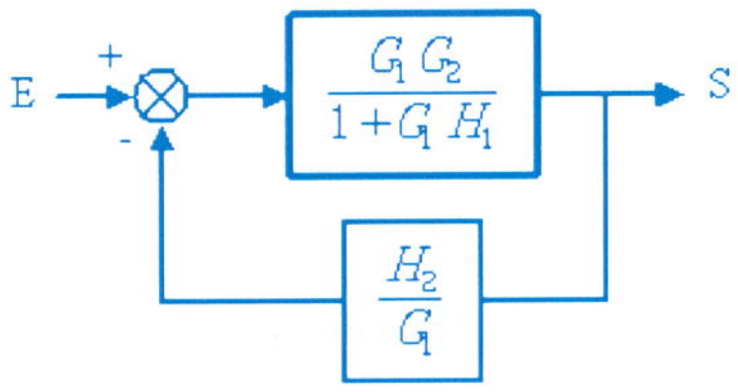

$$G = \frac{S}{E} = \frac{\dfrac{G_1G_2}{1+G_1H_1}}{1+\dfrac{G_1G_2}{1+G_1H_1}\cdot\dfrac{H_2}{G_1}} = \frac{\dfrac{G_1G_2}{1+G_1H_1}}{1+\dfrac{G_2H_2}{1+G_1H_1}}$$

$$G = \frac{G_1G_2}{1+G_1H_1+G_2H_2}$$

14. Simplifica el siguiente diagrama de bloques y calcula la función de transferencia (G):

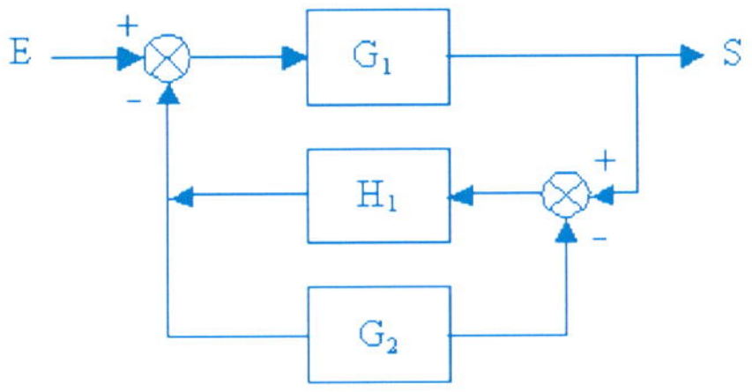

Pasamos a la izquierda del bloque H_1 el segundo sumador:

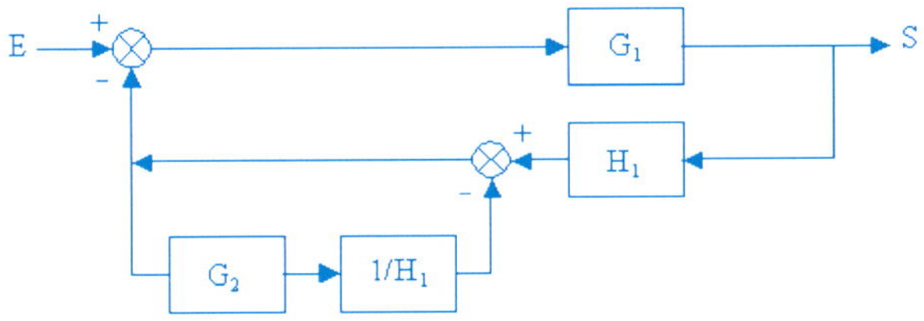

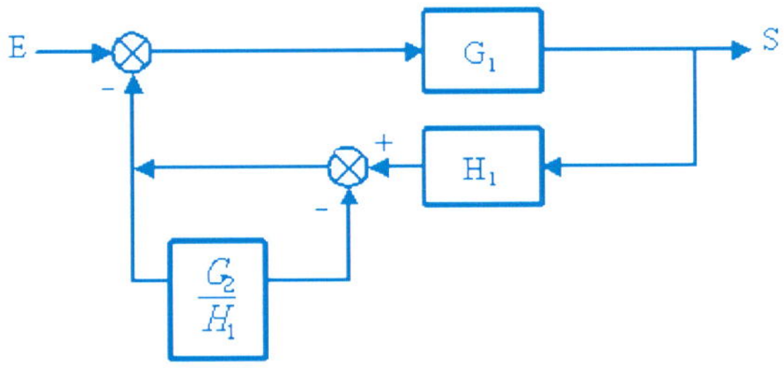

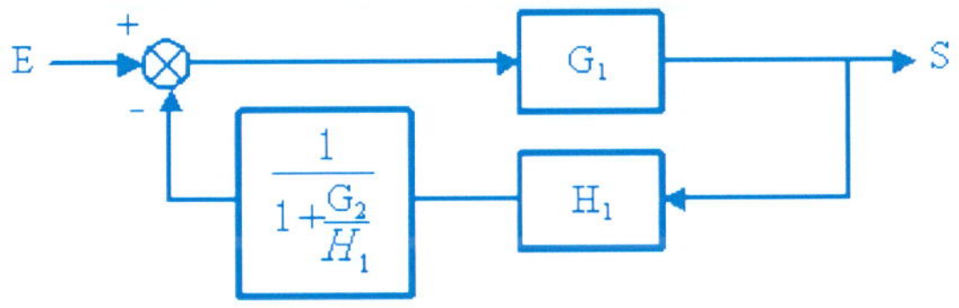

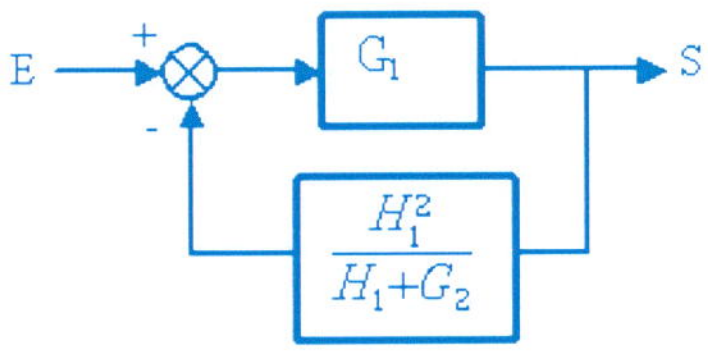

Finalmente agrupamos los dos bloques en serie y calculamos la realimentación negativa:

$$G = \frac{S}{E} = \frac{G_1}{1+\dfrac{G_1H_1^2}{H_1+G_2}} = \frac{G_1}{\dfrac{H_1+G_2+G_1H_1^2}{H_1+G_2}}$$

$$G = \frac{G_1(H_1+G_2)}{H_1+G_2+G_1H_1^2}$$

15. Simplifica el siguiente diagrama de bloques y calcula la función de transferencia (G):

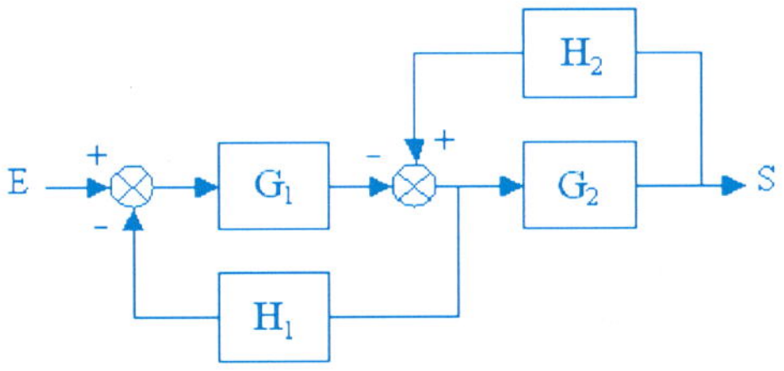

En primer lugar realizamos una transposición del segundo sumador hacia la izquierda del bloque G_1:

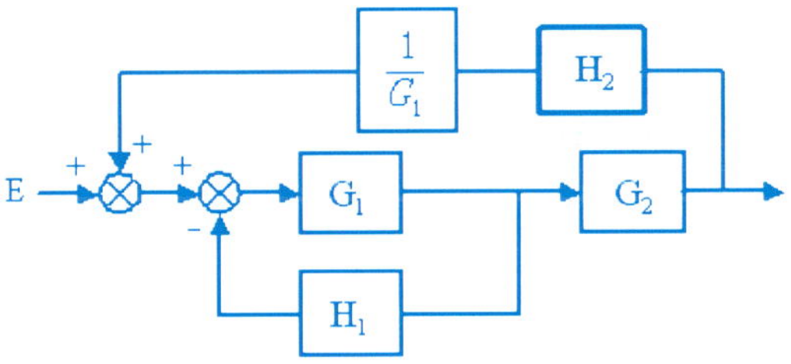

A continuación agrupamos los dos bloques que están en serie y simplificamos el bucle de realimentación negativa formado por G_1 y H_1:

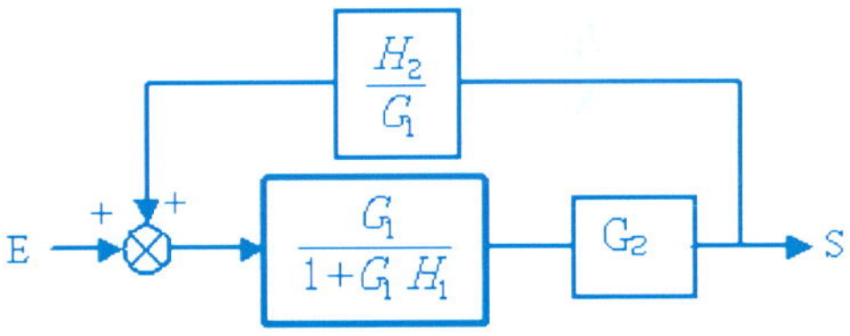

Finalmente simplificamos el bucle de realimentación positiva:

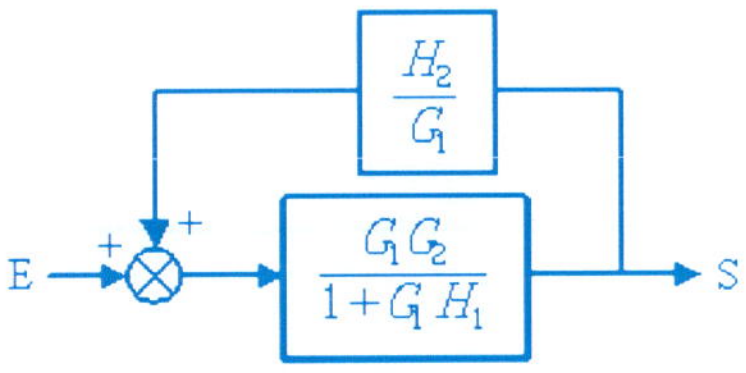

$$G = \frac{S}{E} = \frac{\dfrac{G_1G_2}{1+G_1H_1}}{1-\dfrac{G_1G_2}{1+G_1H_1}\cdot\dfrac{H_2}{G_1}} = \frac{\dfrac{G_1G_2}{1+G_1H_1}}{1-\dfrac{G_2H_2}{1+G_1H_1}}$$

$$G = \frac{S}{E} = \frac{\dfrac{G_1G_2}{1+G_1H_1}}{\dfrac{1+G_1H_1-G_2H_2}{1+G_1H_1}} = \frac{G_1G_2}{1+G_1H_1-G_2H_2}$$

16. Simplifica el siguiente diagrama de bloques y calcula la función de transferencia (G):

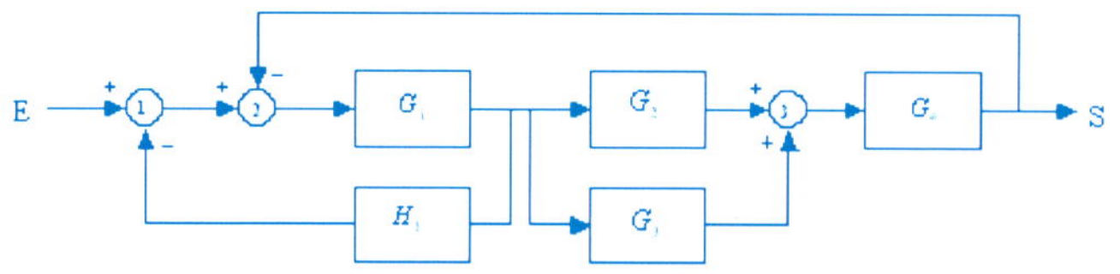

En primer lugar intercambiamos los sumadores "1 " y "2":

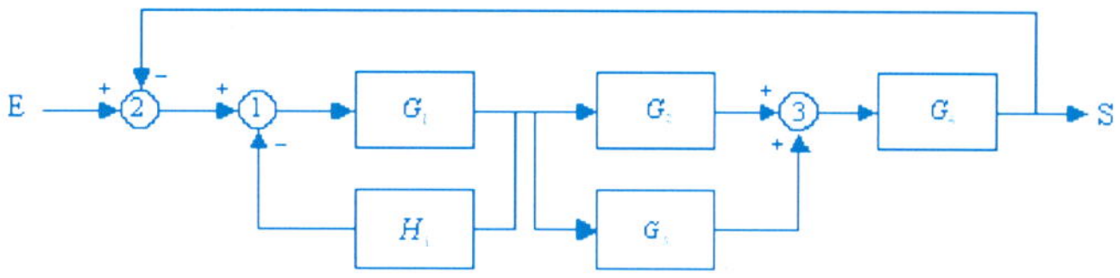

Seguidamente simplificamos el bucle de realimentación "1" y el sumador "3":

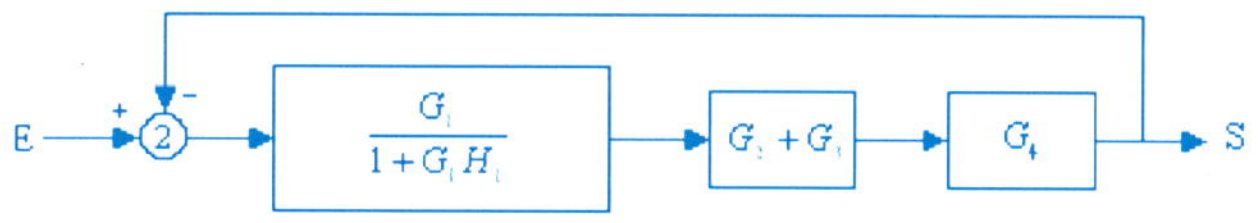

Finalmente agrupamos los tres bloques en serie y simplificamos el bucle de realimentación "2":

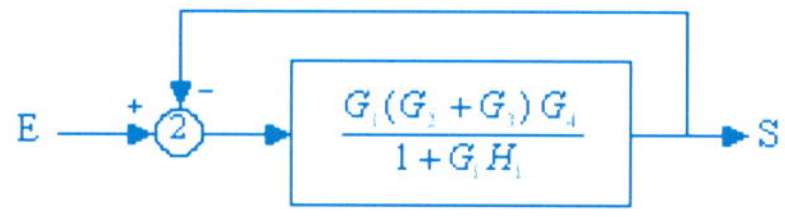

$$G = \frac{S}{E} = \frac{\dfrac{G_1(G_2+G_3)G_4}{1+G_1H_1}}{1-\dfrac{G_1(G_2+G_3)G_4}{1+G_1H_1}} = \frac{\dfrac{G_1(G_2+G_3)G_4}{1+G_1H_1}}{\dfrac{1+G_1H_1+G_1(G_2+G_3)G_4}{1+G_1H_1}}$$

$$G = \frac{G_1(G_2+G_3)G_4}{1+G_1H_1+G_1(G_2+G_3)G_4}$$

17. Simplifica el siguiente diagrama de bloques y calcula la función de transferencia (G):

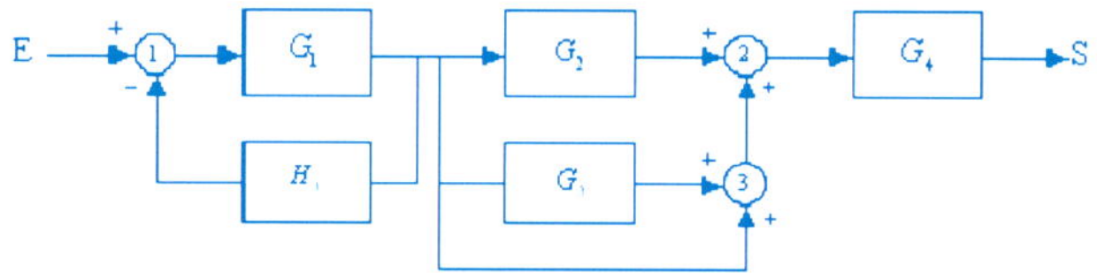

Simplificamos en primer lugar el bucle de realimentación negativa "1" formado por los bloques G_1 y H_1 y el sumador inferior "3":

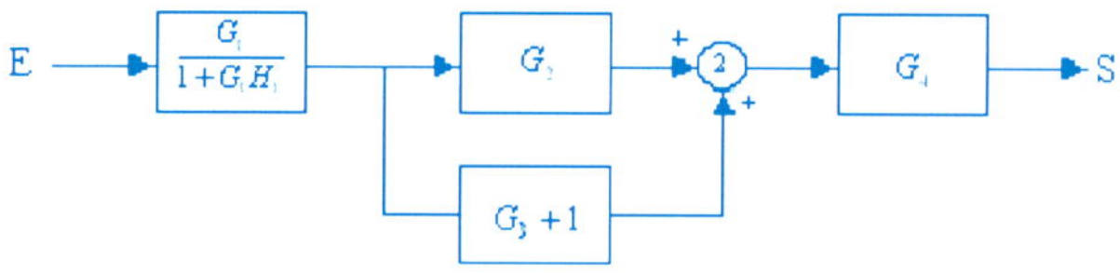

Finalmente simplificamos el sumador restante "2" y agrupamos los tres bloques en serie:

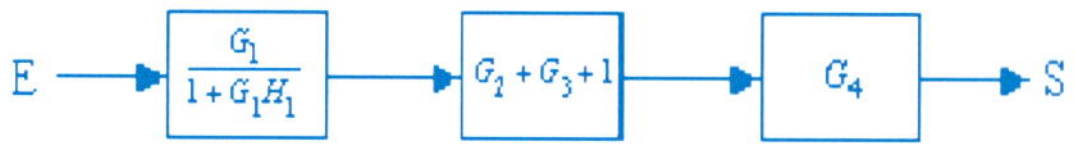

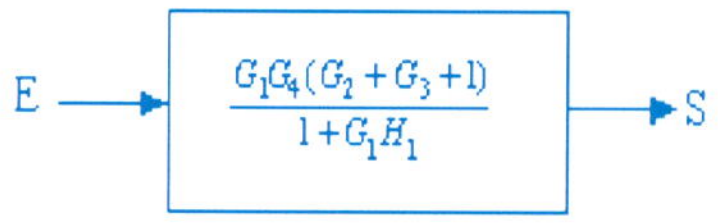

18. Simplifica el siguiente diagrama de bloques y calcula la función de transferencia (G):

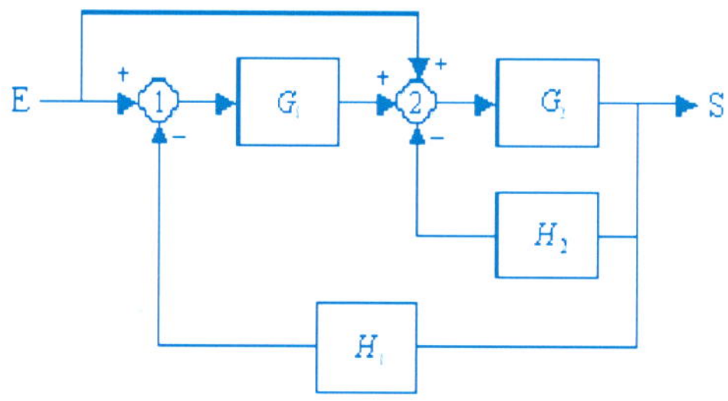

En primer lugar pasamos parte del sumador "2" a la izquierda del bloque G_1:

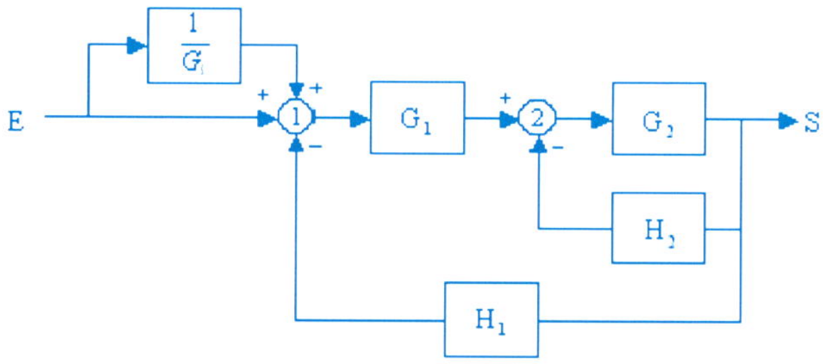

A continuación simplificamos parte del sumador "1" y el bucle de realimentación "2":

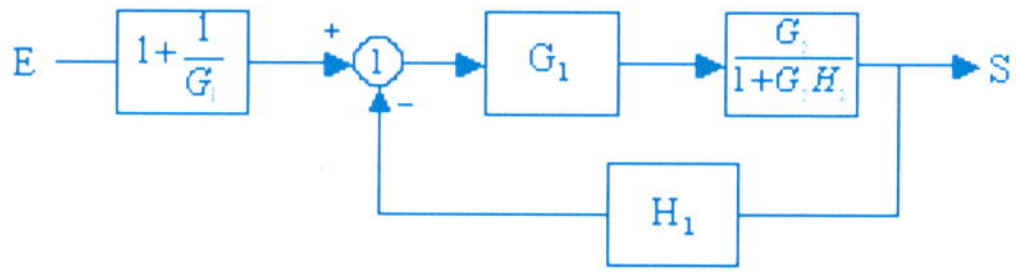

Seguidamente simplificamos el bloque "1" y agrupamos los dos bloques finales:

$$G' = \frac{\dfrac{G_1\cdot G_2}{1+G_2H_2}}{1+\dfrac{G_1G_2H_1}{1+G_2H_2}} = \frac{\dfrac{G_1\cdot G_2}{1+G_2H_2}}{\dfrac{1+G_2H_2+G_1G_2H_1}{1+G_2H_2}}$$

$$G' = \frac{G_1\cdot G_2}{1+G_2H_2+G_1G_2H_1}$$

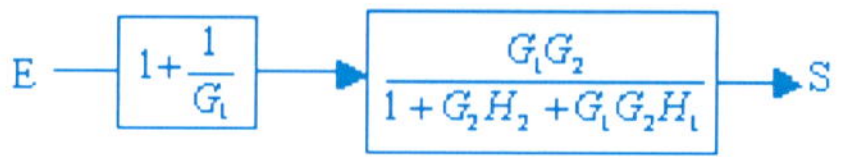

$$G = \frac{S}{E} = \left(\frac{G_1+1}{G_1}\right)\frac{G_1G_2}{1+G_2H_2+G_1G_2H_1}$$

$$G = \frac{(G_1+1)G_2}{1+G_2H_2+G_1G_2H_1}$$

19. Simplifica el siguiente diagrama de bloques y calcula la función de transferencia (G):

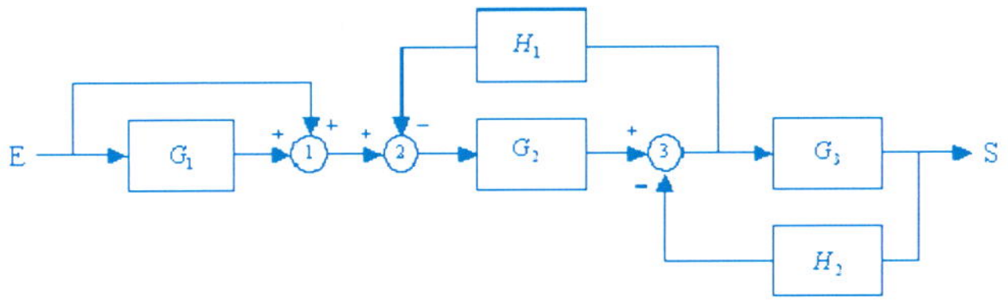

Simplificamos el sumador "1" y pasamos el sumador "3" a la izquierda del bloque G_2:

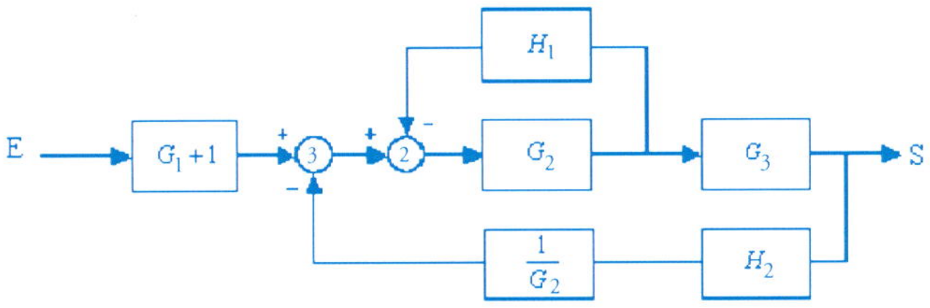

Seguidamente agrupamos los dos bloques que están en serie y simplificamos el bucle de realimentación negativa "2":

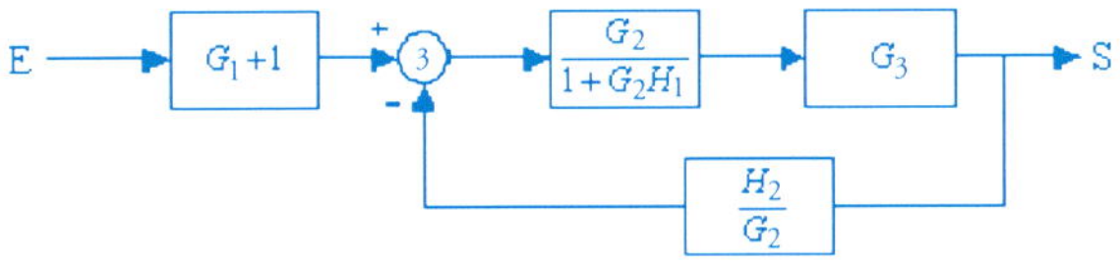

Finalmente agrupamos de nuevo los dos bloques que están en serie y simplificamos el bucle de realimentación "3":

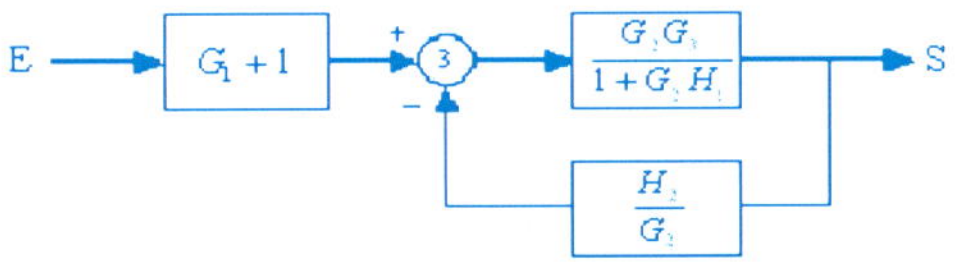

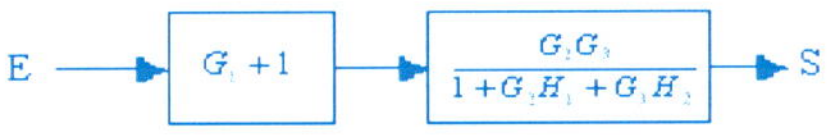

$$G' = \frac{\dfrac{G_2G_3}{1+G_2H_1}}{1+\dfrac{G_2G_3}{1+G_2H_1}\cdot\dfrac{H_2}{G_2}} = \frac{\dfrac{G_2G_3}{1+G_2H_1}}{1+\dfrac{G_3H_2}{1+G_2H_1}}$$

$$G' = \frac{\dfrac{G_2G_3}{1+G_2H_1}}{\dfrac{1+G_2H_1+G_3H_2}{1+G_2H_1}} = \frac{G_2G_3}{1+G_2H_1+G_3H_2}$$

Finalmente agrupando estos dos últimos bloques en serie nos queda:

$$G = \frac{S}{E} = \frac{(G_1+1)G_2G_3}{1+G_2H_1+G_3H_2}$$

20. Simplifica el siguiente diagrama de bloques y calcula la función de transferencia (G):

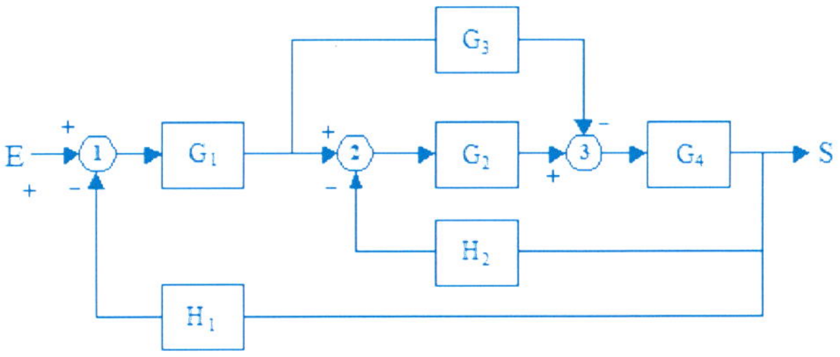

En primer lugar pasamos el sumador "2" a la derecha del bloque G_2:

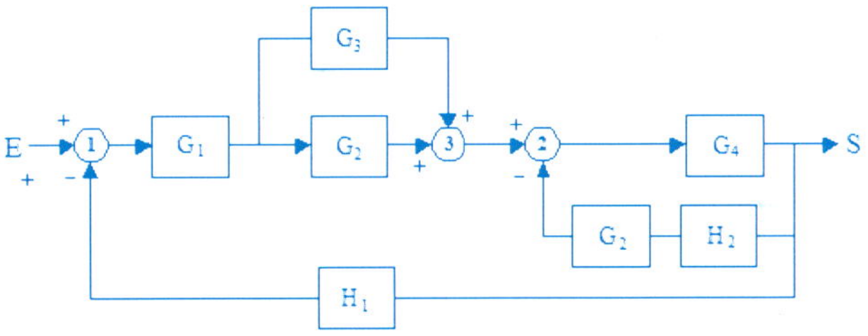

A continuación simplificamos el bucle de realimentación formado por el sumador "2" y la agrupación en paralelo formada por G_2 y G_3:

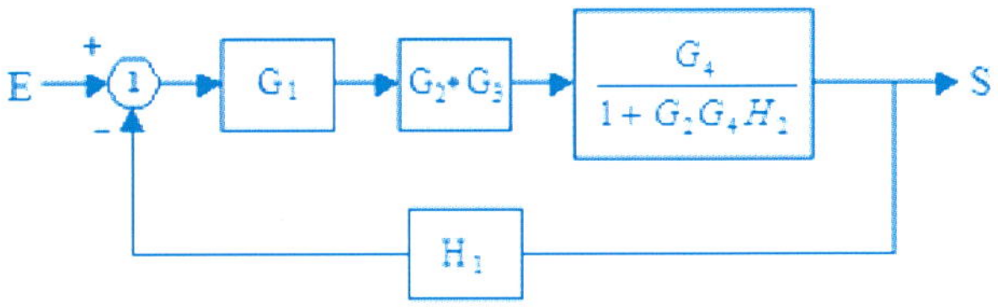

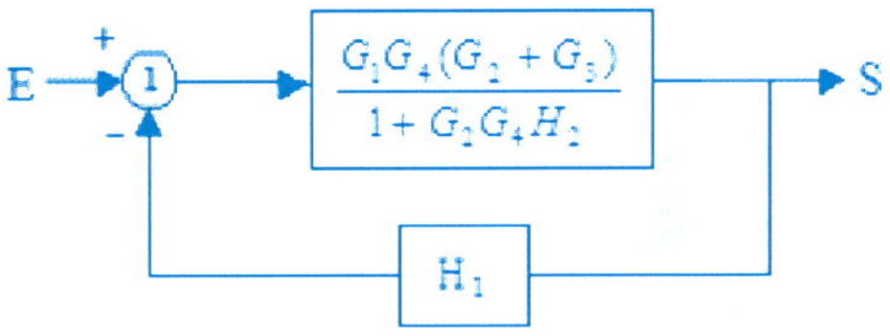

Finalmente la función de transferencia será igual a:

$$G = \frac{S}{E} = \frac{\dfrac{G_1G_4(G_2+G_3)}{1+G_2G_4H_2}}{1+\dfrac{G_1G_4(G_2+G_3)H_1}{1+G_2G_4H_2}}$$

$$G = \frac{\dfrac{G_1G_4(G_2+G_3)}{1+G_2G_4H_2}}{\dfrac{1+G_2G_4H_2+G_1G_4(G_2+G_3)H_1}{1+G_2G_4H_2}}$$

$$G = \frac{G_1G_4(G_2+G_3)}{1+G_2G_4H_2+G_1G_4(G_2+G_3)H_1}$$

21. Simplifica el siguiente diagrama de bloques y calcula la función de transferencia (G):

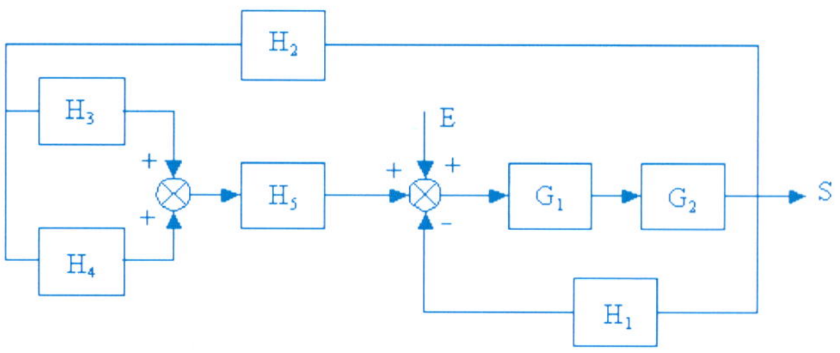

En primer lugar agrupamos los dos bloques (H_3 y H_4) que se encuentran en paralelo y dividimos el sumador:

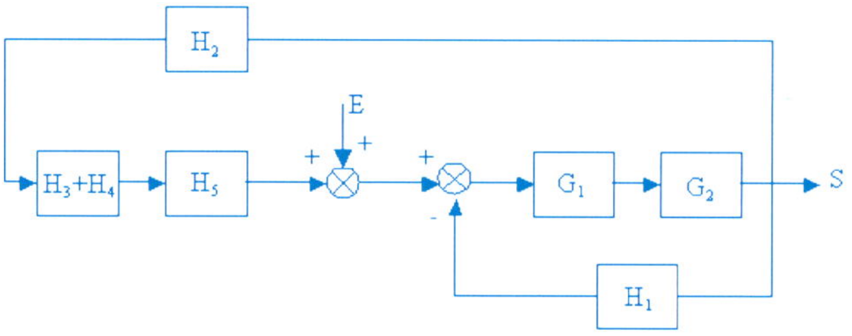

Seguidamente agrupamos los bloques en serie y simplificamos el bucle de realimentación formado por G_1, G_2 y H_1:

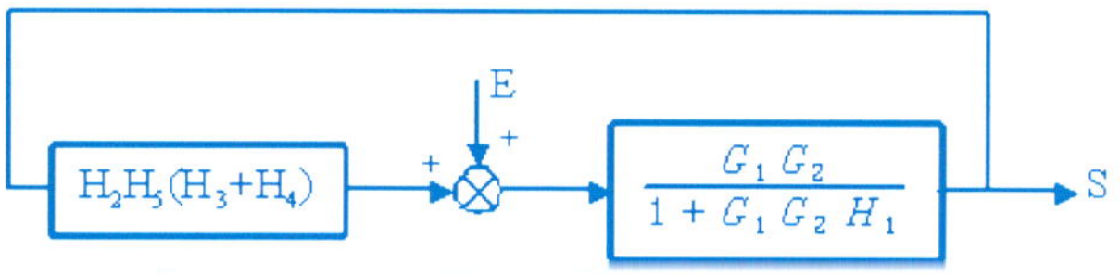

Finalmente resolvemos este bucle de realimentación positiva:

$$G = \frac{S}{E} = \frac{\dfrac{G_1G_2}{1 + G_1G_2H_1}}{1 - \dfrac{G_1G_2H_2H_5(H_3 + H_4)}{1 + G_1G_2H_1}}$$

$$G = \frac{\dfrac{G_1G_2}{1 + G_1G_2H_1}}{\dfrac{1 + G_1G_2H_1 - G_1G_2H_2H_5(H_3 + H_4)}{1 + G_1G_2H_1}}$$

$$G = \frac{G_1G_2}{1 + G_1G_2H_1 - G_1G_2H_2H_5(H_3 + H_4)}$$

22. Simplifica el siguiente diagrama de bloques y calcula la función de transferencia (G):

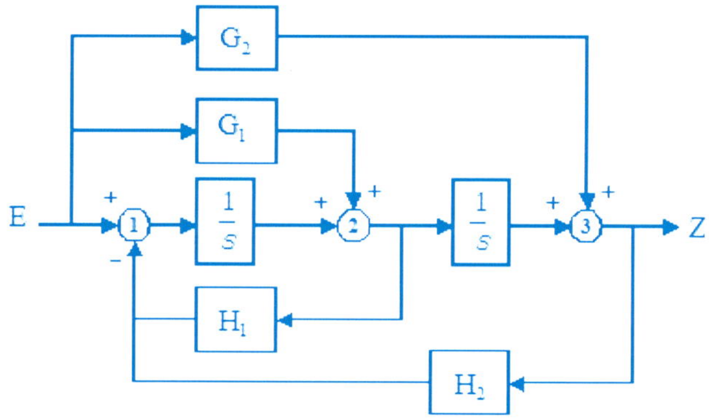

En primer lugar pasamos el sumador "2" a la izquierda del bloque (1/S):

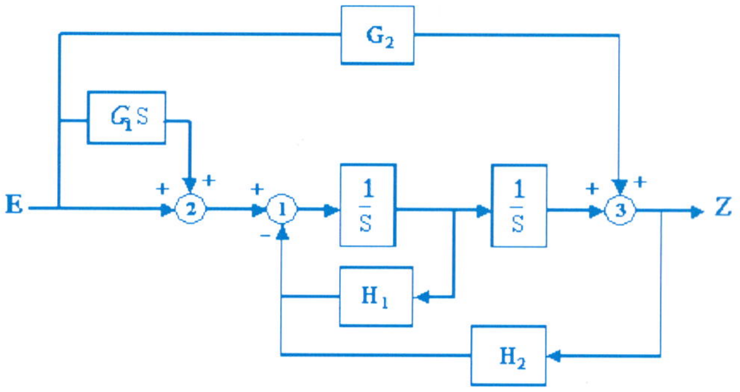

A continuación simplificamos el sumador "2":

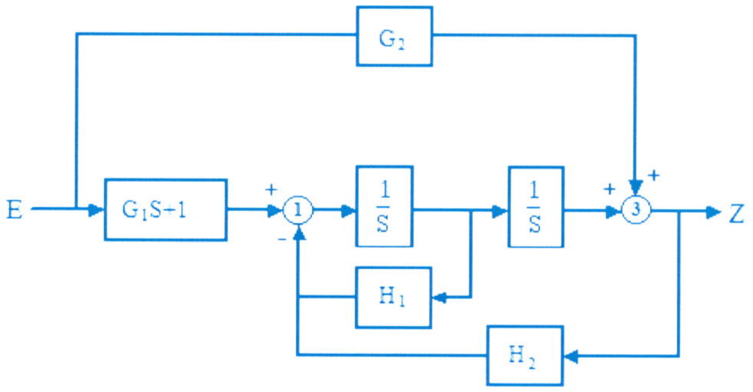

Por su parte, la simplificación del bucle de realimentación formado por H_1 y el primer bloque 1/S será:

$$G' = \frac{\dfrac{1}{S}}{1 + \dfrac{H_1}{S}} = \frac{\dfrac{1}{S}}{\dfrac{S + H_1}{S}} = \frac{1}{S + H_1}$$

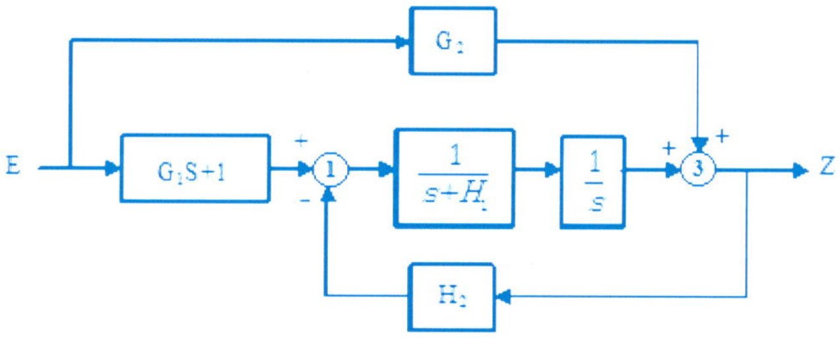

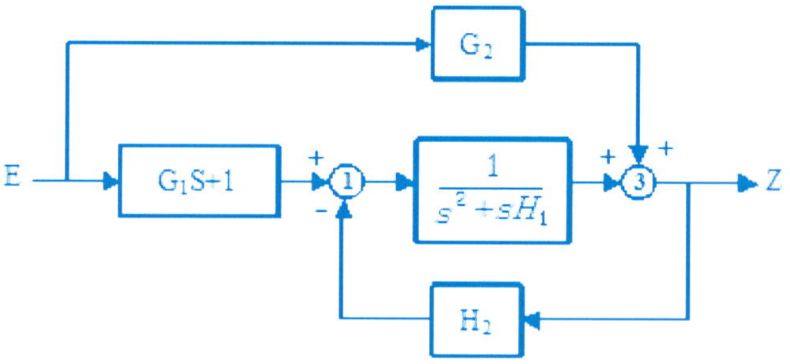

El sumador "3" lo pasamos a la izquierda del bloque en el que se encuentra:

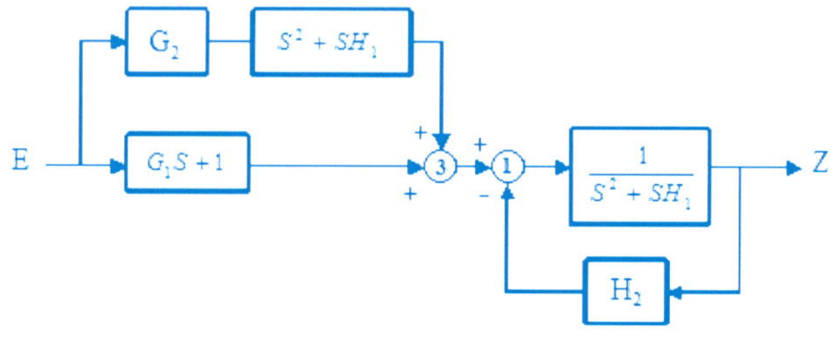

Finalmente resolvemos la agrupación en paralelo y el bucle de realimentación:

La función de transferencia será, por tanto:

$$G = \frac{Z}{E} = \frac{G_2(S^2 + SH_1) + G_1S + 1}{S^2 + SH_1 + H_2}$$

23. Simplifica el siguiente diagrama de bloques y calcula la función de transferencia (G):

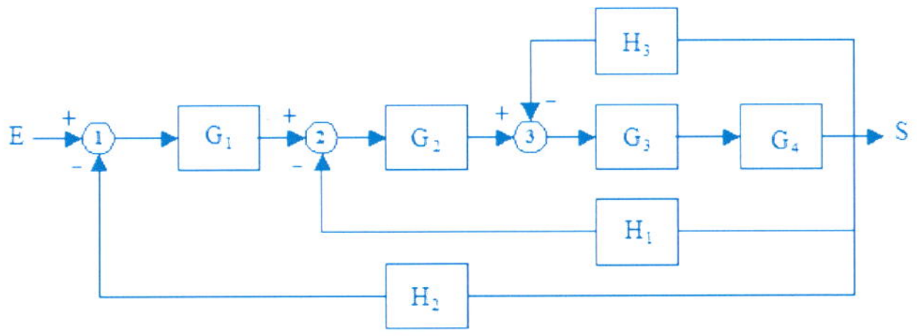

En primer lugar pasamos el sumador "3" a la izquierda del bloque "2":

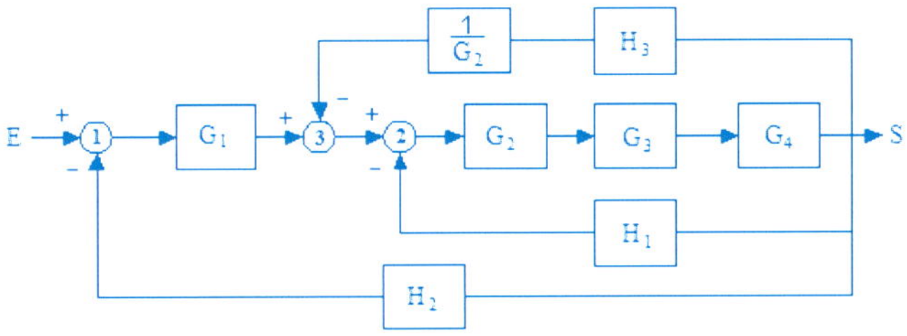

Seguidamente simplificamos el bucle de realimentación negativa formado por el sumador "2":

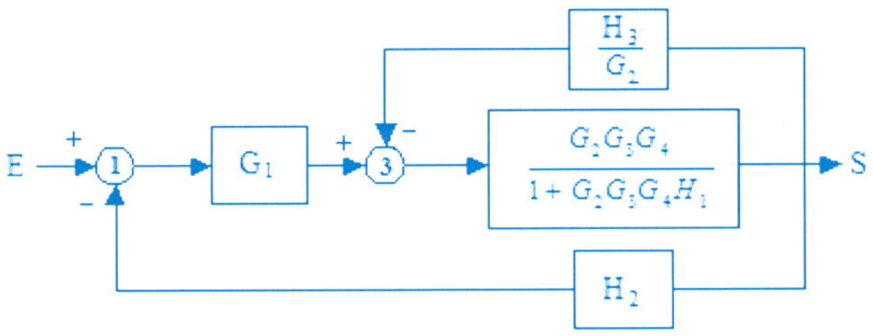

Finalmente resolvemos los dos bucles de realimentación restantes:

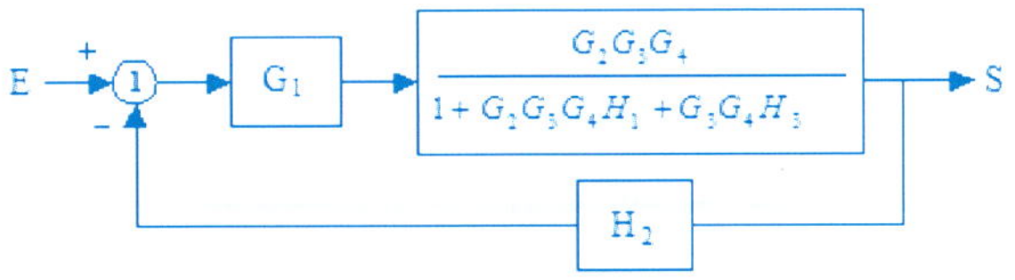

$$G = \frac{\dfrac{G_1G_2G_3G_4}{1 + G_2G_3G_4H_1 + G_3G_4H_3}}{1 + \dfrac{G_1G_2G_3G_4H_2}{1 + G_2G_3G_4H_1 + G_3G_4H_3}}$$

$$G = \frac{\dfrac{G_1G_2G_3G_4}{1 + G_2G_3G_4H_1 + G_3G_4H_3}}{\dfrac{1 + G_2G_3G_4H_1 + G_3G_4H_3 + G_1G_2G_3G_4H_2}{1 + G_2G_3G_4H_1 + G_3G_4H_3}}$$

$$G = \frac{G_1G_2G_3G_4}{1 + G_2G_3G_4H_1 + G_3G_4H_3 + G_1G_2G_3G_4H_2}$$

24. Simplifica el siguiente diagrama de bloques y calcula la función de transferencia (G):

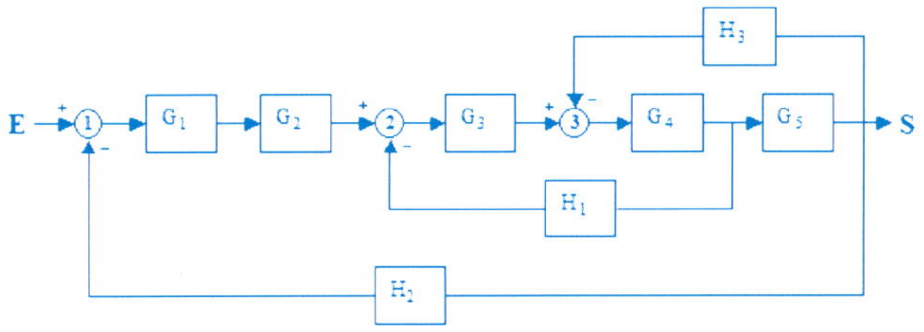

En primer lugar pasamos el sumador "3" a la izquierda del bloque "2":

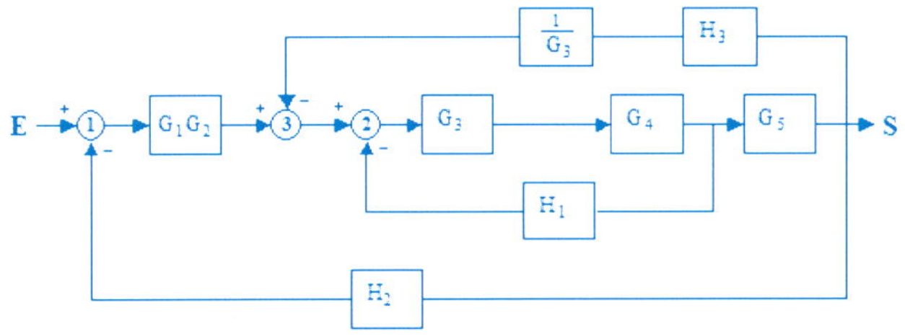

Seguidamente simplificamos el bucle de realimentación negativa formado por el sumador "2":

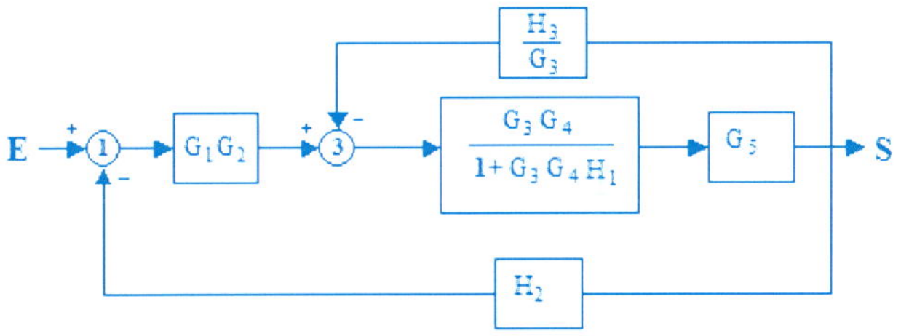

A continuación simplificamos el bucle de realimentación negativa formado por el sumador "3":

$$G' = \frac{\dfrac{G_3G_4G_5}{1 + G_3G_4H_1}}{1 + \dfrac{G_3G_4G_5H_3}{1 + G_3G_4H_1G_3}} = \frac{\dfrac{G_3G_4G_5}{1 + G_3G_4H_1}}{1 + \dfrac{G_4G_5H_3}{1 + G_3G_4H_1}}$$

$$G' = \frac{\dfrac{G_3G_4G_5}{1 + G_3G_4H_1}}{\dfrac{1 + G_3G_4H_1 + G_4G_5H_3}{1 + G_3G_4H_1}} = \frac{G_3G_4G_5}{1 + G_3G_4H_1 + G_4G_5H_3}$$

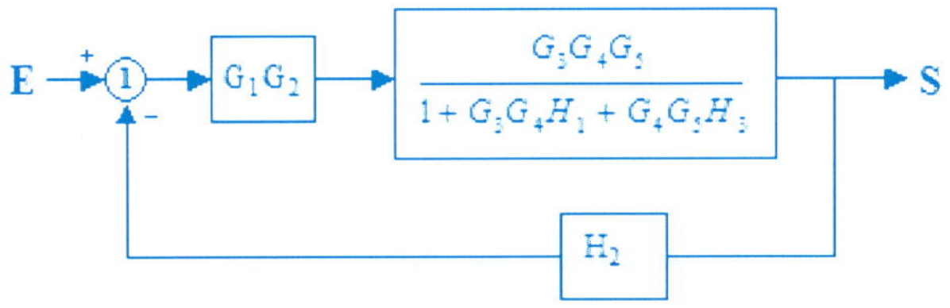

$$G = \frac{\dfrac{G_1G_2G_3G_4G_5}{1 + G_3G_4H_1 + G_3G_4H_3}}{1 + \dfrac{G_1G_2G_3G_4G_5H_2}{1 + G_3G_4H_1 + G_4G_5H_3}}$$

$$G = \frac{\dfrac{G_1G_2G_3G_4G_5}{1 + G_3G_4H_1 + G_3G_4H_3}}{\dfrac{1 + G_3G_4H_1 + G_4G_5H_3 + G_1G_2G_3G_4G_5H_2}{1 + G_3G_4H_1 + G_4G_5H_3}}$$

$$G = \frac{G_1G_2G_3G_4G_5}{1 + G_3G_4H_1 + G_4G_5H_3 + G_1G_2G_3G_4G_5H_2}$$

25. Simplifica el siguiente diagrama de bloques y calcula la función de transferencia (G):

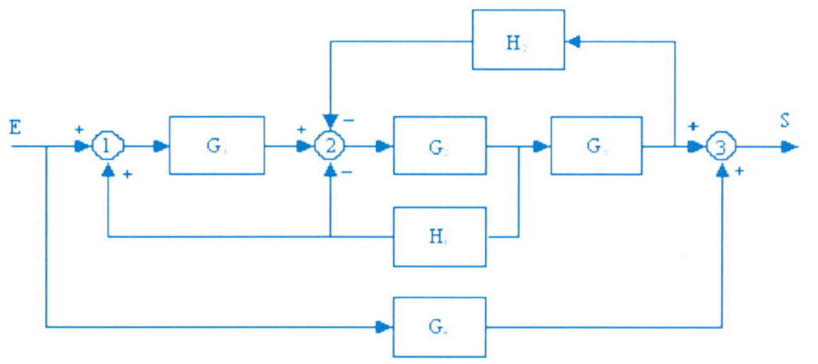

En primer lugar pasamos el sumador "2" a la izquierda y simplificamos los bloques G_1, G_2 y H_1:

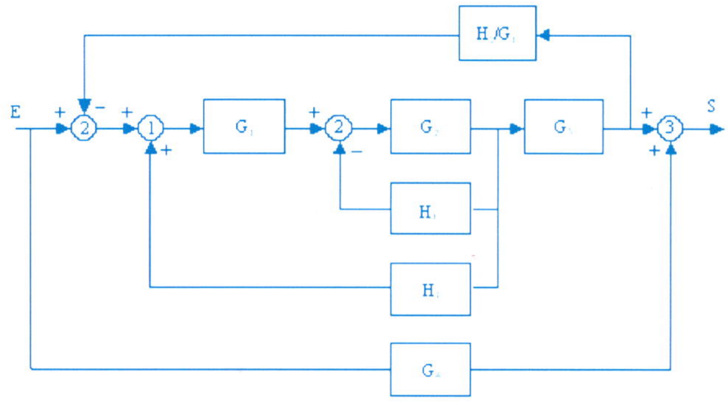

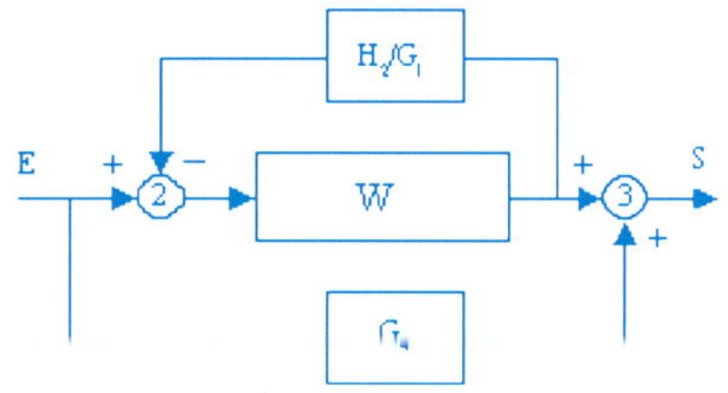

$$Y = \frac{\dfrac{G_1G_2}{1 + G_2H_1}}{1 - \dfrac{G_1G_2H_1}{1 + G_2H_1}} = \frac{G_1G_2}{1 + G_2H_1 - G_1G_2H_1}$$

$$W = \frac{G_1G_2G_3}{1 + G_2H_1 - G_1G_2H_1}$$

Finalmente resolvemos el bucle de realimentación negativa (2) y la agrupación en paralelo (3):

$$X = \frac{\dfrac{G_1G_2G_3}{1 + G_2H_1 - G_1G_2H_1}}{1 + \dfrac{G_1G_2G_3}{1 + G_2H_1 - G_1G_2H_1} \cdot \dfrac{H_2}{G_1}}$$

$$X = \frac{\dfrac{G_1G_2G_3}{1 + G_2H_1 - G_1G_2H_1}}{\dfrac{1 + G_2H_1 - G_1G_2H_1 + G_2G_3H_2}{1 + G_2H_1 - G_1G_2H_1}}$$

$$X = \frac{G_1G_2G_3}{1 + G_2H_1 - G_1G_2H_1 + G_2G_3H_2}$$

$$G = \frac{S}{E} = \frac{G_1G_2G_3}{1 + G_2H_1 - G_1G_2H_1 + G_2G_3H_2} + G_4$$

26. A continuación se muestra el diagrama de bloques de un regulador de temperatura. Calcula la temperatura de salida cuando la tensión de consigna es E = 1,2 V. ¿Qué tensión de consigna necesitamos aplicar para conseguir una temperatura de 20 ºC?

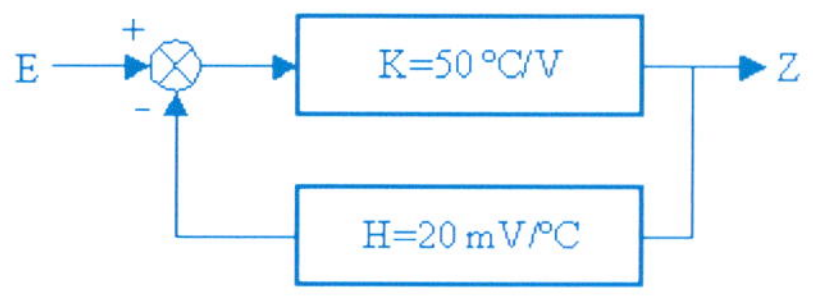

En primer lugar calculamos la función de transferencia del sistema que como ya sabemos es igual a:

$$G = \frac{Z}{E} = \frac{K}{1 + KH} = \frac{50\,\dfrac{^\circ C}{V}}{1 + 0{,}02\,\dfrac{V}{^\circ C} \cdot 50\,\dfrac{^\circ C}{V}} = 25\,\frac{^\circ C}{V}$$

$$Z = G \cdot E = 25\,\frac{^\circ C}{V} \cdot 1{,}2\ V = 30\ ^\circ C$$

$$E = \frac{Z}{G} = \frac{20\ ^\circ C}{25\,\dfrac{^\circ C}{V}} = 0{,}8\ V$$

27. En la figura siguiente se muestra el sistema de control de temperatura de un horno industrial que funciona entre 0 y 1.000 ºC. A través de un mando deslizante (L_x) seleccionamos la temperatura de funcionamiento del horno, de manera que el sistema comprueba la temperatura de funcionamiento mediante un termopar tipo K, cuya sensibilidad es de 0,04 mV/ºC.

Se pide:

a) Diagrama de bloques del sistema.

b) La tensión que se le aplica al calefactor en función del desplazamiento L_x y de la temperatura del horno (tº).

c) La posición del mando deslizante (mm) para que el horno se encuentre a 750 ºC.

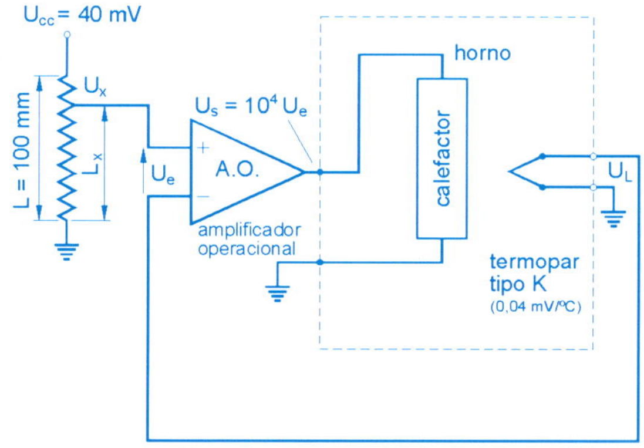

a) El diagrama de bloques con sus respectivas señales, variables y los elementos físicos que constituyen cada bloque, es el siguiente:

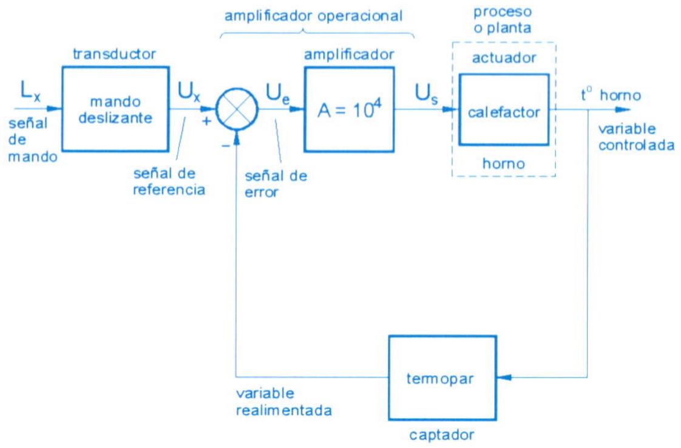

b) La tensión a la salida del mando deslizante será:

$$U_x = \frac{U_{cc}}{L} \cdot L_x = \frac{0{,}05 \text{ mV}}{100 \text{ mm}} \cdot L_x = 5 \cdot 10^{-4} \cdot L_x \text{ (V)}$$

Por otra parte la tensión de entrada del amplificador operacional será:

$$U_e = U_x - U_t = 5 \cdot 10^{-4} \cdot L_x - 4 \cdot 10^{-5} \cdot t^o \text{ (horno)}$$

La tensión a la salida del amplificador operacional en voltios (V) será:

$$U_s = 10^4 \cdot U_e = 10^4(5 \cdot 10^{-4} \cdot L_x - 4 \cdot 10^{-5} \cdot t^o)$$

$$U_s = 5 \cdot L_x - 0{,}4 \cdot t^o \text{ (V)}$$

c) Teniendo en cuenta que cuando el horno alcanza de forma estable la temperatura seleccionada (750 ºC) por el mando deslizante, la tensión U_x y U_t se igualan y por tanto $U_e = 0$ V y U_s también es de 0 V:

$$U_s = 10^4 \cdot U_e = 5 \cdot L_x - 0{,}4 \cdot t^o \text{ (V)} = 0$$

$$t^o \text{ (horno)} = \frac{5 \cdot L_x}{0{,}4} = 12{,}5 \, \frac{^oC}{mm} \cdot L_x$$

Por tanto para una temperatura de 750 ºC:

$$L_x = \frac{t^o \text{ (}^oC\text{)}}{12{,}5 \frac{^oC}{mm}} = \frac{750 \, ^oC}{12{,}5 \frac{^oC}{mm}} = 60 \text{ mm}$$

28. Calcula los polos de la siguiente ecuación característica y determina si corresponde a un sistema estable o inestable:

$$S^4 + 7S^3 + 17S^2 + 17S + 6 = 0$$

Como el sistema tiene todos los coeficientes del mismo signo y distintos de cero, es susceptible de ser estable. Para confirmar su estabilidad, pasamos a calcular las raíces.

Por Ruffini, obtenemos:

	1	7	17	17	6
-3		-3	-12	-15	-6
	1	4	5	2	0

Repitiendo el método, obtenemos:

	3	12	15	6
-2		-6	-12	-6
	3	6	3	0

Por tanto, la ecuación característica (E.C.) será:

$$E.C. = (S + 3)(S + 2)(-6S^2 - 12S - 6) = 0$$

que podemos expresar de la forma:

$$(S + 3)(S + 2)(6S^2 + 12S + 6) = 0$$

Las otras dos raíces las obtenemos de resolver:

$$(6S^2 + 12S + 6) = 0$$

que tiene las mismas raíces que:

$$(S^2 + 2S + 1) = 0$$

$$S = \frac{-2 \pm \sqrt{4 - 4}}{2}$$ de donde obtenemos que:

$$S_1 = -1 \text{ y } S_2 = -1$$

Por tanto, las raíces de la ecuación característica son:

$$S_1 = -1, S_2 = -1, S_3 = -2 \text{ y } S_4 = -3$$

Todas las raíces son negativas, lo que implica que el sistema es estable.

29. Aplicando el criterio de Routh, determina si el sistema dado por la ecuación característica siguiente es estable o inestable:

$$S^4 + 2S^3 + 3S^2 + 4S + 5 = 0$$

En primer lugar comprobamos que el polinomio es completo y todos sus términos son positivos, por tanto, cumple la condición necesaria pero no suficiente:

S^4	1	3	5
S^3	2	4	0
S^2	$\frac{2 \cdot 3 - 4 \cdot 1}{2} = 1$	$\frac{4 \cdot 5 - 0}{2} = 5$	0
S^1	$\frac{1 \cdot 4 - 5 \cdot 2}{1} = -6$	0	
S^0	$\frac{-6 \cdot 5 - 0}{-6} = 5$		

Observamos que hay dos cambios de signo en la primera columna (1, –6, 5) y por tanto el sistema no es estable.

30. Dado el diagrama de bloques de la figura, determina para qué valores de "K" el sistema es estable.

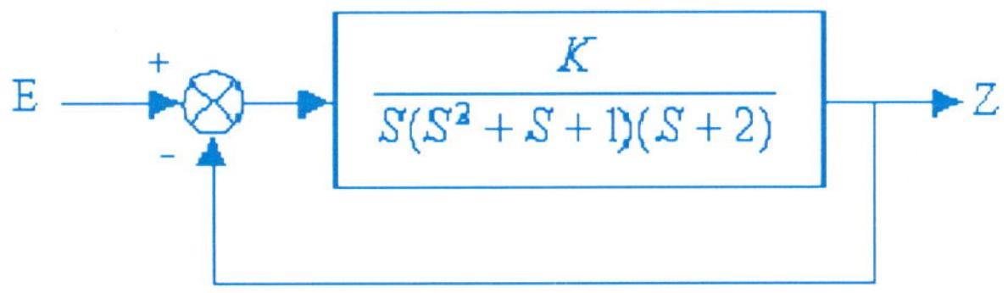

Calculamos inicialmente la función de transferencia del sistema:

$$G = \frac{Z(S)}{E(S)} = \frac{\frac{K}{S(S^2 + S + 1)(S + 2)}}{1 + \frac{K}{S(S^2 + S + 1)(S + 2)}}$$

$$G = \frac{\frac{K}{S(S^2 + S + 1)(S + 2)}}{\frac{S(S^2 + S + 1)(S + 2) + K}{S(S^2 + S + 1)(S + 2)}}$$

$$G = \frac{K}{S(S^2 + S + 1)(S + 2) + K} = \frac{K}{S^4 + 3S^3 + 3S^2 + 2S + K}$$

Comprobamos que todos los términos del polinomio del denominador son positivos y aplicamos el criterio de Routh:

S^4	1	3	K
S^3	3	2	0
S^2	$\frac{7}{3}$	K	0
S^1	$\frac{14 - 9K}{7}$	0	
S^0	K		

Para que el sistema sea estable la primera columna no debe tener ningún cambio de signo, por tanto se debe de cumplir:

$$\left.\begin{array}{l}\frac{14-9K}{7}>0 \Rightarrow 14-9K>0 \Rightarrow 14>9K>0 \Rightarrow \frac{14}{9}>K\\ K\geq 0\end{array}\right\}$$

$$0\leq K\leq \frac{14}{9}$$

31. Determina los valores de “K” para los cuales el sistema de la figura es estable.

a) En cadena abierta.

b) En cadena cerrada.

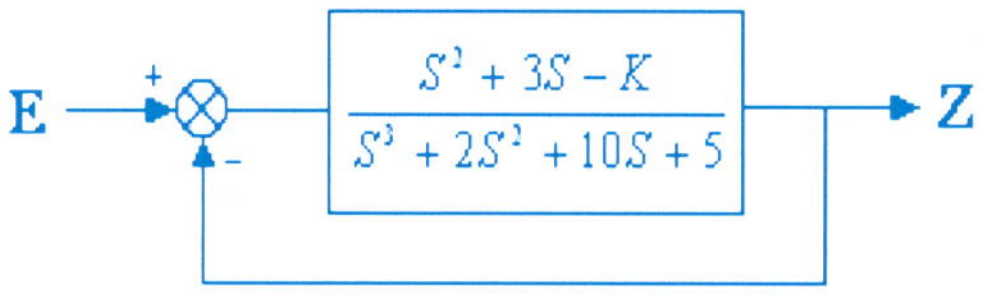

a) En cadena abierta despreciamos el bucle de realimentación unidad. Aplicando el criterio de “Routh”:

S^3	1	10	0
S^2	2	5	
S^1	$\frac{20-5}{2}$	0	
S^0	5		

Comprobamos que todos los términos de la primera columna son positivos, por tanto el sistema es estable en cadena abierta.

b) Calculamos la función de transferencia de todo el sistema:

$$G(S)=\frac{\frac{S^2+3S-K}{S^3+2S^2+10S+5}}{1+\frac{S^2+3S-K}{S^3+2S^2+10S+5}}$$

$$G(S)=\frac{\frac{S^2+3S-K}{S^3+2S^2+10S+5}}{\frac{S^3+2S^2+10S+5+S^2+3S-K}{S^3+2S^2+10S+5}}$$

$$G(S)=\frac{S^2+3S-K}{S^3+2S^2+10S+5+S^2+3S-K}$$

$$G(S)=\frac{S^2+3S-K}{S^3+3S^2+13S+5-K}$$

Aplicando de nuevo el criterio de “Routh”:

S^3	1	13	0
S^2	3	5 – K	
S^1	$\frac{34+K}{3}$	0	
S^0	5 – K		

Para que el sistema sea estable la primera columna no debe tener ningún cambio de signo, por tanto se debe de cumplir:

$$\left.\begin{array}{l}\frac{34+K}{3}>0 \Rightarrow 34+K>0 \Rightarrow K>-34\\ 5-K>0 \Rightarrow K>5\end{array}\right\} -34<K<5$$

32. Dado el diagrama de bloques de la figura, determina:

a) La función de transferencia G(S).

b) Los valores de “K” para que el sistema sea estable.

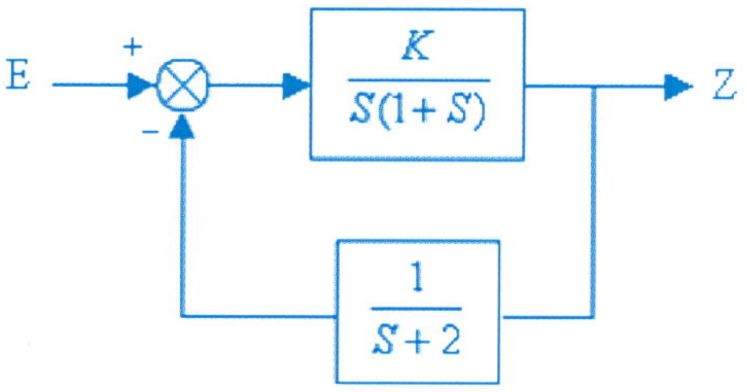

a) Teniendo en cuenta que se trata de un bucle de realimentación negativa, calculamos la función de transferencia:

$$G(S)=\frac{Z(S)}{E(S)}=\frac{\frac{K}{S(1+S)}}{1+\frac{K}{S(1+S)(2+S)}}=\frac{\frac{K}{S(1+S)}}{\frac{S(1+S)(2+S)+K}{S(1+S)(2+S)}}$$

$$G(S)=\frac{K(2+S)}{S(1+S)(2+S)+K}=\frac{K(2+S)}{S^3+3S^2+2S+K}$$

b) Observamos que todos los términos del polinomio del denominador son positivos, por tanto, aplicando el criterio de Routh:

S^3	1	2	0
S^2	3	K	
S^1	$\frac{6-K}{3}$	0	
S^0	K		

Para que el sistema sea estable la primera columna no debe tener ningún cambio de signo, por tanto se debe de cumplir:

$$\left.\begin{array}{l}\frac{6-K}{3}>0 \Rightarrow 6-K\geq 0 \Rightarrow 6\geq K\\ K\geq 0\end{array}\right\} 0\leq K\leq 6$$

33. Dado el diagrama de bloques de la figura, determina:

a) La función de transferencia G(S).

b) Los valores de “K” para que el sistema sea estable.

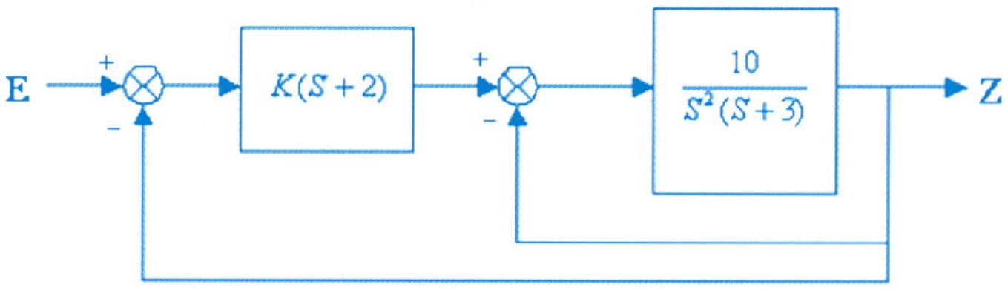

a) Calculamos en primer lugar la función de transferencia (G’) del segundo bucle de realimentación:

$$G'=\frac{\frac{10}{S^2(S+3)}}{1+\frac{10}{S^2(S+3)}}=\frac{\frac{10}{S^2(S+3)}}{\frac{S^2(S+3)+10}{S^2(S+3)}}=\frac{10}{S^2(S+3)+10}$$

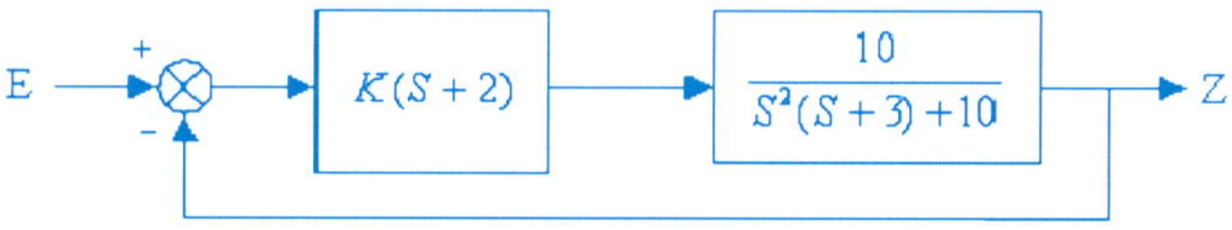

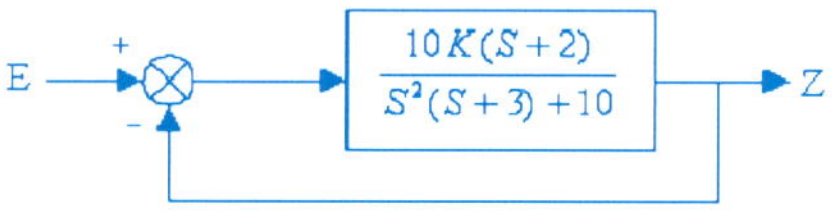

$$G(S) = \frac{\dfrac{10K(S+2)}{S^2(S+3)+10}}{1+\dfrac{10K(S+2)}{S^2(S+3)+10}} = \frac{\dfrac{10K(S+2)}{S^2(S+3)+10}}{\dfrac{S^2(S+3)+10+10K(S+2)}{S^2(S+3)+10}}$$

$$G(S) = \frac{10K(S+2)}{S^2(S+3)+10+10K(S+2)}$$

$$G(S) = \frac{Z(S)}{E(S)} = \frac{10K(S+2)}{S^3+3S^2+10KS+20K+10}$$

b) Observamos que todos los términos del polinomio del denominador son positivos, por tanto, aplicando el criterio de Routh:

S^3	1	10K	0
S^2	3	20K + 10	
S^1	$\frac{10K-10}{3}$	0	
S^0	20K + 10		

Para que el sistema sea estable la primera columna no debe tener ningún cambio de signo, por tanto se debe de cumplir:

$$\left.\begin{array}{l}\frac{10K-10}{3} \geq 0 \Rightarrow 10K-10 \geq 0 \Rightarrow 10K \geq 10 \Rightarrow K \geq 1 \\ 20K+10 \geq 0 \Rightarrow 20K \geq -10 \Rightarrow K \geq \frac{-1}{2}\end{array}\right\} K \geq 1$$

34. Calcula la función de transferencia del sistema de la figura y analiza si es estable o no.

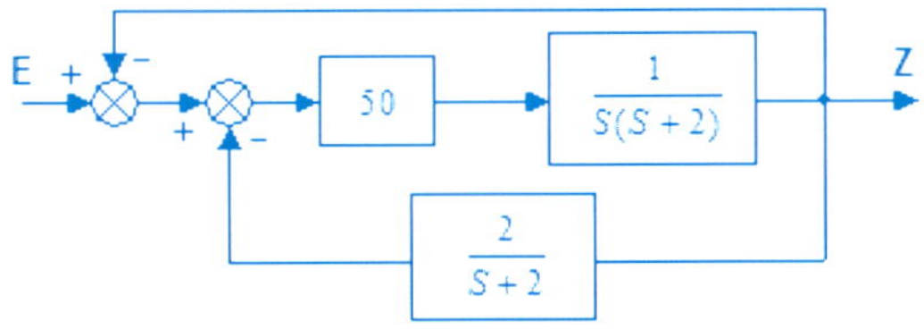

Calculamos en primer lugar la función de transferencia (G') del bucle de realimentación correspondiente al segundo sumador:

$$G' = \frac{\dfrac{50}{S(S+2)}}{1+\dfrac{50}{S(S+2)}\,\dfrac{2}{S(S+2)}} = \frac{\dfrac{50}{S(S+2)}}{1+\dfrac{100}{S(S+2)^2}}$$

$$G' = \frac{50(S+2)}{100+S(S+2)^2}$$

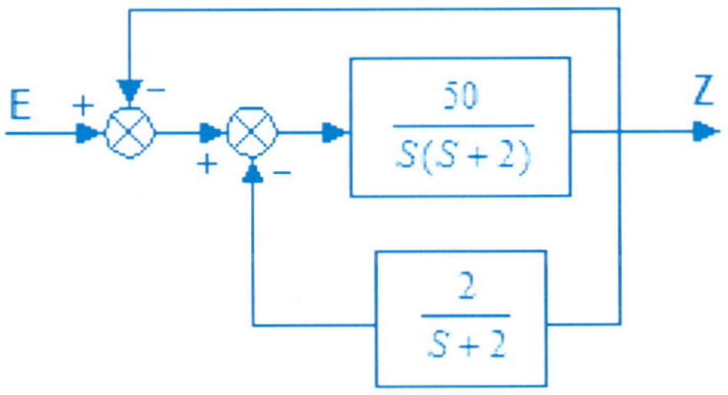

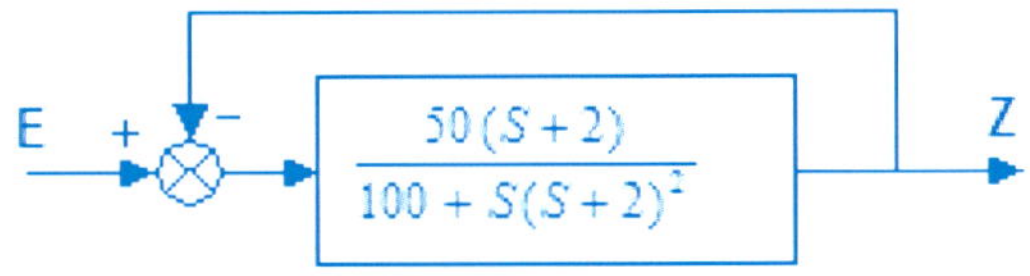

Finalmente calculamos la función de transferencia total (G) del sistema:

$$G(S) = \frac{\dfrac{50(S+2)}{100+S(S+2)^2}}{1+\dfrac{50(S+2)}{100+S(S+2)^2}} = \frac{\dfrac{50(S+2)}{100+S(S+2)^2}}{\dfrac{100+S(S+2)^2+50(S+2)}{100+S(S+2)^2}}$$

$$G(S) = \frac{50(S+2)}{100+S(S+2)^2+50(S+2)}$$

$$G(S) = \frac{Z(S)}{E(S)} = \frac{50(S+2)}{100+S(S+2)^2+50(S+2)}$$

$$G(S) = \frac{50(S+2)}{S^3+4S^2+54S+200}$$

Observamos que todos los términos del polinomio del denominador son positivos, por tanto, aplicando el criterio de Routh:

S^3	1	54	0
S^2	4	200	
S^1	$\frac{216-200}{4} = 4$	0	
S^0	200		

No hay ningún cambio de signo en la primera columna y por tanto el sistema es estable.

35. Determinar los valores de "K" para los que el sistema es estable.

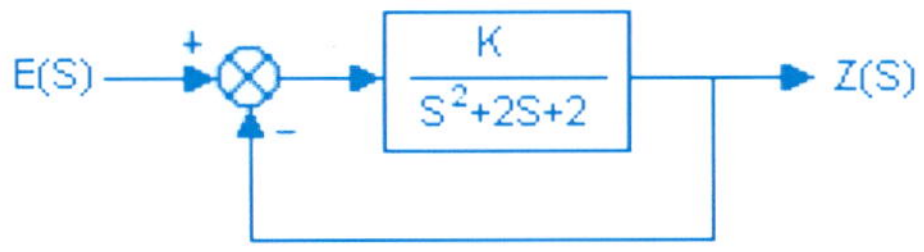

Teniendo en cuenta que se trata de un sistema de realimentación unidad, en primer lugar obtenemos la función de transferencia del bucle cerrado:

$$G(S) = \frac{Z(S)}{E(S)} = \frac{G(S)}{1+G(S)} = \frac{\dfrac{K}{S^2+2S+2}}{1+\dfrac{K}{S^2+2S+2}}$$

$$G(S) = \frac{K}{S^2+2S+2}$$

La ecuación característica es en este caso: $S^2 + 2S + (K + 2)$.

Otra forma de hacerlo en lugar de utilizar el criterio de "Routh" es resolviendo la ecuación de segundo grado:

$$S = \frac{-2 \pm \sqrt{4-4(K+2)}}{2} \Rightarrow -2 \pm \sqrt{4-4(K+2)} < 0$$

De donde se deduce:

$$\pm\sqrt{4-4(K+2)} < 2 \Rightarrow 4-4(K+2) < 4$$

$$-4(K+2) < 0 \Rightarrow K+2 > 0 \Rightarrow K > -2$$